Oldenbourgs Steuerfachbücher

STEUERBASIC

Von

Dr. Eberhard Schult

Professor für Allgemeine Betriebswirtschaftslehre
und Betriebswirtschaftliche Steuerlehre
an der Freien Universität Berlin
Steuerberater

3., völlig überarbeitete Auflage

R. Oldenbourg Verlag München Wien

Die Deutsche Bibliothek – CIP-Einheitsaufnahme

Schult, Eberhard:
Steuerbasic / von Eberhard Schult. – 3., völlig überarb. Aufl. –
München ; Wien : Oldenbourg, 1993
(Oldenbourgs Steuerfachbücher)
ISBN 3-486-22568-5

Gesamtherstellung: WB-Druck, Rieden

ISBN 3-486-22568-5

INHALTSVERZEICHNIS

Vorwort zur dritten Auflage

Bei betrieblichen Problemen, die sich zahlenmäßig erfassen lassen, wurde schon lange vor der Verbreitung der elektronischen Datenverarbeitung versucht, durch die Entwicklung von Entscheidungsmodellen eine Hilfe zur Problemlösung zu geben. Die Praxis hat diese Modelle jedoch nur sehr zögerlich übernommen, nicht zuletzt wohl, weil die manuelle Rechenzeit zu groß und damit die Modellanwendung unwirtschaftlich war.

Dieses Problem bestand auch bei den Entscheidungsmodellen der Betriebswirtschaftlichen Steuerlehre. Die generelle Rechenschwierigkeit verschärft sich hier noch durch die zusätzliche Erfassung der z.T. interdependenten und nicht immer einfach darstellbaren Steuerbelastung. Entscheidungsmodelle der Betriebswirtschaftlichen Steuerlehre haben sich deshalb bisher nur bei der Rechtsformwahl bzw. in Bereichen durchgesetzt, in denen wegen konstanter Steuersätze die Anwendung der Teilsteuerrechnung praktikabel ist. Bei Entscheidungen, die Änderungen des zu versteuernden Einkommens natürlicher Steuerpflichtiger im progressiven Bereich der Einkommen- und Kirchensteuer zur Folge haben, muß die zeitaufwendige Veranlagungssimulation herangezogen werden.

Der Zeitnachteil der Veranlagungssimulation kann durch den Einsatz relativ einfacher Personal- und Taschencomputer jedoch derart reduziert werden, daß er unbedeutend wird. Auch komplizierte Veranlagungssimulationen führt ein programmierbarer Taschenrechner in Sekunden, ein Personalcomputer in Sekundenbruchteilen durch. Die Methode der Veranlagungssimulation wird damit für die Praxis wirtschaftlich anwendbar. Voraussetzung ist die Umsetzung der steuerrechtlichen Vorschriften in ein EDV-Programm.

Ziel der vorliegenden Arbeit ist die Darstellung und beispielhafte Erläuterung eines solchen STEUERBASIC genannten Computerprogramms. Es ist **nicht** beabsichtigt, die Veranlagungssimulation für nur **eine** bestimmte wirtschaftliche Situation zu ermöglichen. Es ist also z.B. nicht beabsichtigt, die Einkommensteuerbelastung bei einem bestimmten Arbeitslohn nach Abzug der Werbungskosten, Sonderausgaben und außergewöhnlichen Belastungen usw. zu ermitteln. Hierfür existieren Programme. In diesem Beispielsfall kann es etwa das Ziel sein, unter Berücksichtigung der zusätzlichen Steuerbelastung zu berechnen, welche Lohnforderungen ein Arbeitnehmer stellen muß, um einen Inflationsausgleich zu erhalten. Es ist z.B. **nicht** das Ziel dieses Programms, die Körperschaftsteuerbelastung bei sämtlichen Konstellationen des verwendbaren Eigenkapitals zu ermitteln. Vielmehr ist es etwa das Ziel, dem Unternehmer eine Entscheidungshilfe zur optimalen Dotierung der Ausschüttungen oder der Gesellschafter-Geschäftsführer-Gehälter zu geben. Schließlich ist es **nicht** das Ziel, ein optimal strukturiertes Programm anzubieten. Das Programm soll wegen der Verfolgbarkeit und der Möglichkeit, Änderungen von Steuergesetzen einfach einzubauen, möglichst übersichtlich sein. Zweifellos sind viele Modifikationen vorstellbar, die die Eleganz des Programms steigern.

Positives Ziel des Programms STEUERBASIC ist es einmal, die steuerlichen Konsequenzen zu erfassen, die sich aus Entscheidungen ergeben. Hierzu stehen sechs Programmteile für Steuerbelastungsvergleiche zur Verfügung. Angefügt wird ein Programm zur Bruttobedarfsrechnung - in diesem Programm wird nicht gefragt, wie hoch die zusätzliche Steuerbelastung ist, sondern, wie hoch z.B. der zusätzliche Gewinn sein muß, um einen vorgegebenen Nettobetrag zu erreichen. In zwei Beispielsprogrammen sollen schließlich die Steuerbelastungsprogramme in betriebliche Entscheidungsmodelle integriert werden. Dargestellt ist insbesondere ein Finanzplan unter Berücksichtigung von Steuern als Entscheidungsmodell etwa für Investitions- und Finanzierungsfragen und als Basis für ein Programm zur optimalen Steuerbilanzpolitik.

Die Form des Programmangebots ist etwas ungewöhnlich. Regelmäßig werden Programme auf Disketten gehandelt. Die vorliegende Form hat gegenüber den geschützten Disketten gerade im Bereich der Steuererfassung den wesentlichen Vorteil, daß bei Änderungen von Steuergesetzen - die bekanntlich nicht gerade selten sind - sehr schnell reagiert werden kann. Es ist so möglich, durch einfachste Programmänderungen schon prophylaktisch die Wirkungen geplanter Gesetzesänderungen zu erfassen und ggf. etwa durch Gewinnverlagerungen zu agieren. Ohne kostspieliges Updating kann das Programm auch in späteren Jahren eingesetzt werden. Weiterer Vorteil ist, daß sich der Anwender mit der Struktur des Programms befassen kann. Das wiederum hat den Zweck, daß ihm bekannt ist, wie die sog. Optimalitätskriterien zustande kommen.

Das Programm STEUERBASIC basiert auf dem Einkommensteuertarif 1990 unter Berücksichtigung der Erhöhung des Grundfreibetrags zum 1.1.1993 und dem Gewerbeertragsteuertarif 1993 und ist im üblichen gwbasic geschrieben. Es läuft ohne weitere Änderungen auch in qbasic. Eine kopierbare Diskette ist gegen Einsendung eines Verrechnungsschecks über DM 115,- (einschl. Umsatzsteuer) beim Verfasser erhältlich (W-1000 Berlin 41, Wielandstr. 10).

Das Programm ist nach bestem Wissen und Gewissen entwickelt und sorgfältig getestet worden. Dennoch kann weder der Verfasser noch der Verlag irgendeine Haftung für aus der Anwendung entstehende Folgen übernehmen. Eine Kopie des Programms oder von Programmteilen ist mit Quellenangabe erlaubt.

Eberhard Schult

1 Einführung

Das Ziel des Programms STEUERBASIC ist es, die steuerlichen Wirkungen privater und betrieblicher Entscheidungen zu erfassen und zu quantifizieren. Dabei soll die Abfrage von Daten möglichst einfach gehalten werden. Es kommt in diesem Programm nicht auf jedes Detail exakter Steuererfassung an. Viel wichtiger ist die Möglichkeit, durch Vergleichsrechnungen in kürzester Zeit die bewirkten Steuer**änderungen** zu berechnen. Dabei können durchaus geringe Fehler in Kauf genommen werden, die z.T. durch die **Differenz**steuerrechnung ausgeglichen werden.

1.1 Das Programm

Das Programm umfaßt insgesamt sechs Differenzsteuerprogrammteile und drei betriebswirtschaftliche Programmteile. Durch den Startbefehl RUN wird auf dem Bildschirm eine Übersicht über die neun Programmteile mit einer Kurzbezeichnung angezeigt. Jedem Programmteil ist eine Nummer 1 - 9 zugeordnet, deren Wahl (in der letzten Zeile des Bildschirms) den gewünschten Programmteil aufruft.

Am unteren Bildrand erscheint außerdem der Hinweis, wie bei fehlender Steuer oder Steuerpflicht vorzugehen ist. Es ist dann für die Steuersätze der Wert null einzugeben. Unterliegen z.B. Einkünfte nicht der GewESt, dann wird für den Hebesatz der GewSt null eingegeben. Existiert keine KiSt, dann ist der KiSt-Satz null. Bei fehlender Kappung der KiSt bzw. wenn zeitweise keine ErgAbg erhoben wird, sind deren Sätze null.

Mit der Nummer 1 wird das Programm ERTRAGSTEUERN NATÜRLICHE PERSONEN aufgerufen. Mit diesem Programm können Ertragsteuerdifferenzen berechnet werden, wenn die Steuerpflichtigen natürliche Personen oder Personengesellschaften sind. Es werden die GewESt, die ESt, die KiSt und - falls existent - eine zusätzliche Abgabe (ErgAbg genannt) berücksichtigt. Je nach Entscheidungsfall können einzelne Steuerarten vernachlässigt werden. Neben der Ermittlung der Steuerdifferenzen - und, wenn sinnvoll, von Steuer**sätzen** - kann selbstverständlich auch die absolute Steuerbelastung berechnet werden. Dieses Programm ist etwa geeignet, um die steuerlichen Wirkungen von Beteiligungen an Verlustzuweisungsgesellschaften oder eines Hauskaufs oder eines Leasingvertrags zu ermitteln. Im betrieblichen Bereich kann etwa die steuerliche Wirkung unterschiedlicher Abschreibungsverfahren, Rechtsformen oder Standorte erfaßt werden.

Mit der Nummer 2 wird das Programm ERTRAG- UND SUBSTANZSTEUERN NATÜRLICHE PERSONEN aufgerufen. Mit diesem Programm werden die ErSt um die SubSt ergänzt - unter Berücksichtigung eventueller Interdependenzen. Erfaßt werden die GewKSt und die VSt bei natürlichen Personen und Personengesellschaften. Falls im Einzelfall die Notwendigkeit besteht, ausschließlich die Änderungen der SubSt zu ermitteln, so ist dies ebenfalls möglich. Mit diesem Programm können etwa die Steuerwirkungen von GewKStlichen Hinzurechnungen oder von Änderungen des

Einheitswerts des Betriebsvermögens oder von Umschichtungen im Gesamtvermögen berechnet werden.

Mit der Nummer 3 wird das Programm ERTRAGSTEUERN KAPITALGESELLSCHAFTEN aufgerufen. Mit diesem Programm können die Ertragsteuerdifferenzen bei Kapitalgesellschaften ermittelt werden. Hier werden die GewESt und die KSt - evtl. auch eine ErgAbg - berücksichtigt. Außerdem wird auf der Basis des Gewinns aus Gewerbebetrieb und der anderen ErSt die maximale Nettodividende berechnet.

Mit der Nummer 4 wird das Programm ERTRAG- UND SUBSTANZSTEUERN KAPITALGESELLSCHAFTEN aufgerufen. Dieses Programm erweitert das eben genannte Programm um die SubSt der Kapitalgesellschaften, also um die GewKSt und die VSt der Gesellschaft. Dieses Programm entspricht der Nummer 2 bei natürlichen Personen. Auch hier wird die maximale Nettodividende unter zusätzlicher Berücksichtigung der SubSt ermittelt.

Mit der Nummer 5 wird das Programm ERTRAGSTEUERN KAPITALGESELLSCHAFTEN UND NATÜRLICHE PERSONEN aufgerufen. Dieses Programm erfaßt die ErSt-Änderungen innerhalb der Gesellschaft **und** bei den natürlichen Gesellschaftern. Neben der GewESt und der KSt werden also auch die ESt und die KiSt sowie ggf. zweimal eine zusätzliche ErgAbg erfaßt. Mit diesem Programmteil lassen sich etwa die steuerlichen Wirkungen von Gesellschafter-Geschäftsführer-Gehältern oder von Dividendenzahlungen berechnen.

Mit der Nummer 6 wird schließlich das letzte der Differenzsteuerprogramme, das Programm ERTRAG- UND SUBSTANZSTEUERN KAPITALGESELLSCHAFTEN UND NATÜRLICHE PERSONEN, aufgerufen. Dieses Programm kombiniert sämtliche vorherigen Programme und erfaßt neben den ErSt der Gesellschaft und der Gesellschafter auch deren jeweilige SubSt-Belastung. Dieses sehr umfassende Programm kann ebenfalls eingesetzt werden, um die steuerlichen Wirkungen von finanziellen Transaktionen im Gesellschafts-Gesellschafter-Bereich zu erfassen, aber auch, um etwa Rechtsformentscheidungen vorzubereiten.

Mit der Nummer 7 wird das erste der betriebswirtschaftlichen Programme, das Programm BRUTTOBEDARF, aufgerufen. Mit Hilfe dieses Programms kann für natürliche Personen (im betrieblichen wie im privaten Bereich) sowie für jegliche Gesellschaftsform die notwendige Gewinn- oder Einkommenssteigerung ermittelt werden, um z.B. einen bestimmten Finanzierungsbedarf decken zu können. So kann etwa die notwendige Gewinnsteigerung einer Kapitalgesellschaft berechnet werden, um die auf die VSt oder andere nicht abzugsfähige Betriebsausgaben anfallenden GewESt und KSt bezahlen zu können oder die erforderliche Einkommenserhöhung für eine natürliche Person, wenn eine bestimmte Netto-Einkommenserhöhung vorgegeben wird. Dieses Programm berechnet außerdem den Steigerungssatz - den sog. Bruttobedarfssatz.

Mit der Nummer 8 wird das Programm FINANZPLAN aufgerufen. Dieser Programmteil ist für die vielfältigsten Probleme einsetzbar. Unter Berücksichtigung der ErSt-Wirkungen wird für eine erwartete finanzielle Situation die Vermögensänderung am Ende des Planungszeitraums berechnet. Dieses sog. Endvermögen ist ein hervorragendes Kriterium, um z.B. Investitions-, Finanzierungs-, Standort- oder Rechtsformentscheidungen treffen zu können. Die für die einzelnen Jahre des Planungszeitraums berechneten Vermögen geben außerdem einen Hinweis auf die Liquiditätsbeanspruchung durch die jeweilige Entscheidung. Mit diesem Programm können auch Werte erfaßt werden, die nicht in jedem Jahr gleich hoch sind (z.B. eine inflationsbedingte Erhöhung der betrieblichen Einnahmen oder eine degressive AfA bzw. eine Sonderabschreibung). Außerdem werden die Zinswirkungen mit den daraus folgenden Steuerwirkungen explizit erfaßt. Das Programm FINANZPLAN erfaßt nur die ErSt- und Zinswirkungen für natürliche Personen und Personengesellschaften. Bei Kapitalgesellschaften ist die Aufstellung eines Finanzplans wegen der proportionalen ErSt vergleichsweise unkompliziert und deshalb auch manuell einfach durchführbar. Es wird aber ein Hinweis gegeben, wie das Programm durch einige kleine Modifikationen z.B. für Investitionsentscheidungen auch bei Kapitalgesellschaften eingesetzt werden kann.

Mit der Nummer 9 wird schließlich das letzte Programm überhaupt - das Programm GEWINNOPTIMIERUNG - aufgerufen. Dieser Programmteil berechnet unter Berücksichtigung des Steuer- und des Zinseffekts, wie über einen maximal fünf Jahre langen Planungszeitraum die Steuerbilanzgewinne optimal verteilt werden. Dieser optimale Gewinnpfad läßt sich nicht ohne weiteres ermitteln, weil einerseits die progressive ESt und GewESt eine Nivellierung der zu versteuernden Einkommen/Gewerbeerträge erforderlich macht, während der Zinseffekt der zinslosen Steuerstundung eine möglichst starke Verlagerung in die Zukunft verlangt. Unter Beachtung beider Effekte den optimalen Verlauf der zu versteuernden Einkommen bzw. der Gewerbeerträge zu ermitteln und weiter aus diesen den optimalen Verlauf der Steuerbilanzgewinne herzuleiten, das ist Aufgabe dieses Programmteils. Da das Problem bei Kapitalgesellschaften nicht auftritt, wenn thesauriert wird (dann ist maximale Gewinnverschiebung in die Zukunft optimal), sind diese im Programm GEWINNOPTIMIERUNG vernachlässigt. Werden die Gewinne der Kapitalgesellschaften in Abhängigkeit vom Steuerbilanzgewinn ausgeschüttet, dann kann das entwickelte Programm auch für Kapitalgesellschaften angewendet werden.

1.2 Die Programmiermethodik

Das Programm STEUERBASIC ist möglichst einfach gehalten, um eine Verfolgung der Rechenschritte zu erleichtern. Es wurde also keinesfalls versucht, ein programmiertechnisch optimales Programm zu entwickeln. Änderungs- und Verbesserungsmöglichkeiten gibt es an sehr vielen Programmstellen. An den Ergebnissen ändert eine Modifikation allerdings nichts.

Das Programm ist - wie üblich - unter weitgehender Verschachtelung aufgebaut. Programmteile, die mehrmals gebraucht werden können, sind als Subprogramme eingesetzt. Das gilt insbesondere für die umfangreichen Eingabe- und Anzeigeteile (die INPUT- und PRINT-Befehlslisten), aber auch für die Steuerberechnungsprogramme, mit Hilfe derer etwa die ESt, die KiSt oder die VSt berechnet werden. Die Differenzsteuerprogramme wenden diese Subprogramme zweimal an, um die Steuerbelastung vor und nach Änderung der wirtschaftlichen Situation zu berechnen. Die subtrahierten Werte stellen die Differenzsteuern dar - wenn es sinnvoll ist, wird auch ein Differenzsteuersatz ausgewiesen. Die betriebswirtschaftlichen Programme gehen teilweise vieltausendmal in die Steuerberechnungsprogramme (etwa das Programm GEWINNOPTIMIERUNG). Auch einzelne Differenzsteuerprogramme werden als Subprogramme verwendet. So ruft das Programm ERTRAG- UND SUBSTANZSTEUERN KAPITALGESELLSCHAFTEN UND NATÜRLICHE PERSONEN Teile der Programme ERTRAG- UND SUBSTANZSTEUERN KAPITALGESELLSCHAFTEN und ERTRAG- UND SUBSTANZSTEUERN NATÜRLICHE PERSONEN auf.

Innerhalb der Gruppe der betriebswirtschaftlichen Programme gehen Teile des Programms FINANZPLAN in das Programm GEWINNOPTIMIERUNG ein.

1.3 Methodik von Programmänderungen

Programmänderungen, die etwa erforderlich sind, um Fehler zu beseitigen oder um das Programm an die Entwicklung der Steuergesetze anzupassen, sind relativ leicht vorzunehmen. Soll eine Zeile durch eine andere ersetzt werden, so ist einfach die neue Zeile mit der alten Zeilennummer einzugeben. Die alte Zeile wird automatisch gelöscht. Sollen nur Teile einer Zeile ersetzt werden, so wird der neue Teil in die alte Zeile eingesetzt - es muß aber darauf geachtet werden, daß kein nicht mehr benötigtes Zeichen der alten Zeile erhalten bleibt. Sollen Teile einer Zeile gelöscht werden, so ist dies durch Tastendruck (DEL-/Entf-Taste) einfach möglich. Auch das Einfügen von Teilen ist leicht durchführbar. Mit der INS-/Einfg-Taste wird für den notwendigen Platz gesorgt. Dann werden die gewünschten Zeilenteile eingefügt. Sollen Zeilen ganz wegfallen, so ist nur die Zeilennummer einzugeben.

Im Subprogramm für die GewESt von Kapitalgesellschaften ist etwa in Zeile 860 die Meßzahl für den Gewerbeertrag mit 5 % (0,05) erfaßt. Wird diese Meßzahl z.B. auf 6 % erhöht, dann ist die Zeile 860 zu ändern von

```
860 SGE=.05*HEBE/(1+.05*HEBE)
```
in
```
860 SGE=.06*HEBE/(1+.06*HEBE)
```

In Zeile 10 sind die Kinderfreibeträge, der Haushaltsfreibetrag und der Sparerfreibetrag der ESt mit DM 2.052 je Kind und Elternteil bzw. mit DM 5.616 bzw. mit DM 6.000 je Ehegatten festgehalten. Bei einer Erhöhung sind in dieser Zeile nur die jeweiligen Werte zu ersetzen. Damit läßt sich auch - wenn es interessiert - die steuerliche Wirkung z.B. geänderter Meßzahlen oder Freibeträge ermitteln.

1.4 Fehlerbeseitigung

Programmierfehler werden durch die dargestellte einfach mögliche Änderung der fehlerhaften Teile verbessert. Das Problem besteht hier eher in der Fehler**suche.** Erfreulicherweise wird eine Reihe von Fehlern bei einem Probelauf des Programms auf dem Bildschirm angezeigt - meist mit näherer Bezeichnung (z.B. Schreib-, Adress- oder Formelfehler). Ein Schreibfehler kann von dem Rechner nicht verstanden werden (etwa GOSAB statt GOSUB); ein Adressfehler kann von dem Rechner nicht ausgeführt werden (etwa GOTO 2105, wenn die Zeile 2105 überhaupt nicht existiert), und ein Formelfehler kann nicht berechnet werden (etwa INT((A*B) - eine Klammer ist zuviel).

Schwieriger zu erfassen sind die Fehler, die nicht am Bildschirm angezeigt werden. Das sind insbesondere falsche Formeln zur Ermittlung der Steuern oder der Aufruf falscher Speicherwerte, aus denen die Steuern berechnet werden sollen. Wird z.B. durch eine Verwechslung des Divisionszeichens / mit dem Multiplikationszeichen * nicht mit einem Steuersatz multipliziert, sondern durch ihn dividiert, so wird das nicht angezeigt. Oder wird das zu versteuernde Einkommen in dem Speicher ZVE1 verwahrt, dann aber der Wert des Speichers ZVE2 in die ESt-Formel eingesetzt, dann ist die ESt falsch, ohne daß der Bildschirm eine Fehlermeldung abgibt. Derartige Fehler können durch Korrekturlesen gefunden werden: Das eingegebene Programm wird ausgedruckt und Zeile für Zeile mit dem im Anhang abgedruckten Listing verglichen. Außerdem sind Kontrollrechnungen möglich. Die vom Programm berechneten Steuern werden manuell nachgerechnet. Diese Kontrolle ist relativ einfach, weil bei der Steuerberechnung eventuelle Interdependenzen schon berücksichtigt sind. So berücksichtigen z.B. die ausgedruckten Werte für die ESt und die KiSt, daß die KiSt eine Sonderausgabe darstellt.

In der gleichen Weise sind auch Eingabefehler zu verhindern: Die ausgedruckten Daten werden mit den Sollwerten verglichen. Wird also fälschlicherweise für das zu versteuernde Einkommen DM 4 statt DM 40.000 eingegeben (hier zeigt auch das unsinnige Ergebnis den Fehler an), dann kann das nur korrigiert werden, indem der Datenteil der angezeigten Tabelle mit den vorgegebenen Werten verglichen wird.

2 Programmbeschreibung

Das Programm STEUERBASIC besteht aus den vorbereitenden Teilen für die Orientierung (der Bildschirm zeigt die angebotenen Programme), für die Dateneingabe (auf dem Bildschirm werden die für die Problemlösung erforderlichen Daten abgefragt) sowie aus einem Subprogramm zur Berechnung der maximalen Nettodividende. Sodann folgen die Subprogramme für die Ermittlung der Einzelsteuern. Da wirtschaftliche Entscheidungen nur auf der Basis der aus der Entscheidung resultierenden Steuerbelastungs**änderungen** getroffen werden können, enthält der Hauptteil die genannten **Differenz**steuerprogramme, mit deren Hilfe sich die aus einer Entscheidung verursachten Steuerbelastungsänderungen berechnen lassen. Schließlich weist das Programm die drei betriebswirtschaftlichen Programme aus, von denen dem Finanzplanungsprogramm wegen seiner vielfältigen Einsatzmöglichkeiten die größte Bedeutung zukommt.

2.1 Programmorientierung und Dateneingabe/Ergebnisausgabe

```
10 CLS:PRINT"Schult STEUERBASIC
1993":PRINT:KFREI=2052:HFREI=5616:SPARFREI=6000
20 PRINT"1) Ertragsteuern natürliche Personen,"
30 PRINT"   umfaßt GewESt, ESt, KiSt                          - wählen Sie Nr. 1"
40 PRINT"2) Ertrag- und Substanzsteuern natürliche Personen,"
50 PRINT"   umfaßt GewSt, ESt, KiSt, VSt                       - wählen Sie Nr. 2"
60 PRINT"3) Ertragsteuern Kapitalgesellschaften,"
70 PRINT"   umfaßt GewESt, KSt                              - wählen Sie Nr. 3"
80 PRINT"4) Ertrag- und Substanzsteuern Kapitalgesellschaften,"
90 PRINT"   umfaßt GewSt, KSt, VSt der KapGes                 - wählen Sie Nr.
4"
100 PRINT"5) Ertragsteuern Kapitalgesellschaften und natürliche Personen,"
110 PRINT"   umfaßt GewESt, KSt, ESt, KiSt                    - wählen Sie Nr. 5"
120 PRINT"6) ErSt und SubSt Kapitalgesellschaften und natürliche Personen,"
130 PRINT"   umfaßt GewSt, KSt, ESt, KiSt, VSt KapGes und natPers  - wählen Sie
Nr. 6"
140 PRINT"7) Bruttobedarfsrechnung für Kapitalgesellschaften oder natürliche"
150 PRINT"   Personen, umfaßt GewESt, KSt bzw. GewESt, ESt, KiSt   - wählen
Sie Nr. 7"
160 PRINT"8) Finanzplan - Aufstellung eines Finanzplans für natürliche
170 PRINT"   Personen, umfaßt GewESt, ESt, KiSt                - wählen Sie Nr.
8"
180 PRINT"9) Gewinnoptimierung - optimale Steuerbilanzgewinnverteilung"
190 PRINT"   natürliche Personen, umfaßt GewESt, ESt, KiSt         - wählen Sie
Nr. 9"
200 PRINT:PRINT"Wenn keine Gewerbesteuer, Kirchensteuer, Kappungs-
Kirchensteuer oder"
```

```
210 PRINT"Ergänzungsabgabe existieren, dann für die Sätze NULL eingeben!"
220 INPUT"Geben Sie die Nr. des gewünschten Programms oder '0' für Ende
ein";NR
230 IF NR=0 THEN COLOR 7,0:CLS:END
240 CLS:COLOR 3,0:PRINT"Schult STEUERBASIC 1993"
250 IF NR=1 THEN PRINT"Ertragsteuern natürliche Personen/1993":GOTO 1280
260 IF NR=2 THEN PRINT"Ertrag- und Substanzsteuern natürliche
Personen/1993":GOTO 1690
270 IF NR=3 THEN PRINT"Ertragsteuern Kapitalgesellschaften/1993":GOTO 2350
280 IF NR=4 THEN PRINT"Ertrag- und Substanzsteuern
Kapitalgesellschaften/1993":GOTO 2750
290 IF NR=5 THEN PRINT"Ertragsteuern Kapitalgesellschaften und natürliche
Personen/1993":GOTO 3390
300 IF NR=6 THEN PRINT"Ertrag- und Substanzsteuern Kapitalgesellschaften und
natürliche Personen/1993":GOTO 3760
310 IF NR=7 THEN PRINT"Bruttobedarf/1993":GOTO 4230
320 IF NR=8 THEN PRINT"Finanzplan ESt/1993":GOTO 4930
330 IF NR=9 THEN PRINT"Gewinnoptimierung/1993":GOTO 5810
```

In Zeile 10 wird der Bildschirm gelöscht und als Überschrift "Schult STEUERBASIC 1993" angezeigt. Weiterhin sind hier der Kinderfreibetrag, der Haushaltsfreibetrag und der Sparerfreibetrag festgehalten. Diese auffällige Stelle wurde gewählt, weil Änderungen dieser Freibeträge durch Änderungen der gespeicherten Werte in Zeile 10 für das gesamte Programm erfaßt werden können. Wird also etwa der Kinderfreibetrag auf DM 3.400 erhöht, dann wird einfach geändert KFREI=3400. In den Zeilen 20 - 190 werden die neun Programme am Bildschirm angezeigt. Zeile 200 gibt nach einer Leerzeile den Hinweis, daß bei fehlender Steuer oder Steuerpflicht für die jeweiligen Steuersätze der Wert null eingegeben werden muß. Mit Zeile 220 wird der Anwender aufgefordert, ein Programm 1 - 9 zu wählen oder eine null zur Beendigung der Steuerberechnungen einzugeben. Dann wird mit Zeile 230 die Bildschirmfarbe auf weiß/schwarz gebracht und das Programm beendet.

Der Bildschirm zeigt bis zur weiteren Programmbearbeitung in Zeile 220 das folgende Bild:

```
Schult STEUERBASIC 1993

1) Ertragsteuern natürliche Personen,
   umfaßt GewESt, ESt, KiSt                              - wählen Sie Nr. 1
2) Ertrag- und Substanzsteuern natürliche Personen,
   umfaßt GewSt, ESt, KiSt, VSt                          - wählen Sie Nr. 2
3) Ertragsteuern Kapitalgesellschaften,
   umfaßt GewESt, KSt                                    - wählen Sie Nr. 3
4) Ertrag- und Substanzsteuern Kapitalgesellschaften,
   umfaßt GewSt, KSt, VSt der KapGes                     - wählen Sie Nr. 4
5) Ertragsteuern Kapitalgesellschaften und natürliche Personen,
   umfaßt GewESt, KSt, ESt, KiSt                         - wählen Sie Nr. 5
6) ErSt und SubSt Kapitalgesellschaften und natürliche Personen,
   umfaßt GewSt, KSt, ESt, KiSt, VSt KapGes und natPers  - wählen Sie Nr. 6
7) Bruttobedarfsrechnung für Kapitalgesellschaften oder natürliche
   Personen, umfaßt GewESt, KSt bzw. GewESt, ESt, KiSt   - wählen Sie Nr. 7
8) Finanzplan - Aufstellung eines Finanzplans für natürliche
   Personen, umfaßt GewESt, ESt, KiSt                    - wählen Sie Nr. 8
9) Gewinnoptimierung - optimale Steuerbilanzgewinnverteilung
   natürliche Personen, umfaßt GewESt, ESt, KiSt         - wählen Sie Nr. 9

Wenn keine Gewerbesteuer, Kirchensteuer, Kappungs-Kirchensteuer oder
Ergänzungsabgabe existieren, dann für die Sätze NULL eingeben!
Geben Sie die Nr. des gewünschten Programms oder '0' für Ende ein?
```

Wird ein Programm 1 - 9 gewählt, so wird der Bildschirm wiederum gelöscht und die Farbe kobaltblau/schwarz gewählt sowie nochmals "Schult STEUERBASIC 1993" angezeigt. Je nach gewählter Programmnummer NR=1 bis NR=9 wird die Überschrift für das jeweilige Programm gezeigt und mit dem GOTO-Befehl in das entsprechende Programm verzweigt.

Der folgende Programmteil enthält die Subprogramme für die Eingabebefehle:

```
340 REM:Subprogramme für Eingabebefehle
350 INPUT"Gewerbeertrag 1 vor GewSt                          DM=";GEWE1
360 INPUT"Gewerbeertrag 2 vor GewSt                          DM=";GEWE2
370 INPUT"Hebesatz                                    %
=";HEBE:HEBE=HEBE/100
380 RETURN
390 INPUT"zu verst Einkommen 1 vor Steuern, Kinder- und Haushaltsfrei
DM=";ZVE1
400 INPUT"zu verst Einkommen 2 vor Steuern, Kinder- und Haushaltsfrei
DM=";ZVE2
410 RETURN
420 INPUT"Kirchensteuersatz                            %
=";SKI:SKI=SKI/100
430 INPUT"Kappungs-Kirchensteuersatz                       %
=";SKA:SKA=SKA/100
440 IF SKA<.01 THEN SKA=1:REM:keine KiSt-Kappung
450 INPUT"Ledig (verheiratet = n)                      j/n";LEDIG$
460 IF LEDIG$="j" THEN PERS=1 ELSE PERS=2
470 INPUT"Kinderzahl                                   ";KIND
480 INPUT"Ergänzungsabgabe-, Solidaritätszuschlagssatz u.ä.
%=";SEA:SEA=SEA/100
490 RETURN
500 INPUT"Einheitswert des Betriebsvermögens 1                DM=";EW1
510 INPUT"Einheitswert des Betriebsvermögens 2                DM=";EW2
520 INPUT"Gewerbekapital 1                               DM=";GEWK1
530 INPUT"Gewerbekapital 2                               DM=";GEWK2
540 RETURN
550 INPUT"Anderes Vermögen 1                               DM=";ANDV1
560 INPUT"Anderes Vermögen 2                               DM=";ANDV2
570 RETURN
580 INPUT"Gewinn vor Gewerbesteuer 1                         DM=";GKAP1
590 INPUT"Gewinn vor Gewerbesteuer 2                         DM=";GKAP2
600 PRINT"Die Nettodividende darf 64 % des Gewinns nach GewSt, VSt und
ErgAbg nicht über- schreiten. Die maximale Nettodividende wird in jedem Fall
ausgedruckt."
610 INPUT"Nettodividende 1 (KapESt vernachlässigt)            DM=";DIVI1
620 INPUT"Nettodividende 2 (KapESt vernachlässigt)            DM=";DIVI2
630 RETURN
```

Als erstes werden die Brutto-Gewerbeerträge vor und nach der Entscheidung abgefragt und in den Speichern GEWE1 und GEWE2 untergebracht. Sodann wird der Hebesatz der GewSt in Prozent abgefragt und im Speicher HEBE abgelegt. Der Wert wird zur leichteren Berechnung weiterhin als Dezimalwert gespeichert; er wird durch 100 dividiert (wie auch die folgenden Steuer- und Zinssätze).

In einem weiteren Subprogramm (Zeilen 390 - 410) werden die Brutto-zu versteuernden Einkommen vor Abzug von Steuern sowie der Kinderfreibeträge und eines eventuellen Haushaltsfreibetrags erfragt und in ZVE1 bzw. ZVE2 gespeichert. Der Sparerfreibetrag ist dagegen hier abzusetzen. Sodann sind KiSt- und Kappungs-KiSt-Satz einzugeben; sie werden in SKI und SKA verwahrt. In Zeile 440 wird bei fehlender Kappung (der Kappungssatz ist mit null eingegeben; aus computertechnischen Gründen muß ein Wert etwas größer als null als Grenzwert gespeichert sein) der Kappungssatz mit 100 % gespeichert. Bei einem derart hohen Kappungssatz greift die Kappung nicht - faktisch das gleiche Ergebnis, als wenn sie überhaupt nicht vorgesehen ist. Sodann wird in Zeile 460 nach dem Familienstand gefragt; bei Ledigen wird im Speicher PERS die Zahl 1, bei Verheirateten die Zahl 2 abgelegt. Die in Zeile 470 abgefragte Kinderzahl wird in KIND gespeichert. Um das Programm auch bei immer wieder drohenden Zuschlägen zur ESt (und KSt) ohne weiteres anwenden zu können, wird schließlich nach dem ErgAbg-Satz gefragt; er wird in SEA gespeichert.

Das folgende Subprogramm in Zeile 500 - 540 erfragt die Einheitswerte des Betriebsvermögens (und speichert sie in EW1 bzw. EW2) und die Höhe des Gewerbekapitals (in GEWK1 bzw. GEWK2 gespeichert). Ein kleines Subprogramm, das das andere Vermögen erfragt und in ANDV1 bzw. ANDV2 speichert, wird bei Kapitalgesellschaften und natürlichen Gesellschaftern gebraucht. Das Vermögen der Gesellschafter besteht aus dem Anteil an der Kapitalgesellschaft (dessen gemeiner Wert in den Zeilen 3840 - 3870 geschätzt wird) sowie aus dem hier einzugebenden anderen Vermögensteilen, die der VSt unterliegen. Schließlich wird der Brutto-Gewinn vor GewSt (nur bei Kapitalgesellschaften) abgefragt und in GKAP1 bzw. GKAP2 gespeichert. Mit Zeile 600 wird vor der Abfrage der Nettodividende der Kapitalgesellschaft vor zu hohen Werten gewarnt, weil sich bei zu hohen Nettodividenden Fehler ergeben können. Die maximale Nettodividende wird in jedem Fall berechnet (s.u.), so daß die Rechnung ggf. nochmals mit angepaßten Nettodividenden vorgenommen werden kann. Sodann werden die prognostizierten Nettodividenden erfragt und in DIVI1 bzw. DIVI2 abgelegt.

Die beiden folgenden Subprogramme dienen der Ergebnisanzeige:

```
640 PRINT       "............................        Vorher     Nachher     Differenz"
650 RETURN
660 REM:Bildschirmdruck
670 BEEP:INPUT"Wollen Sie den Bildschirm drucken (dann DRUCK-Taste drücken)
j/n";BILD$
680 IF BILD$="j" THEN CLS
690 RETURN
```

Mit der Zeile 640 wird die Überschriftenleiste für die Differenzsteuerprogramme sowie für die Bruttobedarfsrechnung angezeigt. Unter dieser Überschrift werden jeweils die Steuern vor bzw. nach der Entscheidung sowie die Steuerdifferenz ausgewiesen.

Das zweite Subprogramm soll daran erinnern, daß - falls die Bildschirmanzeige gedruckt werden soll - die DRUCK-/PRTSCR-Taste gedrückt wird. Das Programm STEUERBASIC ist als Bildschirmprogramm konzipiert. Sollen die Eingaben und Ergebnisse gedruckt werden, so wird jeweils mit Zeile 640 nach einem Warnton die Frage gestellt:"Wollen Sie den Bildschirm drucken?" Wird n für NEIN eingegeben, dann wird ohne weiteres in der Berechnung fortgefahren. Soll gedruckt werden, dann ist **erst** die genannte DRUCK-Taste zu drücken und **dann** j für JA einzugeben. Der dann gedruckte Bildschirm wird gelöscht. Der Bildschirm bzw. der Druck hat das in den Abschnitten 4 und 5 dargestellte Aussehen. Dieses Verfahren stellt einen Kompromiß zwischen einem reinen Druckprogramm und einem reinen Bildschirmprogramm dar. Soll STEUERBASIC als Druckprogramm - wie in früheren Auflagen - konzipiert werden, dann sind die entsprechenden PRINT-Befehle in LPRINT-Befehle zu ändern und für die INPUT-Befehle zusätzliche LPRINT-Befehle anzufügen.

Das folgende Subprogramm berechnet die maximale Nettodividende:

```
700 REM: Berechnung der maximalen Nettodividende
710 DIVMAX1=((1-.5*(1+SEA))*(GKAP1-GEWEST1-GEWKST1)-VSTKAP1)/(1-
14*(1+SEA)/64):IF DIVMAX1<0 THEN DIVMAX1=0
720 DIVMAX2=((1-.5*(1+SEA))*(GKAP2-GEWEST2-GEWKST2)-VSTKAP2)/(1-
14*(1+SEA)/64):IF DIVMAX2<0 THEN DIVMAX2=0
730 IF DIVMAX1<DIVI1 OR DIVMAX2<DIVI2 THEN SOUND
440,50:PRINT"Nettodividende ist zu hoch, sie darf 64 % vom Gewinn nach GewSt,
VSt und ErgAbg nicht überschreiten; FEHLER möglich!"
740 PRINT"Die maximalen Nettodividenden betragen
";INT(DIVMAX1);INT(DIVMAX2)
750 RETURN
```

Die in Zeile 710 und Zeile 720 gleichlautende Berechnung der maximalen Nettodividende kommt wie folgt zustande: Oberster Grenzwert für die Nettodividende soll der Gewinn aus Gewerbebetrieb der Kapitalgesellschaft GKAP sein. Von diesem kann die KSt und die ErgAbg nicht für eine Ausschüttung verwendet werden, so daß 0,5*(GKAP - GEWEST - GEWKST)*(1 + SEA) zu subtrahieren ist. Der KSt-Satz von 50 % bezieht sich auf die Bemessungsgrundlage Bruttogewinn minus abzugsfähige Steuern. Die so ermittelte KSt ist um die ErgAbg zu erhöhen. Weiterhin können die GewESt, die GewKSt und die VSt nicht für eine Ausschüttung verwendet werden, so daß sie ebenfalls zu subtrahieren sind. Die KSt-Minderung mit analoger Minderung der ErgAbg erhöht allerdings das Ausschüttungspotential; es ist ein Betrag von (14/64)*DIVMAX*(1 + SEA) zu addieren. Diese Gleichung (DIVMAX = GKAP - KST - ERGABG - GEWST - VST + KST/ERGAGB-Minderung) wird nach der maximalen Nettodividende aufgelöst und ergibt die in den Zeilen 710 und 720 berechneten und in DIVMAX1 bzw. DIVMAX2 gespeicherten maximalen Nettodividenden. Wenn die eingegebenen und in DIVI1 bzw. DIVI2 gespeicherten Nettodividenden größer sind als die maximalen Nettodividenden, dann ertönt mit Zeile 730 ein Warnton. Am Bildschirm erscheint der Warntext "Nettodividende ist zu hoch, sie darf 64 % vom Gewinn nach GewSt, VSt und ErgAbg nicht überschreiten; FEHLER möglich!". Mit Zeile 740 werden in jedem Fall die maximalen Nettodividenden ausgedruckt, um so eine evtl. notwendige Korrektur der gewünschten Nettodividenden bei einem zweiten Rechendurchgang zu ermöglichen.

2.2 Subprogramme Steuerbelastung

2.2.1 Subprogramm Gewerbekapitalsteuer

```
760 REM:Gewerbekapitalsteuer
770 GEWKST = INT(.002*HEBE*(GEWK-120000!))
780 IF GEWKST<0 THEN GEWKST=0
790 RETURN
```

Die GewKSt ist rechtsformindifferent und vergleichsweise leicht zu berechnen: Nach dem Erinnerungsbefehl in Zeile 760 wird in Zeile 770 das Gewerbekapital GEWK um den Freibetrag von DM 120.000 gemindert. Der verbleibende Betrag wird mit der Meßzahl von 2 %o und dem Hebesatz der GewSt HEBE multipliziert. Der auf volle DM abgerundete Betrag wird in GEWKST gespeichert. Die Abrundung nach § 13 Abs. 1 GewStG auf volle DM 1.000 ist hier - wie sämtliche anderen Abrundungen auch - vernachlässigt. Dies hat zum einen den Grund, daß weitere Befehle notwendig sind, ohne daß die Aussagekraft der Berechnung zunimmt. Zum anderen können die Rundungsvorschriften dazu führen, daß - allerdings eher geringfügige - Steuerwirkungen nicht erkannt werden. Falls das Gewerbekapital negativ sein sollte, verhindert Zeile 780 eine "GewKSt-Erstattung"; die GewKSt ist dann null.

2.2.2 Subprogramm Vermögensteuer natürliche Personen

```
800 REM:Vermögensteuer natürliche Personen
810 GESV=INT(BV117A+ANDV)
820 VST=INT(.005*(GESV-(PERS+KIND)*70000!))
830 IF VST<0 THEN VST=0
840 RETURN
```

Das Gesamtvermögen besteht bei natürlichen Personen - auch als Mitunternehmer an einer Personengesellschaft - aus dem Betriebsvermögen und anderen Vermögensarten. Das Betriebsvermögen ist hervorgehoben, weil es nach § 117a BewG zu modifizieren ist. Diese Modifikation wird im Programmteil ERTRAG- UND SUBSTANZ-STEUERN NATÜRLICHE PERSONEN in den Zeilen 1810-1840 vorgenommen (Minderung um DM 500.000 sowie des Restes des Einheitswerts um 25 %). Der modifizierte Wert wird in BV117A gespeichert. In Zeile 820 wird das Gesamtvermögen um die personenbezogenen Freibeträge von DM 70.000 je Elternteil (im Speicher PERS) und Kind (im Speicher KIND) gemindert und mit dem VSt-Satz von 0,5 % multipliziert sowie auf volle DM abgerundet. Auf die Abrundung z.B. nach § 4 Abs. 2 VStG wird wegen Irrelevanz verzichtet. Ergibt sich eine unzulässige "VSt-Erstattung", dann setzt Zeile 830 die VSt auf null.

Die VSt der Kapitalgesellschaften ist wegen des ausschließlichen Vorhandenseins von Betriebsvermögen so einfach zu berechnen, daß ein gesondertes Subprogramm nicht vorgesehen ist. Sie wird im jeweiligen Differenzsteuerprogramm durch Multiplikation des nach § 117a BewG modifizierten Einheitswerts des Betriebsvermögens mit dem

VSt-Satz von 0,6 % ermittelt. Die Freigrenze nach § 8 Abs. 1 VStG wird vernachlässigt. Sie könnte erfaßt werden, wenn die Zeile 2890 statt IF VST<0 THEN VST=0 ersetzt wird durch IF VST<120 THEN VST=0. DM 120 ist die VSt auf die Freigrenze von DM 20.000.

2.2.3 Subprogramm Gewerbeertragsteuer

```
850 REM:Gewerbeertragsteuer Kapitalgesellschaft
860 SGE=.05*HEBE/(1+.05*HEBE)
870 GEWEST=INT(GEWE*SGE)
880 GOTO 970
890 REM:Gewerbeertragsteuer Einzelunternehmen und Personengesellschaft
900 MZ=.05:FR=96000!
910 IF GEWE<144000!+2400*HEBE THEN MZ=.04:FR=48000!
920 IF GEWE<120000!+1440*HEBE THEN MZ=.03:FR=72000!
930 IF GEWE<96000!+ 720*HEBE THEN MZ=.02:FR=60000!
940 IF GEWE<72000!+240*HEBE THEN MZ=.01:FR=48000!
950 IF GEWE<48000! THEN MZ=0
960 SGE=MZ*HEBE/(1+MZ*HEBE):GEWEST=INT((GEWE-FR)*SGE)
970 IF GEWEST<0 THEN GEWEST=0
980 RETURN
```

Wegen des ab 1993 eingeführten Stufentarif[1] der GewESt für natürliche Personen und Personengesellschaften ist dieses Subprogramm aufgeteilt. In den Zeilen 850 - 880 sowie 970 wird die GewESt für Kapitalgesellschaften ermittelt. Mit Zeile 860 wird der effektive GewESt-Satz ermittelt. Der nominale GewESt-Satz (Meßzahl*Hebesatz; .05*HEBE) wird durch den um 1 erhöhten nominalen GewESt-Satz dividiert. Dieser effektive GewESt-Satz kann dann auf den Brutto-Gewerbeertrag (Zeile 870) angewendet werden. Eine iterative Rechnung ist überflüssig. Zeile 970 vermeidet negative GewESt-Werte.

In den folgenden Zeilen wird die GewESt für Nicht-Kapitalgesellschaften ermittelt. Ein Gewerbeertrag bis zu DM 48.000 ist GewEStfrei. Dies wird in Zeile 950 berücksichtigt, indem der Meßzahl-Speicher MZ mit dem Wert null und der Freibetragsspeicher FR mit dem Wert 48.000 gefüllt wird. Der Stufentarif wird durch den Ansatz fiktiver Freibeträge erfaßt. Die Meßzahl von 1 % gilt von DM 48.000 bis DM 72.000. Dieser Bereich betrifft den Netto-Gewerbeertrag. Da dieser noch nicht bekannt ist, muß der Bereich auf den Brutto-Gewerbeertrag umgerechnet werden. Es wird ein Wert von 240*Hebesatz angefügt. Liegt der Brutto-Gewerbeertrag also zwischen DM 48.000 und der so ermittelten nächsten Grenze, dann kann die GewESt durch einen Freibetrag von DM 48.000 bei einer Meßzahl von 1 % ermittelt werden. Dieses Verfahren wird in den folgenden Zeilen analog für sämtliche Bereiche des Stufentarifs angewendet. Liegen die Gewerbeerträge über DM 144.000 zuzüglich 2400*Hebesatz (vgl. Zeilen 900 - 910), dann bleibt der fiktive Freibetrag mit DM 96.000 konstant, die Meßzahl beträgt 5 %.

Nachdem in den Zeilen 900 - 950 die Meßzahlen und die Freibeträge fixiert worden sind, wird in Zeile 960 als erstes der jeweilige effektive GewESt-Satz berechnet. Dieser wird mit dem um den jeweiligen Freibetrag geminderten Brutto-Gewerbeertrag

1 Vgl. hierzu etwa König, J., Kunkel, P., Stegmaier, W., Auswirkungen der Einführung des Staffeltarifs bei der Gewerbeertragsteuer, in DStR 1992, S. 922ff.

multipliziert. Die auf volle DM abgerundete GewESt wird in GEWEST gespeichert. Zeile 970 verhindert negative Werte. Auf die Abrundung des Gewerbeertrags nach § 11 Abs. 1 GewStG wird aus den genannten Gründen verzichtet.

2.2.4 Subprogramm Einkommen- und Kirchensteuer

```
990 REM:Einkommen- und Kirchensteuer sowie Ergänzungsabgabe
1000 KIST=0
1010 ZVE=(ZVE-KFREI*KIND*PERS)/PERS
1020 IF PERS=1 AND KIND>0 THEN ZVE=ZVE-HFREI
1030 FOR ITER = 1 TO 10
1040 IF SKI<.01 THEN ITER=10:REM:wenn keine KiSt existiert, dann wird nur
1x gerechnet
1045 A=1.5194*10^-6:B=.1653857
1050 IF PERS=1 AND ZVE<12042 THEN EST=0:GOTO 1090
1055 IF PERS=2 AND ZVE<19116/2 THEN EST=0:GOTO 1090
1060 IF PERS=1 AND ZVE<15012 THEN EST=3*(A*ZVE^2+B*ZVE-
2201):GOTO 1090
1065 IF PERS=2 AND ZVE<22788/2 THEN EST=3*(A*ZVE^2+B*ZVE-
1709):GOTO 1090
1070 IF ZVE<120042! THEN EST=1.5194*10^-6*ZVE^2+.1653857*ZVE-
967:GOTO 1090
1080 EST=.53*ZVE-22842
1090 IF ITER=11 GOTO 1170
1100 ZVE=ZVE+KIST:REM:alte KiSt wird addiert
1110 KIST=SKI*(EST-150*KIND):ZVE=ZVE-KIST:REM:neue KiSt wird
subtrahiert
1120 NEXT ITER
1130 IF KIST<0 THEN KIST=0:GOTO 1170
1140 SKAP=SKA/(1+SKA):KAPPST=ABS((ZVE+KIST)*SKAP)
1150 IF KAPPST>KIST GOTO 1170
1160 ZVE=ZVE+KIST:KIST=KAPPST:ZVE=ZVE-KAPPST:GOTO 1050
1170 EST=INT(PERS*EST):KIST=INT(PERS*KIST)
1180 ERGABG=INT(SEA*EST)
1190 RETURN
```

In Zeile 1000 wird der Speicher für die KiSt KIST wird wegen der iterativen Berechnung von ESt und KiSt vorsichtshalber null gesetzt. Sodann wird in Zeile 1010 das Brutto-zu versteuernde Einkommen um die Kinderfreibeträge gemindert. Falls keine Kinder vorhanden sind, ist der Wert des Speichers KIND null, so daß kein Kinderfreibetrag abgesetzt wird. Der verbleibende Wert muß bei Zusammenveranlagung halbiert werden (Splittingverfahren), um die ESt zu berechnen. Dies geschieht, indem durch PERS dividiert wird. Dort ist der Wert 1 für Ledige und der Wert 2 für Verheiratete gespeichert (vgl. Zeile 460). In Zeile 1020 wird bei Alleinerziehenden (PERS = 1) mit Kindern (KIND > 0) weiterhin der Haushaltsfreibetrag abgezogen. Die Rundung auf DM 54 bzw. DM 108 nach § 32a Abs. 2 EStG wird wegen Irrelevanz und der Möglichkeit, ESt-Wirkungen evtl. nicht erkennen zu können, vernachlässigt.

In Zeile 1030 beginnt die simultane Berechnung der ESt und KiSt. Das Problem ist, daß die endgültige ESt nicht von vornherein bekannt ist, weil die ebenfalls unbekannte endgültige KiSt das zu versteuernde Einkommen als Sonderausgabe[2] mindert. Zur Lösung dieses Problems kann nur iterativ vorgegangen werden. Im vorliegenden Programm sind 10 Iterationen vorgesehen. Es hätte auch eine Vergleichsrechnung angestellt werden können (Ändert sich die jeweils berechnete KiSt? wenn ja, dann wird eine weitere Iteration vorgenommen). Meist ergeben sich schon nach 3 - 4 Iterationen ausreichend genaue Werte für die ESt und KiSt. Mit Zeile 1040 wird auf die Iteration verzichtet, wenn keine KiSt existiert; im Programm ist für diesen Fall der irrelevant kleine KiSt-Satz von 1 % vorgesehen, da ein Wert von null aus rechentechnischen Gründen zu Schwierigkeiten führen kann.

Die Berechnung der ESt in den Zeilen 1045 - 1090 ergibt sich aus § 32a EStG. Für den progressiven Bereich ist allerdings nicht die Formulierung des EStG übernommen, sondern eine Vereinfachung durch Umrechnung[3] vorgenommen worden. Zeile 1090 überspringt die folgende KiSt-Berechnung, wenn keine KiSt existiert, wenn also in Zeile 1040 ITER=10 gesetzt wurde.

Für die KiSt-Berechnung wird in Zeile 1100 die bisher berechnete KiSt addiert, um das ursprüngliche zu versteuernde Einkommen zu erhalten (im ersten Durchgang wird also der Wert null addiert). In Zeile 1110 wird die ESt um den Abzug nach § 51a Abs. 2 EStG gemindert (150*KIND; da bei Zusammenveranlagung mit dem halben zu versteuernden Einkommen gerechnet wird, erübrigt sich eine weitere Multiplikation mit PERS). Dieser Wert wird mit dem KiSt-Satz SKI multipliziert. Die so berechnete neue KiSt wird in KIST gespeichert und vom zu versteuernden Einkommen subtrahiert. Der Vorgang wird zehnmal wiederholt, bis in EST die endgültige ESt und in KIST die endgültige KiSt gespeichert ist. Falls sich - wegen der Freibeträge - eine negative KiSt ergeben sollte, wird die KiSt in Zeile 1130 auf null gesetzt und die folgende Berechnung der Kappungs-KiSt übersprungen.

In Zeile 1140 wird als erstes der effektive Kappungs-KiSt-Satz ermittelt und in SKAP gespeichert. Da die Kappungs-KiSt als Sonderausgabe die eigene Bemessungsgrundlage mindert, entspricht die Berechnung der des effektiven GewESt-Satzes (vgl. Zeile 860). Sodann wird das zu versteuernde Einkommen ZVE um die bisher berechnete KiSt erhöht (das ergibt das ursprüngliche Brutto-zu versteuernde Einkommen). Beide Werte werden multipliziert. Der Absolutwert ist angesetzt, weil bei ausschließlicher Berechnung von GewESt diese zu negativen zu versteuernden Einkommen und damit zu negativen Kappungs-KiSt führen kann. Ist die Kappungs-KiSt im Speicher KAPPST größer als die normal berechnete KiSt (vgl. Zeile 1150), dann greift sie nicht. Es wird mit der normalen KiSt weitergerechnet. Anderenfalls - die Kappungs-KiSt ist niedriger - muß die ESt nochmals berechnet werden. Dies geschieht in Zeile 1160: Das ursprüngliche zu versteuernde Einkommen wird wiederhergestellt. Die Kappungs-KiSt wandert in den Speicher KIST. Das Brutto-zu versteuernde Einkommen wird um die Kappungs-KiSt gemindert; das Programm springt in die Berechnung der ESt zurück. Mit Zeile 1090 wird ein nochmaliges Durchlaufen des normalen KiSt-Programms verhindert. In Zeile 1170 werden die ESt und die KiSt ggf. verdoppelt. Schließlich wird in Zeile 1180 eine eventuelle ErgAbg ermittelt.

2 Wie überwiegend üblich, wird angenommen, daß nicht die gezahlte, sondern die veranlagte KiSt als Sonderausgabe abzusetzen ist. Vgl. etwa Schult, E., Die Steuern des Betriebes - Entscheidungshilfen für Unternehmer, Freiburg 1992, S. 105.

3 Schult, E., Richter, H., Zur Ermittlung von Grenz- und insbesondere Differenzsteuersätzen nach der Vereinfachung des Einkommensteuertarifs 1990, in SteuerStud 1990, S. 379ff., hier S. 379.

2.2.5 Subprogramm Körperschaftsteuer

```
1200 REM:Körperschaftsteuer und Ergänzungsabgabe
1210 ZVEKAP=INT(ZVE)
1220 IF ZVEKAP<0 THEN ZVEKAP=0
1230 KST=INT(.5*ZVEKAP-14*DIVI/64)
1240 ERGABG=INT(SEA*KST)
1250 RETURN
```

Das zu versteuernde Einkommen wird abgerundet aus dem Speicher ZVE in den besonderen Speicher ZVEKAP übernommen. Das soll Rechenfehler vermeiden, wenn die ErSt für Kapitalgesellschaften **und** natürliche Personen berechnet werden. Bei beiden kommt der Ausdruck "zu versteuerndes Einkommen" vor. In Zeile 1220 werden negative zu versteuernde Einkommen ausgeschlossen. Die KSt wird in Zeile 1230 berechnet. Auf das zu versteuernde Einkommen wird der KSt-Satz von 50 % angesetzt. Die KSt-Minderung beträgt 14/64 der Nettodividende, die im Speicher DIVI enthalten ist. Die KSt wird auf volle DM abgerundet. In Zeile 1240 wird die eventuelle ErgAbg ebenfalls auf volle DM abgerundet berechnet und im Speicher ERGABG aufbewahrt.

2.3 Differenzsteuerprogramme

Die Differenzsteuerprogramme laufen sämtlich nach dem gleichen Rechenschema ab. Die steuerlich relevanten Daten werden jeweils für die wirtschaftliche Situation eingegeben, wie sie sich **vor** der jeweiligen und **nach** der jeweiligen Entscheidung darstellt (also z.B. das zu versteuernde Einkommen vor und nach Gehaltserhöhung, der Gewinn aus Gewerbebetrieb vor und nach Ansatz einer Sonderabschreibung oder die Nettodividende vor und nach einer geplanten Dividendenerhöhung). Für diese Daten wird jeweils die steuerliche Belastung berechnet. Da das Programm nach der Methode der Veranlagungssimulation[4] verfährt - also grundsätzlich versucht, die Veranlagung durch die Finanzbehörden für die einzelnen Steuerarten vorwegzunehmen -, setzt sich die steuerliche Belastung aus der Summe der steuerlichen Einzelbelastungen zusammen. Bei der Berechnung dieser steuerlichen Einzelbelastungen (z.B. durch ESt, durch KiSt und durch eine ErgAbg) wird selbstverständlich eine eventuelle Interdependenz zwischen den Steuerarten berücksichtigt. Aus der Differenz zwischen den steuerlichen Belastungen vor und nach der jeweiligen Entscheidung ergibt sich die steuerliche Mehr- oder Minderbelastung (Differenzsteuer), die durch die geplante Entscheidung verursacht ist. Wenn eine einheitliche Bemessungsgrundlagendifferenz existiert (also z.B. die Minderung des zu versteuernden Einkommens und des Gewerbeertrags gleich hoch sind), dann wird auch ein Differenzsteuersatz[5] ausgerechnet.

Für wirtschaftliche Entscheidungen ist es regelmäßig ausreichend, undifferenziert die gesamte Änderung der Steuerbelastung zu kennen. Welche juristische Bezeichnung die Steuerbelastungsänderung im einzelnen hat, ist meist uninteressant. Da aber das Programm nach der Methode der Veranlagungssimulation verfährt und damit die Ände-

4 Vgl. hierzu und zu der konkurrierenden Teilsteuerrechnung etwa Scheffler, W., Veranlagungssimulation versus Teilsteuerrechnung, in WiSt 1991, S. 69ff.

5 Vgl. hierzu etwa Schult, E., Richter, H., Zur Ermittlung von Grenz- und insbesondere Differenzsteuersätzen nach der Vereinfachung des Einkommensteuertarifs 1990, a.a.O.

rungen bei den einzelnen Steuerarten berechnet und gespeichert werden, können sie ohne zusätzlichen Aufwand auch angezeigt werden. In Einzelfällen ist nämlich nicht auszuschließen, daß die Kenntnis der Änderung einzelner Steuerarten entscheidungsrelevant sein kann. Gegen eine Anzeige ist insbesondere vorzubringen, daß dadurch eher Verwirrung entstehen kann, weil das Interesse auf Zahlen gelenkt wird, die tatsächlich nicht für eine Entscheidung von Bedeutung sind - ein in praxi häufig zu beobachtendes computertypisches Phänomen. Sollen die einzelnen Steuerbelastungen nicht angezeigt werden, so brauchen nur die entsprechenden PRINT-Befehle gelöscht zu werden (z.B. im folgenden Programmteil die Zeilen 1500 - 1530).

2.3.1 Ertragsteuern natürliche Personen

```
1260 REM:Ertragsteuern natürliche Personen
1270 REM:Datenabfrage
1280 GOSUB 350
1290 GOSUB 390
1300 GOSUB 420
1310 FOR SIT=1 TO 2
1320 GEWE=GEWE1:ZVE=ZVE1
1330 IF SIT=2 THEN GEWE=GEWE2:ZVE=ZVE2
1340 GOSUB 890
1350 IF SIT=1 THEN GEWEST1=GEWEST
1360 IF SIT=2 THEN GEWEST2=GEWEST
1370 ZVE=ZVE-GEWEST
1380 GOSUB 990
1390 IF SIT=1 THEN EST1=EST
1400 IF SIT=2 THEN EST2=EST
1410 IF SIT=1 THEN KIST1=KIST
1420 IF SIT=2 THEN KIST2=KIST
1430 IF SIT=1 THEN ERGABG1=ERGABG
1440 IF SIT=2 THEN ERGABG2=ERGABG
1450 ERST=GEWEST+EST+KIST+ERGABG
1460 IF SIT=1 THEN ERST1=ERST
1470 IF SIT=2 THEN ERST2=ERST
1480 KAPPST=0:ITER=0:NEXT SIT
1490 GOSUB 640
1500 PRINT USING "Gewerbeertragsteuer   DM   ##########   ##########
+##########";GEWEST1;GEWEST2;GEWEST2-GEWEST1
1510 PRINT USING "Einkommensteuer   DM   ##########   ##########
+##########";EST1;EST2;EST2-EST1
1520 PRINT USING "Kirchensteuer   DM   ##########   ##########
+##########";KIST1;KIST2;KIST2-KIST1
1530 PRINT USING "Ergänzungsabgabe   DM   ##########   ##########
+##########";ERGABG1;ERGABG2;ERGABG2-ERGABG1
1540 PRINT USING "Ertragsteuern   DM   ##########   ##########
+##########";ERST1;ERST2;ERST2-ERST1
1550 REM:Kontrolle, ob Differenzsteuersatz sinnvoll zu berechnen ist
1560 IF GEWE1-GEWE2=ZVE1-ZVE2 AND GEWE1-GEWE2<>0 GOTO 1600
1570 IF GEWE1=GEWE2 AND ZVE1<>ZVE2 GOTO 1610
1580 IF GEWE1<>GEWE2 AND ZVE1=ZVE2 GOTO 1600
```

```
1590 GOTO 1640
1600 DIFFSATZ=10000*(ERST2-ERST1)/(GEWE1-
GEWE2):DIFFSATZ=(INT(DIFFSATZ))/100:GOTO 1620
1610 DIFFSATZ=10000*(ERST2-ERST1)/(ZVE1-
ZVE2):DIFFSATZ=(INT(DIFFSATZ))/100
1620 DIFFSATZ=ABS(DIFFSATZ):REM Differenzsteuersatz
1630 PRINT"Differenzsteuersatz in %  ";DIFFSATZ
1640 PRINT"Rundungsdifferenzen sind möglich"
1650 GOSUB 660
1660 GOTO 6610
```

Nach dem Erinnerungsbefehlen in den Zeilen 1260 - 1270 wird mit den Zeilen 1280 - 1300 in die Subprogramme für die Abfrage der Gewerbeerträge, der zu versteuernden Einkommen, der KiSt- und Hebesätze und der Familienverhältnisse verzweigt. Dann werden von Zeile 1310 bis 1480 für die beiden Situationen 1 und 2 die ErSt berechnet. Mit Zeile 1340 wird in das GewESt-Subprogramm verzweigt, die beiden GewESt werden in den entsprechenden Speichern aufbewahrt. In Zeile 1370 wird die berechnete GewESt von den Brutto-zu versteuernden Einkommen subtrahiert, mit den so geminderten Werten werden die ESt, die KiSt und die ErgAbg berechnet und gespeichert. In Zeile 1450 werden die Steuern zu den ErSt zusammengefaßt. In Zeile 1480 wird der zweite Durchgang vorbereitet. Als erstes werden die Speicher für die Kappungs-KiSt und der Wert der Iteration zur Berechnung der KiSt vorsichtshalber null gesetzt. Dann wird das gesamte Programm nochmals mit den Werten der zweiten Situation durchlaufen.

Mit Zeile 1490 wird die Kopfzeile für die Ergebnistabelle angezeigt. Sodann werden nacheinander die Einzelsteuern sowie deren Differenz und die gesamte ErSt mit ErSt-Differenz angezeigt. Mit den Zeilen 1550 - 1590 wird geprüft, ob die Berechnung eines Differenzsteuersatzes sinnvoll ist. Das soll nur der Fall sein, wenn die Differenzen der Gewerbeerträge und der zu versteuernden Einkommen identisch (nicht aber null, vgl. Zeile 1560) sind oder wenn nur **eine** Bemessungsgrundlagendifferenz null ist (Zeilen 1570 - 1580). Im letzteren Fall bezieht sich dann die Differenzsteuer auf die Differenz der zu versteuernden Einkommen **oder** der Gewerbeerträge. Falls diese Bedingungen nicht erfüllt sind, falls also insbesondere die Bemessungsgrundlagendifferenzen unterschiedlich sind, wird in Zeile 1640 gesprungen - ein Differenzsteuersatz wird nicht berechnet. Anderenfalls wird der Differenzsteuersatz in der Zeile 1600 (auf der Basis der Differenz der Gewerbeerträge) oder in der Zeile 1610 (auf der Basis der Differenz der zu versteuernden Einkommen) berechnet und mit Zeile 1630 angezeigt.

Nach dem Hinweis in Zeile 1640, daß Rundungsdifferenzen möglich sind, wird in das Bildschirmdruck-Subprogramm verzweigt. Anschließend zeigt das Programm wieder das Übersichtstableau an.

Eine Beispielsrechnung soll den Programmablauf verdeutlichen. Das zu versteuernde Einkommen eines Einzelunternehmers (ledig, kinderlos und nicht KiSt-pflichtig; keine ErgAbg) beträgt DM 100.000 brutto (vor GewESt). Der Gewerbeertrag soll sich erwartungsgemäß - z.B. anläßlich einer Außenprüfung durch eine strittige Hinzurechnung - von DM 120.000 auf DM 140.000 erhöhen. Der Hebesatz der GewSt beträgt 400 %. Der Unternehmer möchte wissen, wie hoch die daraus resultierende ErSt-Erhöhung ist.

```
Schult STEUERBASIC 1993
Ertragsteuern natürliche Personen/1993
Gewerbeertrag 1 vor GewSt                                        DM=? 120000
Gewerbeertrag 2 vor GewSt                                        DM=? 140000
Hebesatz                                                         % =? 400
zu verst Einkommen 1 vor Steuern, Kinder- und Haushaltsfrei     DM=? 100000
zu verst Einkommen 2 vor Steuern, Kinder- und Haushaltsfrei     DM=? 100000
Kirchensteuersatz                                                % =? 0
Kappungs-Kirchensteuersatz                                       % =? 0
Ledig (verheiratet = n)                                          j/n? j
Kinderzahl                                                          ? 0
Ergänzungsabgabe-, Solidaritätszuschlagssatz u.ä.                %=? 0
...........................     Vorher      Nachher      Differenz
Gewerbeertragsteuer       DM      5142        7724          +2582
Einkommensteuer           DM     28392       27231          -1161
Kirchensteuer             DM         0           0             +0
Ergänzungsabgabe          DM         0           0             +0
Ertragsteuern             DM     33534       34955          +1421
Differenzsteuersatz in %    7.11
Rundungsdifferenzen sind möglich
Wollen Sie den Bildschirm drucken (dann DRUCK-Taste drücken) j/n? j
```

Nach Aufruf des Programms durch den RUN-Befehl erscheint die Programmübersicht. Mit der Nummer 1 wird das benötigte Programm ERTRAGSTEUERN NATÜRLICHE PERSONEN aufgerufen. Nach Anzeige der beiden Überschriftszeilen werden als erstes die Gewerbeerträge mit DM 120.000 und DM 140.000 und dann der Hebesatz der GewSt mit 400 % eingegeben. Da das Brutto-zu versteuernde Einkommen gleich bleibt, wird zweimal der Wert DM 100.000 eingegeben. Die KiSt-Sätze betragen null, die Frage "Ledig?" wird mit "j" beantwortet, die Zahl der Kinder ist wie der ErgAbg-Satz null. Anschließend werden die ErSt sowie deren Differenzen berechnet und in einer Tabelle angezeigt. Unter der Überschrift ".......... Vorher Nachher Differenz" erscheinen die GewESt-Beträge; die GewESt erhöht sich also um DM 2.582. In der zweiten Zeile stehen die ESt; die ESt sinkt wegen der gestiegenen GewESt um DM 1.161. Weitere Steuern existieren hier nicht, so daß die gesamte ErSt-Erhöhung durch die drohende Hinzurechnung DM 1.421 beträgt. Da die Bedingung in Zeile 1580 erfüllt ist (die Differenz der zu versteuernden Einkommen ist null), wird der Differenzsteuersatz mit 7,11 % berechnet und angezeigt. Nach dem Hinweis auf Rundungsdifferenzen fragt das Programm, ob der Bildschirm gedruckt werden soll. In diesem Fall ist die DRUCK-Taste zu drücken und "j" für ja einzugeben. Der Bildschirm wird dann gelöscht, es erscheint wieder die Programmübersicht.

2.3.2 Ertrag- und Substanzsteuern natürliche Personen

Dieses Differenzsteuerprogramm entspricht im Ertragsteuerteil dem oben dargestellten Programmteil ERTRAGSTEUERN NATÜRLICHE PERSONEN. Im Substanzsteuerteil ist es um die GewKSt und die VSt erweitert worden. Dabei wird bei der GewKSt beachtet, daß es sich - wie bei der GewESt - um eine abzugsfähige Betriebsausgabe handelt, also insoweit auch ein Einfluß aus dem Substanzsteuerbereich in den Ertragsteuerbereich existiert.

```
1670 PRINT:REM:Ertrag- und Substanzsteuern natürliche Personen
1680 REM:Datenabfrage
1690 GOSUB 350
1700 GOSUB 390
1710 GOSUB 420
1720 GOSUB 500
1730 GOSUB 550
1740 GOSUB 660
```

Nach den Erinnerungszeilen wird mit den Zeilen 1690 - 1740 in die Abfrage-Subprogramme verzweigt. Zuerst werden die Gewerbeerträge und der Hebesatz der GewSt erfragt, dann die Daten zur ESt, KiSt und ErgAbg, dann die Einheitswerte des Betriebsvermögens, die Werte für das Gewerbekapital und für andere Vermögen (alle Vermögensarten außer dem Betriebsvermögen). Mit Zeile 1740 wird zum Bildschirmdruck aufgefordert, da die Abfrage- und Ergebnisübersichten hier nicht mehr insgesamt auf den Bildschirm passen.

```
1750 FOR SIT=1 TO 2
1760 GEWE=GEWE1:ZVE=ZVE1:EW=EW1:GEWK=GEWK1:ANDV=ANDV1
1770 IF SIT=2 THEN
GEWE=GEWE2:ZVE=ZVE2:EW=EW2:GEWK=GEWK2:ANDV=ANDV2
1780 GOSUB 760
1790 IF SIT=1 THEN GEWKST1=GEWKST
1800 IF SIT=2 THEN GEWKST2=GEWKST
1810 IF EW<0 THEN BV117A=EW:GOTO 1840
1820 IF EW>500000! THEN BV117A=(EW-500000!)*.75:GOTO 1840
1830 BV117A=0
1840 BV117A=INT(BV117A)
1850 GOSUB 800
1860 IF SIT=1 THEN VST1=VST
1870 IF SIT=2 THEN VST2=VST
1880 GEWE=GEWE-GEWKST
1890 GOSUB 890
1900 IF SIT=1 THEN GEWEST1=GEWEST
1910 IF SIT=2 THEN GEWEST2=GEWEST
1920 ZVE=ZVE-GEWEST-GEWKST
1930 GOSUB 990
1940 IF SIT=1 THEN EST1=EST
1950 IF SIT=2 THEN EST2=EST
1960 IF SIT=1 THEN KIST1=KIST
1970 IF SIT=2 THEN KIST2=KIST
1980 IF SIT=1 THEN ERGABG1=ERGABG
1990 IF SIT=2 THEN ERGABG2=ERGABG
```

```
2000 ERST=GEWEST+EST+KIST+ERGABG:SUBST=GEWKST+VST
2010 IF SIT=1 THEN ERST1=ERST
2020 IF SIT=2 THEN ERST2=ERST
2030 IF SIT=1 THEN SUBST1=SUBST
2040 IF SIT=2 THEN SUBST2=SUBST
2050 KAPPST=0:ITER=0:NEXT SIT
```

In den Zeilen 1750 - 2050 werden durch Rückgriff auf die entsprechenden Subprogramme die ErSt und SubSt berechnet. In den Zeilen 1760 - 1770 werden - je nachdem, ob Situation 1 oder 2 vorliegt - den Arbeitsspeichern die jeweiligen Werte zugeordnet. Mit Zeile 1780 wird in das Subprogramm zur Berechnung der GewKSt verzweigt; mit den Zeilen 1790 - 1800 wird die GewKSt gespeichert.

Anschließend wird der nach § 117a BewG modifizierte Einheitswert des Betriebsvermögens für die VSt ermittelt. Ist der Einheitswert negativ, dann ist keine Modifikation erforderlich (Zeile 1810). Ist der Einheitswert größer als DM 500.000, dann wird er um DM 500.000 gemindert und mit 0,75 multipliziert. In jedem anderen Fall (es kann nur noch der des positiven Einheitswerts, der kleiner ist als DM 500.000, sein) beträgt der modifizierte Wert mit Zeile 1830 null. Der Einheitswert des Betriebsvermögens wird auf volle DM abgerundet. Im Subprogramm zur Berechnung der VSt wird in Zeile 810 das andere Vermögen addiert und die VSt berechnet. Mit den Zeilen 1860 - 1870 wird die VSt gespeichert.

In Zeile 1880 wird vom Brutto-Gewerbeertrag die berechnete GewKSt subtrahiert; anschließend wird die GewESt berechnet und gespeichert. In Zeile 1920 wird das Brutto-zu versteuernde Einkommen um die GewESt und die GewKSt gemindert. Mit Zeile 1930 wird in das Subprogramm zu Berechnung der ESt, KiSt und ggf. der ErgAbg verzweigt. Die berechneten Steuern werden - je nach Situation 1 oder 2 - in den Zeilen 1940 - 1990 gespeichert. In Zeile 2000 werden die ErSt sowie die SubSt ermittelt und in den folgenden Zeilen gespeichert. Ist der erste Durchlauf abgeschlossen, dann werden in Zeile 2050 die Werte für die Kappungs-KiSt und die Iterationszahl sicherheitshalber auf null gesetzt. Zur Berechnung der Werte für den zweiten Durchgang wird das gesamte Programm nochmals durchlaufen.

```
2060 GOSUB 640
2070 PRINT USING "Gewerbekapitalsteuer   DM   ##########   ##########
+##########";GEWKST1;GEWKST2;GEWKST2-GEWKST1
2080 PRINT USING "Vermögensteuer         DM   ##########   ##########
+##########";VST1;VST2;VST2-VST1
2090 PRINT USING "Substanzsteuern        DM   ##########   ##########
+##########";SUBST1;SUBST2;SUBST2-SUBST1
2100 PRINT USING "Gewerbeertragsteuer    DM   ##########   ##########
+##########";GEWEST1;GEWEST2;GEWEST2-GEWEST1
2110 PRINT USING "Einkommensteuer        DM   ##########   ##########
+##########";EST1;EST2;EST2-EST1
2120 PRINT USING "Kirchensteuer          DM   ##########   ##########
+##########";KIST1;KIST2;KIST2-KIST1
2130 PRINT USING "Ergänzungsabgabe       DM   ##########   ##########
+##########";ERGABG1;ERGABG2;ERGABG2-ERGABG1
2140 PRINT USING "Ertragsteuern          DM   ##########   ##########
+##########";ERST1;ERST2;ERST2-ERST1
```

```
2150 PRINT USING "Ertrag-+Substanzsteuern DM    ##########  ##########
+##########";SUBST1+ERST1;SUBST2+ERST2;SUBST2+ERST2-SUBST1-
ERST1
2160 REM:Kontrolle, ob Differenzsteuersatz sinnvoll zu berechnen ist
2170 IF GEWE1<>GEWE2 AND ZVE1=ZVE2 GOTO 2210
2180 IF GEWE1=GEWE2 AND ZVE1<>ZVE2 GOTO 2230
2190 IF GEWE1-GEWE2=ZVE1-ZVE2 AND GEWE1-GEWE2<>0 GOTO 2230
2200 GOTO 2300
2210 DIFFSATZ=100*(ERST2-ERST1)/(GEWE1-GEWE2)
2220 DIFFSUB=100*(SUBST2-SUBST1)/(GEWE1-GEWE2):GOTO 2250
2230 DIFFSATZ=100*(ERST2-ERST1)/(ZVE1-ZVE2)
2240 DIFFSUB=100*(SUBST2-SUBST1)/(ZVE1-ZVE2)
2250 PRINT USING "Substanzsteuer-Differenzsteuersatz in %
#####.##";ABS(DIFFSUB)
2260 PRINT USING "Ertragsteuer-Differenzsteuersatz  in %
###.##";ABS(DIFFSATZ)
2270 PRINT USING "Differenzsteuersatz insgesamt     in %
#####.##";ABS(DIFFSATZ+DIFFSUB)
2280 PRINT"Beachte: auch die Substanzsteuersätze sind auf Gewinndifferenzen
bezogen,"
2290 PRINT"deshalb nur geringe Aussagekraft."
2300 PRINT"Rundungsdifferenzen sind möglich"
2310 GOSUB 660
2320 GOTO 6610
```

Mit Zeile 2060 erscheint die Kopfzeile der Ergebnisanzeige. Die Zeilen 2070 - 2150 zeigen die Steuern für die beiden Vergleichssituationen sowie die Differenzsteuern an. Als erstes werden die GewKSt und die VSt, zusammengefaßt zur SubSt, angezeigt. Dann folgen die GewESt, die ESt, die KiSt und die ErgAbg. Diese Steuern sind zu den ErSt addiert. Schließlich werden SubSt und ErSt zusammengefaßt und angezeigt.

Im folgenden Teil wird ab Zeile 2160 geprüft, ob ein Differenzsteuer**satz** sinnvoll zu berechnen ist. Der Differenzsteuersatz soll sich auf die Differenzen bei den Gewerbeerträgen und/oder bei den zu versteuernden Einkommen beziehen. Es wird also kein besonderer Differenzsteuersatz für die SubSt, bezogen auf Substanzdifferenzen, berechnet. Sind die Bedingungen erfüllt, dann wird in Zeile 2210 der Differenzsteuersatz der ErSt und in Zeile 2220 der Differenzsteuersatz der SubSt (ebenfalls auf Erfolgsdifferenzen bezogen) berechnet. Mit den Zeilen 2250 - 2270 werden diese Differenzsteuersätze sowie ein zusammengefaßter Differenzsteuersatz angezeigt.

Im vorliegenden Programm wird auch der Differenzsteuersatz der SubSt auf Erfolgsdifferenzen bezogen. Das hat die folgenden Gründe: Einmal ist der Erfolg (z.B. der Gewinn aus Gewerbebetrieb) Ziel wirtschaftlicher Aktivitäten; er wird aber durch die SubSt ebenso gemindert wie durch die ErSt. Zum zweiten kann bei dieser Vorgehensweise der Einfluß der SubSt im Vergleich zum Einfluß der ErSt auf die Vorteilhaftigkeit einer wirtschaftlichen Situation ohne weiteres beurteilt werden. Schließlich läßt sich aus beiden Differenzsteuersätzen ein einheitlicher Gesamt-Differenzsteuersatz bilden.

Dennoch ist die Bildung derartiger Differenzsteuersätze nicht unproblematisch, weil der Ursache-Wirkungs-Zusammenhang zwischen der Änderung des Erfolgs und der Änderung der SubSt oft eher indirekt ist. Deshalb wird mit Zeile 2280 - 2290 ein Hinweis auf die geringe Aussagekraft derart berechneter SubSt-Sätze gegeben. Dem üblichen Hinweis, daß Rundungsdifferenzen möglich sind, folgt schließlich die Frage nach dem Bildschirmdruck in Zeile 2310 und der Sprung in die Programmübersicht mit Zeile 2320.

Auch dieser Programmteil soll an einem Beispiel erläutert werden. Ein KiSt-pflichtiger und verheirateter (ein Kind) Steuerpflichtiger möchte den steuerlichen Vorteil wissen, der sich aus einem eventuellen Bemühen ergibt, eine Teilwertabschreibung von DM 100.000 durchzusetzen. Diese mindert sowohl den Gewerbeertrag und das zu versteuernde Einkommen als auch den Einheitswert des Betriebsvermögens und das Gewerbekapital.

```
Schult STEUERBASIC 1993
Ertrag- und Substanzsteuern natürliche Personen/1993

Gewerbeertrag 1 vor GewSt                                     DM=? 500000
Gewerbeertrag 2 vor GewSt                                     DM=? 400000
Hebesatz                                                      % =? 300
zu verst Einkommen 1 vor Steuern, Kinder- und Haushaltsfrei   DM=? 400000
zu verst Einkommen 2 vor Steuern, Kinder- und Haushaltsfrei   DM=? 300000
Kirchensteuersatz                                             % =? 9
Kappungs-Kirchensteuersatz                                    % =? 3
Ledig (verheiratet = n)                                       j/n? n
Kinderzahl                                                       ? 1
Ergänzungsabgabe-, Solidaritätszuschlagssatz u.ä.              %=? 0
Einheitswert des Betriebsvermögens 1                          DM=? 5000000
Einheitswert des Betriebsvermögens 2                          DM=? 4900000
Gewerbekapital 1                                              DM=? 4000000
Gewerbekapital 2                                              DM=? 3900000
Anderes Vermögen 1                                            DM=? 100000
Anderes Vermögen 2                                            DM=? 100000
Wollen Sie den Bildschirm drucken (dann DRUCK-Taste drücken) j/n? j
```

```
...........................          Vorher        Nachher    Differenz
Gewerbekapitalsteuer      DM          23280          22680         -600
Vermögensteuer            DM          16325          15950         -375
Substanzsteuern           DM          39605          38630         -975
Gewerbeertragsteuer       DM          49659          36693       -12966
Einkommensteuer           DM         120497          76137       -44360
Kirchensteuer             DM           9406           6825        -2581
Ergänzungsabgabe          DM              0              0           +0
Ertragsteuern             DM         179562         119655       -59907
Ertrag-+Substanzsteuern   DM         219167         158285       -60882
Substanzsteuer-Differenzsteuersatz  in %      0.98
Ertragsteuer-Differenzsteuersatz    in %     59.91
Differenzsteuersatz insgesamt       in %     60.88
Beachte: auch die Substanzsteuersätze sind auf Gewinndifferenzen bezogen,
deshalb nur geringe Aussagekraft.
Rundungsdifferenzen sind möglich
Wollen Sie den Bildschirm drucken (dann DRUCK-Taste drücken) j/n? j
```

Nach Aufruf des Programms ERTRAG- UND SUBSTANZSTEUERN NATÜRLICHE PERSONEN mit der Nummer 2 werden als erstes die beiden Kopfzeilen angezeigt. Sodann wird der Gewerbeertrag abgefragt - er soll sich hier von DM 500.000 auf DM 400.000 mindern. Der Hebesatz der GewSt betrage 300 %. Das zu versteuernde Einkommen möge sich von DM 400.000 auf DM 300.000 mindern. Der KiSt-Satz betrage 9 %, der Kappungs-KiSt-Satz 3 %. Da der Steuerpflichtige verheiratet ist, wird die Frage "Ledig?" verneint, die Kinderzahl mit 1 eingegeben. Eine ErgAbg existiere nicht.

Die Teilwertabschreibung mindere den Einheitswert des Betriebsvermögens von DM 5 Mio auf DM 4,9 Mio und das Gewerbekapital von DM 4 Mio auf DM 3,9 Mio. Das andere Vermögen bleibe mit DM 100.000 konstant.

Nach der Frage nach dem Bildschirmdruck wird das Ergebnistableau angezeigt. Dieser Anzeige folgt ein zweites Mal die Frage nach dem Bildschirmdruck.

Wie sich zeigt, mindert die Teilwertabschreibung die GewKSt um DM 600 und die VSt um DM 375; die SubSt reduzieren sich also um insgesamt DM 975. Die GewESt vermindert sich unter Berücksichtigung der gesunkenen GewKSt um DM 12.966. Die ESt sinkt trotz Minderung der GewSt und der KiSt um DM 44.360, die KiSt dementsprechend um DM 2.581. Wie eine Division der KiSt durch die ESt zeigt, greift in der ersten Situation die Kappung (der Bruch ist kleiner als 0,09), in der zweiten Situation greift die Kappung nicht (der Bruch beträgt fast 0,09, der geringe Unterschied liegt im KiSt-Kinderfreibetrag). Die ErSt mindern sich um insgesamt DM 59.907 - die gesamte Steuerminderung durch die Teilwertabschreibung beträgt DM 60.882. Wie die Differenzsteuersätze zeigen, beläuft sich die auf die Teilwertabschreibung bezogene SubSt-Minderung auf etwa 1 %, die ErSt-Minderung auf etwa 60 %. Hier ist die Zusammenfassung des SubSt- und des ErSt-Satzes sinnvoll, weil die Teilwertabschreibung sämtliche Bemessungsgrundlagen mindert. Die Warnanzeige wäre hier überflüssig.

2.3.3 Ertragsteuern Kapitalgesellschaften

```
2330 PRINT:REM:Ertragsteuern Kapitalgesellschaften
2340 GOSUB 480
2350 GOSUB 580
2360 GOSUB 350
2370 IF KAPNAT=1 GOTO 3440:REM:wird nur für KapG+natPers benötigt
2380 FOR SIT=1 TO 2
2390 GEWE=GEWE1:ZVE=GKAP1:DIVI=DIVI1
2400 IF SIT=2 THEN GEWE=GEWE2:ZVE=GKAP2:DIVI=DIVI2
2410 GOSUB 850
2420 IF SIT=1 THEN GEWEST1=GEWEST
2430 IF SIT=2 THEN GEWEST2=GEWEST
2440 ZVE=ZVE-GEWEST
2450 GOSUB 1200
2460 IF SIT=1 THEN KST1=KST
2470 IF SIT=2 THEN KST2=KST
2480 IF SIT=1 THEN EAKAP1=ERGABG
2490 IF SIT=2 THEN EAKAP2=ERGABG
```

```
2500 ERST=GEWEST+KST+ERGABG
2510 IF SIT=1 THEN ERST1=ERST
2520 IF SIT=2 THEN ERST2=ERST
2530 IF KAPNAT=1 GOTO 3460:REM:wird nur für KapG+natPers benötigt
2540 NEXT SIT
2550 GOSUB 640
2560 PRINT USING "Gewerbeertragsteuer      DM     ##########  ##########
+##########";GEWEST1;GEWEST2;GEWEST2-GEWEST1
2570 PRINT USING "Körperschaftsteuer     DM     ##########  ##########
+##########";KST1;KST2;KST2-KST1
2580 PRINT USING "Ergänzungsabgabe       DM     ##########  ##########
+##########";EAKAP1;EAKAP2;EAKAP2-EAKAP1
2590 PRINT USING "Ertragsteuern        DM     ##########  ##########
+##########";ERST1;ERST2;ERST2-ERST1
2600 REM:Kontrolle, ob Differenzsteuersatz sinnvoll zu berechnen ist
2610 IF GEWE1-GEWE2=GKAP1-GKAP2 AND GEWE1-GEWE2< >0 GOTO
2650
2620 IF GEWE1=GEWE2 AND GKAP1< >GKAP2 GOTO 2660
2630 IF GEWE1< >GEWE2 AND GKAP1=GKAP2 GOTO 2650
2640 GOTO 2690
2650 DIFFSATZ=10000*(ERST2-ERST1)/(GKAP2-
GKAP1):DIFFSATZ=(INT(DIFFSATZ))/100:GOTO 2670
2660 DIFFSATZ=10000*(ERST2-ERST1)/(GKAP2-
GKAP1):DIFFSATZ=(INT(DIFFSATZ))/100
2670 DIFFSATZ=ABS(DIFFSATZ):REM Differenzsteuersatz
2680 PRINT"Differenzsteuersatz in %";DIFFSATZ
2690 PRINT"Rundungsdifferenzen sind möglich"
2700 GOSUB 700:REM:Berechnung maximale Nettodividenden
2710 GOSUB 660
2720 GOTO 6610
```

Nach den Erinnerungszeilen werden in den Zeilen 2340 - 2360 die benötigten Werte abgefragt. Als erstes wird nach dem ErgAbg-Satz gefragt, sodann nach den Gewinnen aus Gewerbebetrieb und den Nettodividenden. Bei dieser Abfrage wird ein Hinweis auf die maximale Höhe der Nettodividenden (Zeile 600) angezeigt. Die maximalen Nettodividenden werden im weiteren Verlauf in jedem Fall berechnet (vgl. Zeile 2700). Schließlich werden die Gewerbeerträge sowie der Hebesatz der GewSt erfragt. Teile dieses wie des folgenden Programms werden für das Programm benötigt, das die Steuerdifferenzen für die Gesellschaft **und** die Gesellschafter berechnet. Für dieses Programm ist der Speicher KAPNAT = 1 gesetzt. In Zeile 2370 wird - wenn dieses Programm aufgerufen ist - dorthin verzweigt.

Die ErSt der Kapitalgesellschaft werden in den Zeilen 2380 - 2540 berechnet. Für die beiden Situationen vor und nach der jeweiligen Entscheidung werden in den Zeilen 2390 - 2400 die eingegebenen Werte für die Gewerbeerträge, die zu versteuernden Einkommen und die Nettodividenden gespeichert. Mit den Zeilen 2410 - 2430 wird die GewESt berechnet und gespeichert. Sodann wird die GewESt in Zeile 2440 von dem Brutto-zu versteuernden Einkommen subtrahiert. Unter Berücksichtigung der Nettodividenden werden in den Zeilen 2450 - 2490 die KSt und die ErgAbg berechnet und gespeichert. In den Zeilen 2500 - 2520 werden die Einzelsteuern zu den ErSt zusammengefaßt und gespeichert. Nach einem Verzweigungsbefehl für ein späteres Programm in Zeile 2530 - der hier also übersprungen wird - werden die Steuern für die zweite Situation berechnet.

Mit den Zeilen 2550 - 2590 werden nach der Überschriftszeile die GewESt, die KSt und die ErgAbg sowie die zusammengefaßten Einzelsteuern und deren Differenz angezeigt. In den Zeilen 2600 - 2640 wird geprüft, ob ein Differenzsteuer**satz** sinnvoll zu berechnen ist - nämlich dann, wenn die Differenzen der Gewerbeerträge und der zu versteuernden Einkommen gleich, aber ungleich null sind oder wenn eine der beiden Größen unverändert ist. Es sei angemerkt, daß bei der Interpretation Probleme auftreten können, wenn die Nettodividenden unterschiedlich sind, weil diese zu erheblichen Änderungen des KSt-Satzes führen (von 50 % auf 36 %). Sodann wird der Differenzsteuersatz berechnet und angezeigt.

Nach dem Hinweis auf mögliche Rundungsdifferenzen wird mit Zeile 2700 in das Subprogramm zur Berechnung der maximalen Nettodividenden verzweigt. Sind die eingegebenen Nettodividenden höher, dann ertönt ein Warnton, es wird auf mögliche Fehler hingewiesen. Die Rechnung sollte dann mit zulässigen Nettodividenden wiederholt werden. Mit der letzten Zeile 2720 wird schließlich gefragt, ob der Bildschirm gedruckt werden soll.

Auch dieser Programmteil sei an einem Beispiel verdeutlicht. Die Geschäftsführung einer GmbH interessiert, welche ertragsteuerliche Änderung sich ausschließlich bei der Gesellschaft ergibt, wenn die Nettodividende von DM 5 Mio auf DM 4 Mio gesenkt wird. Der Gewinn vor GewSt soll mit DM 10 Mio wie der Gewerbeertrag mit DM 11 Mio konstant sein. Der Hebesatz der GewSt betrage 300 %. Außerdem soll eine ErgAbg in Höhe von 3,75 % der KSt existieren.

```
Schult STEUERBASIC 1993
Ertragsteuern Kapitalgesellschaften/1993

Ergänzungsabgabe-, Solidaritätszuschlagssatz u.ä.                %=? 3.75
Gewinn vor Gewerbesteuer 1                                       DM=? 10000000
Gewinn vor Gewerbesteuer 2                                       DM=? 10000000
Die Nettodividende darf 64 % des Gewinns nach GewSt, VSt und ErgAbg nicht über-
schreiten. Die maximale Nettodividende wird in jedem Fall ausgedruckt.
Nettodividende 1 (KapESt vernachlässigt)                         DM=? 5000000
Nettodividende 2 (KapESt vernachlässigt)                         DM=? 4000000
Gewerbeertrag 1 vor GewSt                                        DM=? 11000000
Gewerbeertrag 2 vor GewSt                                        DM=? 11000000
Hebesatz                                                         % =? 300
..........................          Vorher      Nachher      Differenz
Gewerbeertragsteuer        DM       1434782     1434782             +0
Körperschaftsteuer         DM       3188859     3407609        +218750
Ergänzungsabgabe           DM        119582      127785          +8203
Ertragsteuern              DM       4743223     4970176        +226953
Rundungsdifferenzen sind möglich
Die maximalen Nettodividenden betragen   5332162  5332162
Wollen Sie den Bildschirm drucken (dann DRUCK-Taste drücken) j/n? j
```

Nachdem aus der Programmübersicht mit der Nummer 3 das Programm ERTRAGSTEUERN KAPITALGESELLSCHAFTEN aufgerufen worden ist und die beiden Kopfzeilen am Bildschirm angezeigt werden, wird zuerst nach dem ErgAbg-Satz gefragt. Nach der Frage nach den Gewerbeerträgen wird der Hinweis auf die maximale Nettodividende angezeigt. Erst dann werden die Nettodividenden, die Gewerbeerträge und der Hebesatz erfragt.

Nach Anzeige der Kopfzeile werden in der Ergebnistabelle die GewESt, die KSt, die ErgAbg und die gesamten ErSt sowie deren Differenzen ausgewiesen. Die GewESt ändert sich erwartungsgemäß durch die Dividendenkürzung nicht. Die KSt steigt, weil die Minderung der Nettodividende um DM 1 Mio ein Bruttoanteil am Gewinn in Höhe von DM 1,5625 Mio statt der normalen der ermäßigten KSt unterliegt (Steuersatzdifferenz 14 % des Bruttobetrags oder 14/64 der Nettodividende, KSt-Differenz also DM 218.750). Auf diese KSt-Differenz entfällt eine ErgAbg in Höhe von 3,75 %, also DM 8.203. Die Dividendenkürzung führt bei der Gesellschaft also zu einer ErSt-Erhöhung von insgesamt DM 226.953.

Ein Differenzsteuersatz wird nicht ausgerechnet und angezeigt, weil sich die Bemessungsgrundlagen nicht geändert haben - keine der Bedingungen in den Zeilen 2610 - 2630 ist erfüllt. Die maximalen Nettodividenden sind mit DM 5.332.162 berechnet. Das sind 64 % des Gewinns nach GewESt und der für vollständige Ausschüttung berechneten ErgAbg (also nicht des oben ausgewiesenen Betrags).

2.3.4 Ertrag- und Substanzsteuern Kapitalgesellschaften

Wie im vorhergehenden Programmteil werden die ErSt der Kapitalgesellschaft berechnet. Darüberhinaus ist die Ermittlung der VSt der Gesellschaft und der GewKSt vorgesehen. Da die GewKSt eine abzugsfähige Betriebsausgabe darstellt, also die ErSt beeinflußt, wird sie als erstes berechnet. Anschließend folgt die Ermittlung der VSt, die keinen direkten Einfluß auf die Höhe einer anderen zu berechnenden Steuer hat. Nach den SubSt werden die ErSt berechnet.

```
2730 PRINT:REM:Ertrag- und Substanzsteuern Kapitalgesellschaften
2740 REM:Datenabfrage
2750 GOSUB 480
2760 GOSUB 580
2770 GOSUB 350
2780 GOSUB 500
2790 GOSUB 660
2800 IF KAPNAT=1 GOTO 3820:REM:wird nur für KapG+natPers benötigt
2810 FOR SIT=1 TO 2
2820 GEWE=GEWE1:ZVE=GKAP1:EW=EW1:GEWK=GEWK1:DIVI=DIVI1
2830 IF SIT=2 THEN
GEWE=GEWE2:ZVE=GKAP2:EW=EW2:GEWK=GEWK2:DIVI=DIVI2
2840 GOSUB 760
2850 IF SIT=1 THEN GEWKST1=GEWKST
2860 IF SIT=2 THEN GEWKST2=GEWKST
2870 BV117A=INT((EW-500000!)*.75)
2880 VST=INT(.006*BV117A)
2890 IF VST<0 THEN VST=0
2900 IF SIT=1 THEN VSTKAP1=VST
2910 IF SIT=2 THEN VSTKAP2=VST
2920 GEWE=GEWE-GEWKST
2930 GOSUB 850
2940 IF SIT=1 THEN GEWEST1=GEWEST
2950 IF SIT=2 THEN GEWEST2=GEWEST
2960 ZVE=ZVE-GEWEST-GEWKST
```

```
2970 GOSUB 1200
2980 IF SIT=1 THEN KST1=KST
2990 IF SIT=2 THEN KST2=KST
3000 IF SIT=1 THEN EAKAP1=ERGABG
3010 IF SIT=2 THEN EAKAP2=ERGABG
3020 ERST=GEWEST+KST+ERGABG:SUBST=GEWKST+VST
3030 IF SIT=1 THEN ERST1=ERST
3040 IF SIT=2 THEN ERST2=ERST
3050 IF SIT=1 THEN SUBST1=SUBST
3060 IF SIT=2 THEN SUBST2=SUBST
3070 IF KAPNAT=1 GOTO 3850:REM:wird nur für KapG+natPers benötigt
3080 NEXT SIT
3090 GOSUB 640
3100 PRINT USING "Gewerbekapitalsteuer  DM  ##########  ##########
+##########";GEWKST1;GEWKST2;GEWKST2-GEWKST1
3110 PRINT USING "Vermögensteuer KapGes  DM  ##########  ##########
+##########";VSTKAP1,VSTKAP2;VSTKAP2-VSTKAP1
3120 PRINT USING "Substanzsteuern KapGes  DM  ##########  ##########
+##########";SUBST1;SUBST2;SUBST2-SUBST1
3130 PRINT USING "Gewerbeertragsteuer  DM  ##########  ##########
+##########";GEWEST1;GEWEST2;GEWEST2-GEWEST1
3140 PRINT USING "Körperschaftsteuer  DM  ##########  ##########
+##########";KST1;KST2;KST2-KST1
3150 PRINT USING "Ergänzungsabgabe  DM  ##########  ##########
+##########";EAKAP1;EAKAP2;EAKAP2-EAKAP1
3160 PRINT USING "Ertragsteuern KapGes  DM  ##########  ##########
+##########";ERST1;ERST2;ERST2-ERST1
3170 PRINT USING "Ertrag- + SubSt KapGes DM  ##########  ##########
+##########";ERST1+SUBST1;ERST2+SUBST2;ERST2+SUBST2-ERST1-
SUBST1
3180 IF KAPNAT=1 GOTO 4120
3190 REM:Kontrolle, ob Differenzsteuersatz sinnvoll zu berechnen ist
3200 IF GEWE1< >GEWE2 AND GKAP1=GKAP2 GOTO 3240
3210 IF GEWE1=GEWE2 AND GKAP1< >GKAP2 GOTO 3260
3220 IF GEWE1-GEWE2=GKAP1-GKAP2 AND GEWE1-GEWE2 < >0 GOTO
3260
3230 GOTO 3330
3240 DIFFSATZ=100*(ERST2-ERST1)/(GEWE2-GEWE1)
3250 DIFFSUB=100*(SUBST2-SUBST1)/(GEWE2-GEWE1):GOTO 3280
3260 DIFFSATZ=100*(ERST2-ERST1)/(GKAP2-GKAP1)
3270 DIFFSUB=100*(SUBST2-SUBST1)/(GKAP2-GKAP1)
3280 PRINT USING "Substanzsteuer-Differenzsteuersatz in %
#####.##";ABS(DIFFSUB)
3290 PRINT USING "Ertragsteuer-Differenzsteuersatz  in %
###.##";ABS(DIFFSATZ)
3300 PRINT USING "Differenzsteuersatz insgesamt  in %
#####.##";ABS(DIFFSATZ+DIFFSUB)
3310 PRINT"Beachte: auch die Substanzsteuersätze sind auf Gewinndifferenzen
bezogen,"
3320 PRINT"deshalb nur geringe Aussagekraft."
3330 PRINT"Rundungsdifferenzen sind möglich"
3340 GOSUB 700:REM: Berechnung maximale Nettodividenden
```

3350 GOSUB 660
3360 GOTO 6610

Nach den Erinnerungsbefehlen werden mit den Zeilen 2750 - 2780 die Subprogramme zur Dateneingabe aufgerufen. Zuerst wird nach dem ErgAbg-Satz gefragt, dann werden die Gewinne und die Nettodividenden eingegeben, dann die Gewerbeerträge und der Hebesatz der GewSt. Mit Zeile 2780 wird nach den Einheitswerten des Betriebsvermögens und den Werten für das Gewerbekapital gefragt. Das Eingabetableau kann mit Zeile 2790 gedruckt werden. Wird das vorliegende Programm für andere Programme benötigt, dann wird es mit Zeile 2800 verlassen (dann ist der Speicher KAPNAT = 1).

In den Zeilen 2810 - 3080 werden die Steuern berechnet und gespeichert. Als erstes wird in den Zeilen 2840 - 2860 die GewKSt berechnet und gespeichert. In Zeile 2870 wird der Einheitswert des Betriebsvermögens nach § 117a BewG modifiziert. In Zeile 2880 wird die VSt der Gesellschaft ermittelt. Ist sie negativ, dann wird sie mit Zeile 2890 null gesetzt; mit den Zeilen 2900 - 2910 wird sie gespeichert.

In Zeile 2920 wird die GewKSt vom Gewerbeertrag subtrahiert, sodann wird die GewESt berechnet und gespeichert. Die gesamte GewSt wird in Zeile 2960 vom Brutto-zu versteuernden Einkommen der Gesellschaft abgezogen, um die KSt und die ErgAbg zu ermitteln. Diese werden in den Zeilen 2980 - 3010 gespeichert. Sodann werden die Einzelsteuern in Zeile 3020 zu der ErSt zusammengefaßt und anschließend gespeichert. Nach einem Verzweigungsbefehl für andere Programme in Zeile 3070 leitet die Zeile 3080 den zweiten Rechengang ein.

Mit den Zeilen 3090 - 3170 werden die Ergebnisse angezeigt. Als erstes werden die GewKSt und die VSt der Gesellschaft sowie deren Summe als SubSt ausgewiesen. Sodann werden die GewESt, die KSt und die ErgAbg sowie deren Summe als ErSt ausgewiesen. Schließlich werden die SubSt und ErSt zusammengefaßt. In der letzten Spalte stehen jeweils die Differenzsteuern.

Der Verzweigungsbefehl in Zeile 3180 wird hier übersprungen. In den Zeilen 3190 - 3230 wird geprüft, ob es sinnvoll ist, einen Differenzsteuer**satz** zu berechnen. Die Kriterien sind die gleichen wie in den bisherigen Programmen. Ist es sinnvoll, dann wird dieser in den Zeilen 3240 - 3270 berechnet und mit den Zeilen 3280 - 3290 angezeigt. Die Zeile 3300 faßt ErSt und SubSt zusammen und bildet daraus einen Gesamt-Differenzsteuersatz. Auf die Problematik solcher ErSt- und SubSt-Sätze wurde am Ende des Programms ERTRAG- UND SUBSTANZSTEUERN NATÜRLICHE PERSONEN hingewiesen. Deshalb ist auch hier in den Zeilen 3310 - 3320 ein Warnhinweis vorgesehen. Nach dem Hinweis auf Rundungsdifferenzen in Zeile 3330 werden die maximalen Nettodividenden berechnet und angezeigt. Mit Zeile 3350 wird auf die Möglichkeit verwiesen, den Bildschirm zu drucken. Das Programm wird mit Zeile 3360 (Löschung des Bildschirms und Rücksprung in die Programmübersicht) beendet.

Für das folgende Beispiel ist ein eher praxisferner Fall gewählt worden, um vergleichsweise hohe Differenzsteuersätze zu erreichen. Durch eine beliebige Entscheidung soll sich der Gewinn und der Gewerbeertrag einer Kapitalgesellschaft von DM 20.000 auf DM 20.100 erhöhen. Die Nettodividende bleibe unverändert bei DM 5.000. Der Hebesatz der GewSt betrage 410 %. Der Einheitswert des Betriebsvermögens steige wie das Gewerbekapital von DM 200.000 auf DM 300.000. Es sollen die Differenzsteuersätze berechnet werden.

```
Schult STEUERBASIC 1993
Ertrag- und Substanzsteuern Kapitalgesellschaften/1993

Ergänzungsabgabe-, Solidaritätszuschlagssatz u.ä.            %=? 0
Gewinn vor Gewerbesteuer 1                                  DM=? 20000
Gewinn vor Gewerbesteuer 2                                  DM=? 20100
Die Nettodividende darf 64 % des Gewinns nach GewSt, VSt und ErgAbg nicht über-
schreiten. Die maximale Nettodividende wird in jedem Fall ausgedruckt.
Nettodividende 1 (KapESt vernachlässigt)                    DM=? 5000
Nettodividende 2 (KapESt vernachlässigt)                    DM=? 5000
Gewerbeertrag 1 vor GewSt                                   DM=? 20000
Gewerbeertrag 2 vor GewSt                                   DM=? 20100
Hebesatz                                                    % =? 410
Einheitswert des Betriebsvermögens 1                        DM=? 200000
Einheitswert des Betriebsvermögens 2                        DM=? 300000
Gewerbekapital 1                                            DM=? 200000
Gewerbekapital 2                                            DM=? 300000
Wollen Sie den Bildschirm drucken (dann DRUCK-Taste drücken) j/n? j
```

```
............................           Vorher      Nachher    Differenz
Gewerbekapitalsteuer       DM             656         1476         +820
Vermögensteuer KapGes      DM               0            0           +0
Substanzsteuern KapGes     DM             656         1476         +820
Gewerbeertragsteuer        DM            3290         3168         -122
Körperschaftsteuer         DM            6933         6634         -299
Ergänzungsabgabe           DM               0            0           +0
Ertragsteuern KapGes       DM           10223         9802         -421
Ertrag- + SubSt KapGes     DM           10879        11278         +399
Substanzsteuer-Differenzsteuersatz  in %    820.00
Ertragsteuer-Differenzsteuersatz    in %    421.00
Differenzsteuersatz insgesamt       in %    399.00
Beachte: auch die Substanzsteuersätze sind auf Gewinndifferenzen bezogen,
deshalb nur geringe Aussagekraft.
Rundungsdifferenzen sind möglich
Die maximalen Nettodividenden betragen    10274   9891
Wollen Sie den Bildschirm drucken (dann DRUCK-Taste drücken) j/n? j
```

Die GewKSt steigt um DM 820, die VSt ist nach wie vor null, weil der Freibetrag des § 117a BewG nicht erreicht wird. Die Erhöhung des Gewinns und des Gewerbeertrags wird durch die höhere GewKSt überkompensiert, so daß beide ErSt um insgesamt DM 421 fallen. Weil die Differenzsteuern auf die relativ kleine Änderung des Gewinns bezogen werden, erreichen die Differenzsteuer**sätze** ungewöhnlich hohe und wenig aussagekräftige Werte. In diesem Beispiel ist die Ursache für die Steueränderung eine Erhöhung des Gewerbekapitals. Ein Differenzsteuersatz, der auf eine Erfolgsdifferenz bezogen ist, ist hier nicht aussagekräftig. Eine Änderung des Einheitswerts des Betriebsvermögens ohne Änderung des Gewinns aus Gewerbebetrieb ist in praxi allerdings eher die Ausnahme.

2.3.5 Ertragsteuern Kapitalgesellschaften und natürliche Personen

Durch Rückgriff auf das Programm ERTRAGSTEUERN KAPITALGESELL-SCHAFTEN ist dieser Steuerbelastungsvergleich relativ kurz. ErSt-Differenzen im Bereich der Kapitalgesellschaft werden durch Rücksprung in das genannte Programm berechnet. Die ErSt-Differenzen im privaten Bereich der natürlichen Gesellschafter werden dagegen wie bisher mit Hilfe der Subprogramme zur Abfrage und zur Anzeige der notwendigen Daten und der Subprogramme zur Steuerberechnung ermittelt.

```
3370 PRINT:REM:Ertragsteuern Kapitalgesellschaften und natürliche Personen
3380 INPUT"Anderes zu versteuerndes Einkommen ohne Dividende 1
DM=";ANDE1
3390 INPUT"Anderes zu versteuerndes Einkommen ohne Dividende 2
DM=";ANDE2
3400 REM:weitere Datenabfrage
3410 GOSUB 420
3420 GOSUB 660
3430 KAPNAT=1:GOTO 2350:REM:mit kapnat=1 wird aus anderen
Programmteilen rückverzweigt
3440 FOR SIT=1 TO 2
3450 GOTO 2390
3460 IF SIT=1 THEN ANDE=ANDE1 ELSE ANDE=ANDE2
3470 ZVE=ANDE+DIVI+DIVI*36/64
3480 GOSUB 990
3490 EST=INT(EST-DIVI*36/64)
3500 IF SIT=1 THEN EST1=EST
3510 IF SIT=2 THEN EST2=EST
3520 IF SIT=1 THEN KIST1=KIST
3530 IF SIT=2 THEN KIST2=KIST
3540 IF SIT=1 THEN ERGABG1=ERGABG
3550 IF SIT=2 THEN ERGABG2=ERGABG
3560 IF SIT=1 THEN ITER=0:KAPPST=0
3570 NEXT SIT:GOSUB 640
3580 PRINT "Ertragsteuern natürliche Person"
3590 PRINT USING "Einkommensteuer        DM    ##########   ##########
+##########";EST1;EST2;EST2-EST1
3600 PRINT USING "Kirchensteuer        DM    ##########   ##########
+##########";KIST1;KIST2;KIST2-KIST1
3610 PRINT USING "Ergänzungsabgabe        DM    ##########   ##########
+##########";ERGABG1;ERGABG2;ERGABG2-ERGABG1
3620 PRINT USING "ErtragSt natür Person  DM    ##########   ##########
+##########";EST1+KIST1+ERGABG1;EST2+KIST2+ERGABG2;EST2+KIST
2+ERGABG2-EST1-KIST1-ERGABG1
3630 PRINT "Ertragsteuern Kapitalgesellschaft"
3640 PRINT USING "Gewerbeertragsteuer    DM    ##########   ##########
+##########";GEWEST1;GEWEST2;GEWEST2-GEWEST1
3650 PRINT USING "Körperschaftsteuer    DM    ##########   ##########
+##########";KST1;KST2;KST2-KST1
3660 PRINT USING "Ergänzungsabgabe        DM    ##########   ##########
+##########";EAKAP1;EAKAP2;EAKAP2-EAKAP1
3670 PRINT USING "ErtragSt Kapitalgesell DM    ##########   ##########
+##########";ERST1;ERST2;ERST2-ERST1
```

```
3680 PRINT USING "ErtragSt KapGes+nat PersDM ########## ##########
+##########";ERST1+EST1+KIST1+ERGABG1;ERST2+EST2+KIST2+ERG
ABG2;ERST2+EST2+KIST2+ERGABG2-ERST1-EST1-KIST1-ERGABG1
3690 PRINT "Rundungsdifferenzen sind möglich"
3700 GOSUB 700:REM: Berechnung maximale Nettodividenden
3710 REM:Differenzsteuersätze werden hier nicht berechnet
3720 GOSUB 660
3730 GOTO 6610
```

Nach dem Erinnerungsbefehl in Zeile 3370 fragt das Programm in den Zeilen 3380 - 3390 anderes zu versteuerndes Einkommen (ohne Dividende, aber mit eventuellem Gesellschafter-Geschäftsführer-Gehalt) der natürlichen Person ab. Wie bei der Abfrage in den Zeilen 390 - 400 ist das andere zu versteuernde Einkommen vor Abzug von Steuern sowie der Kinderfreibeträge und eines eventuellen Haushaltsfreibetrags einzugeben. Der Sparerfreibetrag ist dagegen hier zu subtrahieren. Bei der Ermittlung ist die Bruttodividende zu berücksichtigen. Sie wird ermittelt, indem die in den Zeilen 610 - 620 abgefragte Nettodividende durch 0,64 dividiert wird. Zu diesem anderen zu versteuernden Einkommen wird vom Programm ggf. von der Gesellschaft ausgeschüttete Bruttodividende addiert (vgl. Zeile 3470). Sodann wird mit Zeile 3410 nach den KiSt-Sätzen und den Familienverhältnissen des natürlichen Gesellschafters gefragt. Mit Zeile 3420 wird an die Möglichkeit des Bildschirmdrucks erinnert.

In Zeile 3430 wird der Verzweigungsspeicher KAPNAT = 1 gesetzt und in das Programm ERTRAGSTEUERN KAPITALGESELLSCHAFTEN verzweigt. Dort werden die Abfragen für die Kapitalgesellschaft aus den Zeilen 2350 - 2360 übernommen. In Zeile 3450 wird in das Programm ERTRAGSTEUERN KAPITALGESELLSCHAFTEN zur Zeile 2390 gesprungen. Dort werden die ErSt der Kapitalgesellschaft berechnet und gespeichert. In Zeile 2530 wird in das vorliegende Programm zurückgesprungen.

In Zeile 3460 werden die anderen zu versteuernden Einkommen in den Arbeitsspeicher übertragen und in Zeile 3470 um die Nettodividende und die anrechenbare KSt erhöht, um das zu versteuernde Einkommen des Gesellschafters zu erhalten. Aus diesem wird über Zeile 3480 die ESt, KiSt und ErgAbg des Gesellschafters ermittelt. Zeile 3490 zieht von der berechneten ESt die anrechenbare KSt ab. In den Zeilen 3500 - 3550 werden die berechneten Steuern gespeichert. Mit Zeile 3570 wird der zweite Durchlauf (zuerst wieder für die Kapitalgesellschaft, dann für den natürlichen Gesellschafter) eingeleitet.

Die Zeilen 3580 - 3690 zeigen die Ergebnisse am Bildschirm an. Nach der Kopfzeile aus Zeile 3570 wird eine Überschrift "Ertragsteuern natürliche Person" angezeigt, danach deren ErSt und ErSt-Differenzen. Mit Zeile 3630 wird die Überschrift "Ertragsteuern Kapitalgesellschaft" angezeigt; es folgen die ErSt und ErSt-Differenzen der Kapitalgesellschaft. Schließlich werden sämtliche ErSt in Zeile 3680 addiert und der Hinweis auf Rundungsdifferenzen angebracht.

Differenzsteuer**sätze** werden hier nicht berechnet, weil durch die Erfassung des gesellschaftlichen **und** des privaten Bereichs mehrere nur z.T. abhängige Erfolgsgrößen existieren, auf die man die Differenzsteuer beziehen könnte. Deshalb wird nur diese in der letzten Spalte angezeigt.

Auch hier soll die steuerliche Wirkung einer Dividendenänderung berechnet werden. Während in dem Beispiel im Teilprogramm ERTRAGSTEUERN KAPITALGE-

SELLSCHAFTEN nur die Steuerwirkungen im gesellschaftlichen Bereich in die Rechnung eingegangen sind, werden hier sämtliche ErSt-Änderungen - also auch die im privaten Bereich des natürlichen Kapitaleigners - erfaßt. Der mit 8 % bzw. 3 % KiSt-pflichtige und ledige (ein Kind) Gesellschafter soll anderweitige Einkünfte in Höhe von DM 16.000 haben. Der Gewinn der Kapitalgesellschaft vor GewSt betrage DM 100.000 und der Gewerbeertrag vor GewSt DM 105.000. Die Nettodividende soll von DM 20.000 auf DM 25.000 angehoben werden. Der Sparerfreibetrag beläuft sich hier auf DM 6.000, so daß bei dem anderen zu versteuernden Einkommen jeweils DM 10.000 einzugeben ist. Der Hebesatz der GewSt betrage 250 %, eine ErgAbg werde nicht erhoben. Den Gesellschafter interessiert, ob sich insgesamt eine ErSt-Minderung oder -Erhöhung ergibt.

```
Schult STEUERBASIC 1993
Ertragsteuern Kapitalgesellschaften und natürliche Personen/1993

Anderes zu versteuerndes Einkommen ohne Dividende 1          DM=? 10000
Anderes zu versteuerndes Einkommen ohne Dividende 2          DM=? 10000
Kirchensteuersatz                                            % =? 8
Kappungs-Kirchensteuersatz                                   % =? 3
Ledig (verheiratet = n)                                      j/n? j
Kinderzahl                                                     ? 1
Ergänzungsabgabe-, Solidaritätszuschlagssatz u.ä.            %=? 0
Wollen Sie den Bildschirm drucken (dann DRUCK-Taste drücken) j/n? j
```

```
Gewinn vor Gewerbesteuer 1                                   DM=? 100000
Gewinn vor Gewerbesteuer 2                                   DM=? 100000
Die Nettodividende darf 64 % des Gewinns nach GewSt, VSt und ErgAbg nicht über-
schreiten. Die maximale Nettodividende wird in jedem Fall ausgedruckt.
Nettodividende 1 (KapESt vernachlässigt)                     DM=? 20000
Nettodividende 2 (KapESt vernachlässigt)                     DM=? 25000
Gewerbeertrag 1 vor GewSt                                    DM=? 105000
Gewerbeertrag 2 vor GewSt                                    DM=? 105000
Hebesatz                                                     % =? 250
............................        Vorher       Nachher    Differenz
Ertragsteuern natürliche Person
Einkommensteuer         DM           -5079         -5770         -691
Kirchensteuer           DM             481           651         +170
Ergänzungsabgabe        DM               0             0           +0
ErtragSt natür Person   DM           -4598         -5119         -521
Ertragsteuern Kapitalgesellschaft
Gewerbeertragsteuer     DM           11666         11666           +0
Körperschaftsteuer      DM           39792         38698        -1094
Ergänzungsabgabe        DM               0             0           +0
ErtragSt Kapitalgesell  DM           51458         50364        -1094
ErtragSt KapGes+nat PersDM           46860         45245        -1615
Rundungsdifferenzen sind möglich
Die maximalen Nettodividenden betragen    56533   56533
Wollen Sie den Bildschirm drucken (dann DRUCK-Taste drücken) j/n? j
```

Wie das Ergebnis zeigt, kommt es nach wie vor Dividendenerhöhung zu einer KSt-Erstattung. Die ESt ist niedriger als die anrechenbare KSt. Der Differenzsteuersatz der ESt ist niedriger als der Ausschüttungs-KSt-Satz von 36 %. Durch die Erhöhung der Nettodividende um DM 5.000 steigt die KSt-Erstattung um DM 691. Die Erhöhung der ESt liegt also weiterhin unter 36 %. Die KiSt steigt, weil das zu versteuernde Einkommen und die ESt steigen. Insgesamt ergibt sich im privaten Bereich eine Steuererstattung von DM 521.

Die GewESt ändert sich erwartungsgemäß nicht. Die KSt-Minderung steigt um DM 1.094, das sind 14/64 der Nettodividendenerhöhung. Im Gesellschaftsbereich sinkt die Steuerbelastung um diesen Betrag von DM 1.094. Insgesamt führt die Erhöhung der Nettodividende zu einer Steuerminderung von DM 1.615, weil für die Bruttodividende von DM 7.812 nicht mehr der hohe KSt-Satz von 50 % wirkt, sondern der niedrigere EStKiSt-Satz im privaten Bereich des Gesellschafters. Diese Wirkung kehrt sich gerade dann um, wenn der Grenzsteuersatz im privaten Bereich den KSt-Satz von 50 % erreicht.

2.3.6 Ertrag- und Substanzsteuern Kapitalgesellschaften und natürliche Personen

Die Struktur dieses Programmteil ist die gleiche wie die des oben dargestellten Programmteils für die Ermittlung ausschließlich der ErSt-Differenzen bei auf den Gesellschafter durchgreifender Betrachtungsweise ERTRAGSTEUERN KAPITALGESELLSCHAFTEN UND NATÜRLICHE PERSONEN. Die ErSt- und SubSt-Differenzen im Bereich der Kapitalgesellschaft werden mit dem Programmteil ERTRAG- UND SUBSTANZSTEUERN KAPITALGESELLSCHAFTEN berechnet. Dieses Programm wird als Subprogramm herangezogen. Wie im vorhergehenden Programm wird der Verzweigungsspeicher KAPNAT = 1 gesetzt (vgl. Zeile 3750). Die ErSt- und SubSt-Differenzen im privaten Bereich des Gesellschafters werden dagegen wie bisher üblich durch Rücksprung in die Abfrage-, Anzeige- und Steuerberechnungs-Subprogramme ermittelt.

```
3740 REM:Ertrag- und Substanzsteuern Kapitalgesellschaften und natürliche Personen
3750 KAPNAT=1:REM:mit kapnat=1 wird aus anderen Programmteilen
rückverzweigt
3760 REM:Datenabfrage
3770 GOSUB 420
3780 GOSUB 550
3790 INPUT"Anderes zu versteuerndes Einkommen ohne Dividende 1
DM=";ANDE1
3800 INPUT"Anderes zu versteuerndes Einkommen ohne Dividende 2
DM=";ANDE2
3810 GOTO 2760
3820 FOR SIT=1 TO 2
3830 GOTO 2820
3840 REM:Schätzung der Anteilswerte nach dem Stuttgarter Verfahren
3850 IF SIT=1 THEN GW1=(EW1*.85+5*.7*(GKAP1-GEWEST1-GEWKST1-
2*VST1))*.7
3860 IF SIT=2 THEN GW2=(EW2*.85+5*.7*((2*(GKAP1-GEWEST1-
GEWKST1-2*VST1)+GKAP2-GEWKST2-GEWEST2-2*VST2)/3))*.7
```

```
3870 IF SIT=1 THEN BV117A=GW1 ELSE BV117A=GW2
3875 IF SIT=1 THEN ANDV=ANDV1 ELSE ANDV=ANDV2
3880 GOSUB 800
3890 IF SIT=1 THEN VST1=VST
3900 IF SIT=2 THEN VST2=VST
3910 IF SIT=1 THEN ZVE=ANDE1+DIVI1+DIVI1*36/64
3920 IF SIT=2 THEN ZVE=ANDE2+DIVI2+DIVI2*36/64
3930 GOSUB 990
3940 EST=INT(EST-DIVI*36/64)
3950 IF SIT=1 THEN EST1=EST
3960 IF SIT=2 THEN EST2=EST
3970 IF SIT=1 THEN KIST1=KIST
3980 IF SIT=2 THEN KIST2=KIST
3990 IF SIT=1 THEN ERGABG1=ERGABG
4000 IF SIT=2 THEN ERGABG2=ERGABG
4010 ITER=0:KAPPST=0:NEXT SIT
4020 GOSUB 640
4030 PRINT "Steuern natürliche Person"
4040 PRINT USING "Einkommensteuer        DM    ##########  ##########
+##########";EST1;EST2;EST2-EST1
4050 PRINT USING "Kirchensteuer          DM    ##########  ##########
+##########";KIST1;KIST2;KIST2-KIST1
4060 PRINT USING "Ergänzungsabgabe       DM    ##########  ##########
+##########";ERGABG1;ERGABG2;ERGABG2-ERGABG1
4070 PRINT USING "ErtragSt natürl Person DM    ##########  ##########
+##########";EST1+KIST1+ERGABG1;EST2+KIST2+ERGABG2;EST2+KIST
2+ERGABG2-EST1-KIST1-ERGABG1
4080 PRINT USING "VermöSt  natür Person  DM    ##########  ##########
+##########";VST1;VST2;VST2-VST1
4090 PRINT USING "ErSt+VSt natür Person  DM    ##########  ##########
+##########";EST1+KIST1+ERGABG1+VST1;EST2+KIST2+ERGABG2+VS
T2;EST2+KIST2+ERGABG2+VST2-EST1-KIST1-ERGABG1-VST1
4100 PRINT "Steuern Kapitalgesellschaft"
4110 GOTO 3100
4120 PRINT USING "Sämtliche SubstanzsteuerDM   ##########  ##########
+##########";VST1+SUBST1;VST2+SUBST2;VST2+SUBST2-VST1-SUBST1
4130 PRINT USING "Sämtliche Ertragsteuern DM   ##########  ##########
+##########";ERST1+EST1+KIST1+ERGABG1;ERST2+EST2+KIST2+ERG
ABG2;ERST2+EST2+KIST2+ERGABG2-ERST1-EST1-KIST1-ERGABG1
4140 PRINT USING "Sämtliche Steuern      DM    ##########  ##########
+##########";SUBST1+VST1+ERST1+EST1+KIST1+ERGABG1;SUBST2+V
ST2+ERST2+EST2+KIST2+ERGABG2;SUBST2+VST2+ERST2+EST2+KIST
2+ERGABG2-SUBST1-VST1-ERST1-EST1-KIST1-ERGABG1
4150 PRINT"Rundungsdifferenzen sind möglich"
4160 PRINT USING "Wert Anteile geschätzt DM    ##########  ##########
+##########";INT(GW1);INT(GW2)
4170 GOSUB 700:REM: Berechnung maximale Nettodividenden
4180 REM:Differenzsteuersätze werden hier nicht berechnet
4190 GOSUB 660
4200 GOTO 6610
```

Mit den Zeilen 3770 - 3780 werden die Familienverhältnisse und anderes Vermögen des Gesellschafters abgefragt. In den Zeilen 3790 - 3800 wird nach anderen Einkünften des Gesellschafters gefragt; hierzu wird in den Zeilen 3910 - 3920 die Bruttodividende addiert, um das zu versteuernde Einkommen zu ermitteln. Zeile 3810 springt in das Programm ERTRAG- UND SUBSTANZSTEUERN KAPITALGESELLSCHAFTEN - dort in den Zeilen 2760 - 2790. Das sind die Subprogramme zur Datenabfrage für die Gesellschaft und für die Erinnerung an die Möglichkeit, den Bildschirm zu drucken. Mit Zeile 2800 wird die Steuerberechnung für zwei Durchläufe in Zeile 3820 initiiert. Durch Zeile 3830 wird wiederum in das Programm für die Gesellschaft gesprungen. In den dortigen Zeilen 2820 - 3070 werden die ErSt und SubSt der Kapitalgesellschaft berechnet und gespeichert.

In den Zeilen 3840 wird zur Ermittlung der VSt des natürlichen Gesellschafters der gemeine Wert der Anteile an der Kapitalgesellschaft in Anlehnung an Abschn. 76ff. VStR nach dem Stuttgarter Verfahren geschätzt. Im ersten Durchlauf wird der gemeine Wert in Zeile 3850 geschätzt. Als Vermögenswert wird nach Abschn. 77 Abs. 1 VStR der Einheitswert des Betriebsvermögens angesetzt (EW1). Hiervon wird nach Abschn. 77 Abs. 5 VStR ein Abschlag von 15 % vorgenommen. In der Formel wird der Einheitswert mit 0,85 multipliziert. Der Ertragshundertsatz basiert auf dem Betriebsergebnis der letzten drei Wirtschaftsjahre. Da hier nur das Betriebsergebnis des laufenden Wirtschaftsjahrs bekannt ist, wird dieses vereinfachend zur Berechnung herangezogen (GKAP1 - GEWEST1 - GEWKST1). Weiterhin ist die sog. Definitiv-KSt auf die VSt abzusetzen; sie beträgt bei einem KSt-Satz von 50 % das Doppelte der VSt. Schließlich ist von dem Ergebnis nach Abschn. 78 Abs. 3 VStR ein Abschlag von 30 % vorzunehmen. In der Formel wird das geminderte Jahresergebnis mit 0,7 multipliziert. Der so berechnete Ertragshundertsatz wird für fünf Jahre angesetzt, also mit 5 multipliziert. Die Summe aus Vermögenswert und fünffachem Ertragshundertsatz wird mit 0,7 multipliziert. Damit ergibt sich für den ersten Durchlauf der geschätzte gemeine Wert der Anteile an der Kapitalgesellschaft.

Der Rechengang im zweiten Durchlauf ist prinzipiell gleich. Da jetzt immerhin zwei Werte für das Betriebsergebnis zur Verfügung stehen, wird zur Berechnung des Ertragshundertsatzes ein Durchschnitt gebildet aus zweifachem Gewinn vor und einfachem Gewinn nach der entscheidungsbedingten Änderung der wirtschaftlichen Situation. In Zeile 3860 wird als erstes der Einheitswert des Betriebsvermögens mit 0,85 multipliziert. Sodann wird der modifizierte Gewinn des ersten Durchlaufs verdoppelt. Hierzu wird der Gewinn vor GewSt abzüglich GewKSt, GewESt und doppelter VSt addiert. Die Summe wird durch drei dividiert und mit 70 % angesetzt. Schließlich wird der gesamte Betrag mit 0,7 multipliziert.

Das Schätzverfahren ist recht grob. Da aber im Regelfall die VSt der Gesellschafter relativ zu den ErSt klein sein wird und weil der Fehler weiterhin in beiden Durchgängen in die gleiche Richtung gehen wird, erscheint eine solche Berechnung zulässig. Zur Kontrolle werden die gemeinen Werte am Ende der Tabelle angezeigt. Weichen die tatsächlichen gemeinen Werte erheblich und evtl. gegenläufig von den angezeigten Werten ab, dann ist eine Korrektur des Ergebnisses manuell leicht möglich, indem die Differenzen voneinander subtrahiert werden und die Differenz mit dem VSt-Satz für natürliche Personen von 0,5 % multipliziert wird.

Die VSt der natürlichen Personen wird im Subprogramm auf der Basis des Speichers BV117A berechnet (vgl. Zeile 810). Deshalb wird der geschätzte gemeine Wert des Anteils in Zeile 3870 in den Speicher BV117A gebracht. Nach Zuordnung des anderen Vermögens in den Speicher ANDV wird in das VSt-Subprogramm verzweigt; die VSt wird in den Zeilen 3890 - 3900 gespeichert.

Mit den Zeilen 3910 - 3920 werden die anderen Einkünfte des Gesellschafters um die Nettodividende und um die anrechenbare KSt erhöht. Dann wird in das Subprogramm zur Berechnung von ESt, KiSt und ErgAbg des natürlichen Gesellschafters verzweigt. In Zeile 3940 wird die ESt um die anrechenbare KSt gemindert, anschließend werden sämtliche Steuern gespeichert. Zeile 4010 setzt die Speicher für die Iterationen zur Berechnung der KiSt und die Kappungs-KiSt sicherheitshalber auf null und leitet den zweiten Durchlauf ein.

Ist die Rechnung beendet, dann werden mit den Zeilen 4020 - 4160 die Ergebnisse angezeigt. Zuerst wird die Kopfzeile mit Zeile 4020 ausgewiesen. Sodann werden nach der Überschrift "Ertragsteuern natürliche Person" die ErSt des natürlichen Gesellschafters einzeln und zusammengefaßt dargestellt. Mit Zeile 4080 folgt die VSt des Gesellschafters, mit Zeile 4090 sämtliche Steuern des Gesellschafters.

Nach der Überschrift "Steuern Kapitalgesellschaft" in Zeile 4100 wird nach Zeile 3100 verzweigt. Mit den Zeilen 3100 - 3170 werden sämtliche Steuern der Kapitalgesellschaft ausgewiesen. Zeile 3180 verzweigt in das vorliegende Programm zurück, das mit den Zeilen 4120 - 4140 sämtliche SubSt, dann sämtliche ErSt und schließlich sämtliche Steuern überhaupt addiert. In der letzten Spalte sind jeweils die Differenzsteuern ausgewiesen.

Nach dem Hinweis auf Rundungsdifferenzen werden die geschätzten gemeinen Werte der Gesellschaftsanteile mit Zeile 4160 angezeigt. Zeile 4170 verzweigt in das Programm zur Berechnung der maximalen Nettodividenden; diese werden ebenfalls angezeigt. Auch in diesem Programm werden keine Differenzsteuersätze berechnet (Zeile 4180). Der Hinweis zum Druck des Bildschirms erscheint mit Zeile 4190; mit Zeile 4200 springt das Programm zurück in die Übersicht.

Ein Gesellschafter einer GmbH möchte beispielhaft wissen, wie sich die ErSt- und SubSt-Belastung ändert, wenn der Gewinn der GmbH um DM 100.000 steigt und er in diesem Umfang die Nettodividende erhöht. Der Steuerpflichtige unterliegt der KiSt mit 8 % bzw. mit 3,5 %, ist verheiratet und hat keine Kinder. Es existiere eine ErgAbg mit 5 % der KSt und der ESt. Der andere Vermögen des Steuerpflichtigen betrage DM 1 Mio, die anderen Einkünfte sollen sich auf DM 200.000 belaufen. Da der Sparerfreibetrag hier DM 12.000 beträgt, ist jeweils DM 188.000 einzugeben. Der Gewinn der GmbH steige wie der Gewerbeertrag von DM 500.000 auf DM 600.000, die Nettodividende von DM 100.000 auf DM 200.000. Der Hebesatz der GewSt betrage 490 %. Der Einheitswert des Betriebsvermögens wie das Gewerbekapital belaufen sich auf DM 1,2 Mio.

Wie die Ergebnistabelle zeigt, steigt wegen der höheren Nettodividende die ESt (nach Anrechnung der KSt), die KiSt und die ErgAbg des Gesellschafters um insgesamt DM 33.642. Seine VSt erhöht sich ebenfalls, weil der geschätzte gemeine Wert der Anteile durch die angenommene Gewinnerhöhung gestiegen ist. Die SubSt der Gesellschaft bleiben unverändert, die GewESt wie die KSt steigen wegen der Gewerbeertrags-/Gewinnerhöhung. Die Erhöhung der KSt ist relativ gering, weil die Bruttodividendenerhöhung höher ist als die Gewinnerhöhung (DM 156.250 gegenüber DM 100.000). Aus diesem Grund steigt auch die ErgAbg nur geringfügig. Insgesamt steigt die ErSt-Belastung der Gesellschaft um DM 38.879. Bei Gesellschaft und Gesellschafter führt die erwartete Gewinnerhöhung und die beabsichtigte

Dividendenerhöhung von jeweils DM 100.000 zu einer Steuererhöhung von DM 72.521.

```
Ertrag- und Substanzsteuern Kapitalgesellschaften und natürliche Personen/1993
Kirchensteuersatz                                               % =? 8
Kappungs-Kirchensteuersatz                                      % =? 3.5
Ledig (verheiratet = n)                                         j/n? n
Kinderzahl                                                         ? 0
Ergänzungsabgabe-, Solidaritätszuschlagssatz u.ä.               %=? 5
Anderes Vermögen 1                                              DM=? 1000000
Anderes Vermögen 2                                              DM=? 1000000
Anderes zu versteuerndes Einkommen ohne Dividende 1             DM=? 188000
Anderes zu versteuerndes Einkommen ohne Dividende 2             DM=? 188000
Gewinn vor Gewerbesteuer 1                                      DM=? 500000
Gewinn vor Gewerbesteuer 2                                      DM=? 600000
Die Nettodividende darf 64 % des Gewinns nach GewSt, VSt und ErgAbg nicht über-
schreiten. Die maximale Nettodividende wird in jedem Fall ausgedruckt.
Nettodividende 1 (KapESt vernachlässigt)                        DM=? 100000
Nettodividende 2 (KapESt vernachlässigt)                        DM=? 200000
Gewerbeertrag 1 vor GewSt                                       DM=? 500000
Gewerbeertrag 2 vor GewSt                                       DM=? 600000
Hebesatz                                                        % =? 490
Einheitswert des Betriebsvermögens 1                            DM=? 1200000
Einheitswert des Betriebsvermögens 2                            DM=? 1200000
Gewerbekapital 1                                                DM=? 1200000
Gewerbekapital 2                                                DM=? 1200000
Wollen Sie den Bildschirm drucken (dann DRUCK-Taste drücken) j/n? j
```

```
...........................         Vorher      Nachher    Differenz
Steuern natürliche Person
Einkommensteuer          DM          74955        98149       +23194
Kirchensteuer            DM          10496        16851        +6355
Ergänzungsabgabe         DM           6560        10532        +3972
ErtragSt natürl Person   DM          92011       125532       +33521
VermöSt  natür Person    DM          12685        12806         +121
ErSt+VSt natür Person    DM         104696       138338       +33642
Steuern Kapitalgesellschaft
Gewerbekapitalsteuer     DM          10584        10584           +0
Vermögensteuer KapGes    DM           3150         3150           +0
Substanzsteuern KapGes   DM          13734        13734           +0
Gewerbeertragsteuer      DM          96310       115989       +19679
Körperschaftsteuer       DM         174678       192963       +18285
Ergänzungsabgabe         DM           8733         9648         +915
Ertragsteuern KapGes     DM         279721       318600       +38879
Ertrag- + SubSt KapGes   DM         293455       332334       +38879
Sämtliche SubstanzsteuerDM           26419        26540         +121
Sämtliche Ertragsteuern DM          371732       444132       +72400
Sämtliche Steuern        DM         398151       470672       +72521
Rundungsdifferenzen sind möglich
Wert Anteile geschätzt  DM        1677109      1701267
Die maximalen Nettodividenden betragen    238312  287841
Wollen Sie den Bildschirm drucken (dann DRUCK-Taste drücken) j/n? j
```

2.4 Betriebswirtschaftliche Entscheidungsprogramme

Mit Hilfe der folgenden drei Programme können ökonomische Entscheidungen im privaten und/oder betrieblichen Bereich des Steuerpflichtigen vorbereitet werden. Während die bisherigen Programme die Subprogramme zur Steuerberechnung dazu herangezogen haben, die steuerliche Belastung zweier wirtschaftlicher Situationen zu vergleichen und die durch die Änderung der wirtschaftlichen Situation hervorgerufenen Differenzsteuern bzw. Differenzsteuersätze zu ermitteln, sollen mit den jetzt dargestellten Programmen ökonomische Problemstellungen bearbeitet werden. Dies sind etwa Fragen nach dem Bruttogewinn, um eine bestimmte Investition zu finanzieren (Bruttobedarfsprogramm), nach der relativen Vorteilhaftigkeit alternativer Investitionen (Finanzplanungsprogramm) oder nach der optimalen Verteilung eines bestimmten steuerbilanziellen Gewinnvolumens auf mehrere Jahre (Steuerbilanzpolitikprogramm). Von den Programmen ist das Finanzplanungsprogramm am vielseitigsten einzusetzen.

2.4.1 Bruttobedarfsrechnung

Die übliche Steuerrechnung ist eine Nettorechnung. Aus bekannten Bruttogrößen (etwa Gewinn oder zu versteuerndem Einkommen vor Steuerabzug) wird die Steuerbelastung ermittelt. Durch Subtraktion der Steuern von den Bruttogrößen erhält man die Nettowerte. Das sind also Geldmittel, die für den Steuerpflichtigen verfügbar sind - z.B. zur Selbstfinanzierung einer Investition oder zum Konsum. Nicht selten stellt sich die genau umgekehrte Frage: Der Nettobetrag (oder Nettobedarf) steht durch Planungen im betrieblichen oder privaten Bereich fest. Er kann sich im Betrieb etwa ergeben aus einer Investitionsplanung oder einer erforderlichen Tilgungszahlung. Im privaten Bereich kann er etwa erfragt werden, um eine bestimmte Inflationsrate ausgleichen oder eine private Anschaffung finanzieren zu können. Aus diesem vorgegebenen Nettobedarf soll dann der Betrag berechnet werden (der Bruttobedarf[6]), der erwirtschaftet werden muß, damit dem Steuerpflichtigen nach Abzug der Steuerbelastung - regelmäßig wird die Ertragsteuerbelastung betrachtet - eben der gewünschte Nettobetrag zu Verfügung steht.

Durch den Einsatz eines Personalcomputers kann auf eine raffinierte Lösungsmethode verzichtet werden. Die Steuerberechnungen nehmen so wenig Zeit in Anspruch, daß die Zahl der notwendigen Rechnungsläufe meist irrelevant ist. Der Bruttobedarf kann durch Probieren, also durch iterative Rechnung, gesucht werden. Eine Beschleunigung der Rechenzeit ist allerdings durch eine leicht programmierbare Maßnahme zu erzielen: Der Abstand der Iterationsschritte kann anfangs recht groß sein und später immer weiter verkleinert werden, um das anfangs grobe Ergebnis ebenfalls zu präzisieren. Im Programm wird als Basiswert für die Berechnung von dem fünffachen Nettobedarf ausgegangen. Da der Bruttobedarf zumindest bei der derzeitigen Steuerbelastung diesen Wert bei weitem nicht erreicht (maximale Werte erreichen etwa das Dreifache des Nettobedarfs), kann dieser Wert als Basis herangezogen werden. Er wird im ersten Durchlauf um eben den Nettobedarf als Schrittlänge gemindert. Reicht

6 Auch Bruttoertragsbedarf genannt, vgl. etwa Siegel, T., Steuerwirkungen und Steuerpolitik in der Unternehmung, Würzburg u.a. 1982, S. 39ff.

der so berechnete vorläufige Bruttobedarf aus, um den Nettobedarf und die zusätzlichen Steuern zu decken, dann wird er wiederum um die Schrittlänge gemindert. Ist der vorläufige Bruttobedarf zu niedrig, dann wird die letzte Minderung rückgängig gemacht. Die Schrittlänge wird gezehntelt und die Vergleichsrechnung beginnt von vorn. Die Berechnung wird bei einer Schrittlänge unter DM 1 beendet.

Dividiert man den Bruttobedarf durch den Nettobedarf, dann ergibt sich der Bruttobedarfssatz[7]. Bruttobedarfssatz b und Differenzsteuersatz s hängen übrigens durch folgende Formel zusammen: $b = 1/(1 - s)$. Deshalb läßt sich der Differenzsteuersatz aus dem Bruttobedarfssatz berechnen: $s = 1 - 1/b$. Der umgekehrte Weg ist aber meist nicht einfach möglich, weil der Differenzsteuersatz nicht bekannt ist. Nur bei Kapitalgesellschaften und bei natürlichen Personen, wenn sich die Rechnung im proportionalen Bereich der GewESt und der ESt abspielt, ist der Differenzsteuersatz bekannt oder kann leicht berechnet werden - aber auch dann kann einfacherweise das vorliegende Programm benutzt werden.

Zur Berechnung des Bruttobedarfs muß beachtet werden, ob sich das Problem bei einer Kapitalgesellschaft oder bei einer natürlichen Person stellt. Im ersten Fall muß die KSt, im zweiten Fall die ESt mit evtl. abhängigen Steuern berücksichtigt werden. Im Fall der Kapitalgesellschaft wird in jedem Fall die GewESt einbezogen. Bei der natürlichen Person muß unterschieden werden, ob der Bruttobedarf im betrieblichen Bereich (dann ist die GewESt einzubeziehen) oder im privaten Bereich (dann besteht keine GewSt-Pflicht) erwirtschaftet werden soll.

```
4210 REM:Bruttobedarf/1993
4220 INPUT"Nettobedarf                                   DM=";NETTO
4230 INPUT"Berechnung für natürliche Person (Kapitalgesellschaft = n)  j/n";NAT$
4240 IF NAT$="n" GOTO 4260
4250 INPUT"Einkommenserhöhung im Betrieb (im Privatbereich = n)
j/n";BETRIEB$
4260 INPUT"bisheriger Gewerbeertrag vor Gewerbesteuer
DM=";GEWE1
4270 INPUT"Hebesatz                                       %
=";HEBE:HEBE=HEBE/100
4280 INPUT"bisheriges zu versteuerndes Einkommen vor Steuern
DM=";ZVE1
4290 BRUTTO=5*NETTO:SCHRITT=NETTO:REM:Basis ist der fünffache
Nettobetrag, die erste Schrittlänge entspricht dem Nettobetrag
4300 IF NAT$="n" GOTO 4590
4310 REM:Bruttobedarf für natürliche Person
4320 GOSUB 420
4330 REM:Berechnung der Basissteuern
4340 GEWE=GEWE1
4350 GOSUB 890
4360 ZVE=ZVE1-GEWEST
4370 GOSUB 990
4380 GEWEST1=GEWEST:EST1=EST:KIST1=KIST:ERGABG1=ERGABG
4390 REM:Berechnung der Steuern bei dem vorläufigen Bruttobetrag
4400 GEWE=GEWE1:ZVE=ZVE1+BRUTTO:IF BETRIEB$="j" THEN
GEWE=GEWE1+BRUTTO
4410 ZVE2=ZVE:GEWE2=GEWE
```

7 Vgl. hierzu etwa Schult, E., Die Steuern des Betriebes - Entscheidungshilfen für Unternehmer, a.a.O., S. 278ff.

```
4420 GOSUB 890
4430 ZVE=ZVE-GEWEST
4440 GOSUB 990
4450 GEWEST2=GEWEST:EST2=EST:KIST2=KIST:ERGABG2=ERGABG
4460 REM:wenn der vorläufige Bruttobetrag abzüglich der ErSt-Erhöhung den
Nettobedarf überdeckt, wird er um SCHRITT gemindert und neu gerechnet bis
Identität herrscht
4470 IF (BRUTTO-(GEWEST2+EST2+KIST2+ERGABG2-GEWEST1-EST1-
KIST1-ERGABG1))>NETTO THEN BRUTTO=BRUTTO-SCHRITT:GOTO 4400
4480 BRUTTO=BRUTTO+SCHRITT:REM:die letzte Minderung wird rückgängig
gemacht
4490 SCHRITT=SCHRITT/10:REM:die neue Schrittlänge beträgt 1/10 der alten
Schrittlänge
4500 IF SCHRITT>=1 GOTO 4400:REM:wenn die Schrittlänge < 1 ist, wird die
Rechnung beendet
4510 GOSUB 640
4520 PRINT USING "Gewerbeertrag vor GewStDM    ##########  ##########
+##########";GEWE1;GEWE2;GEWE2-GEWE1
4530 PRINT USING "zvE vor GewSt       DM    ##########  ##########
+##########";ZVE1;ZVE2;ZVE2-ZVE1
4540 PRINT USING "Gewerbeertragsteuer  DM    ##########  ##########
+##########";GEWEST1;GEWEST2;GEWEST2-GEWEST1
4550 PRINT USING "Einkommensteuer      DM    ##########  ##########
+##########";EST1;EST2;EST2-EST1
4560 PRINT USING "Kirchensteuer       DM    ##########  ##########
+##########";KIST1;KIST2;KIST2-KIST1
4570 PRINT USING "Ergänzungsabgabe     DM    ##########  ##########
+##########";ERGABG1;ERGABG2;ERGABG2-ERGABG1
4580 GOTO 4850
```

Nach dem Erinnerungsbefehl in Zeile 4210 wird mit Zeile 4220 der Nettobedarf abgefragt. Mit Zeile 4230 wird entschieden, ob die Berechnung für eine natürliche Person (NAT$="j") oder für eine Kapitalgesellschaft (NAT$="n") erfolgen soll. Im zweiten Fall wird durch Zeile 4240 die nächste Abfrage übersprungen: Zeile 4250 fragt nämlich danach, ob die Einkommenserhöhung bei den Einkünften aus Gewerbebetrieb erfolgen soll (mit GewESt-Pflicht) oder bei anderen Einkünften (ohne GewESt-Pflicht). Diese Möglichkeit existiert bei der Kapitalgesellschaft nicht (§ 8 Abs. 2 KStG). Gewinnerhöhungen bei der Kapitalgesellschaft unterliegen der GewESt. Mit den Zeilen 4260 - 4280 wird für beide Fälle der Brutto-Gewerbeertrag vor Gewinnerhöhung, der Hebesatz der GewSt sowie das Brutto-zu versteuernde Einkommen vor Einkommenserhöhung erfragt.

Zeile 4280 setzt den Ausgangswert für den Bruttobedarf mit dem fünffachen Nettobedarf an. Dieser vorläufige Bruttobedarf wird in Schritten mit der Schrittlänge SCHRITT gemindert. Die Schrittlänge entspricht anfangs dem Nettobedarf. Sie wird in den Zeilen 4490 bzw. 4760 jeweils durch 10 dividiert, bis sie mit den Zeilen 4500 bzw. 4770 den Betrag von DM 1 unterschreitet. Mit Zeile 4300 wird - wenn der Bruttobedarf für eine Kapitalgesellschaft ermittelt werden soll - in den entsprechenden Programmteil ab Zeile 4590 verzweigt.

Mit Zeile 4320 wird in das Abfrage-Subprogramm für die KiSt- und ErgAbg-Sätze und die persönlichen Verhältnisse des Steuerpflichtigen verzweigt. Sodann wird mit den Zeilen 4340 - 4350 die GewESt für den Basis-Gewerbeertrag berechnet. Die

GewESt wird in Zeile 4360 vom Basis-zu versteuernden Einkommen subtrahiert. In Zeile 4370 wird das Subprogramm zur Berechnung der ESt, KiSt und ErgAbg aufgerufen. Sämtliche Basis-Steuern werden mit Zeile 4380 gespeichert. Mit Zeile 4390 folgt die Berechnung der ErSt für den vorläufigen Bruttobedarf. In Zeile 4400 wird dieser Bruttobedarf zum Basis-zu versteuernden Einkommen addiert. Falls die Gewinnerhöhung im Betriebsvermögen stattfinden soll, wird auch der Gewerbeertrag um den Bruttobedarf erhöht. Das so ermittelte neue zu versteuernde Einkommen bzw. der neue Gewerbeertrag werden mit Zeile 4410 in ZVE2 bzw. GEWE2 gespeichert. Sodann wird mit Zeile 4420 die GewESt berechnet und mit Zeile 4430 vom Brutto-zu versteuernden Einkommen subtrahiert. Zeile 4440 verzweigt wieder in die Berechnung von ESt, KiSt und ErgAbg. Sämtliche Steuern werden in gleichnamigen Speichern mit dem Bestandteil "2" untergebracht.

Der Bruttobedarf muß gerade so hoch sein, daß er die Steuererhöhung und den Nettobedarf deckt. Dies wird in Zeile 4470 geprüft. Ist der vorläufige Bruttobedarf noch zu hoch, dann wird er um SCHRITT gemindert und die Rechnung beginnt von vorn (in Zeile 4400 bei der Steuerberechnung für die um den vorläufigen Bruttobedarf erhöhten Werte). Ist der vorläufige Bruttobedarf zu niedrig, dann wird die letzte Minderung um SCHRITT in Zeile 4480 rückgängig gemacht und die Schrittlänge in Zeile 4490 gezehntelt. Überschreitet die Schrittlänge den Minimalbetrag von DM 1 (Zeile 4500), dann beginnt die Rechnung wiederum von vorn bei der Steuerberechnung für den vorläufigen (jetzt um ein Zehntel von SCHRITT geminderten) Bruttobedarf.

Unterschreitet die Schrittlänge DM 1, dann werden mit den Zeilen 4510 - 4570 die Ergebnisse angezeigt. Als erstes wird die Überschriftenleiste angezeigt, dann der Brutto-Gewerbeertrag vor und nach der eventuellen Addition des Bruttobedarfs und das Brutto-zu versteuernde Einkommen vor und nach der Addition des Bruttobedarfs. Die Differenz der zu versteuernden Einkommen in der letzten Spalte der Tabelle entspricht dem gesuchten Bruttobedarf. Interessehalber - obwohl nicht erforderlich - werden die GewESt, die ESt, die KiSt und die ErgAbg jeweils für die ursprüngliche Situation und für die gesuchte Situation sowie deren Differenzen angezeigt.

Zeile 4580 verzweigt zur Berechnung des Bruttobedarfs**satzes** in der Zeile 4850. Dieser entspricht der notwendigen Erhöhung der Brutto-zu versteuernden Einkommen, dividiert durch den gesuchten Nettobedarf. Weiterhin werden einige Hinweise angezeigt sowie mit Zeile 4890 auf die Möglichkeit des Bildschirmdrucks aufmerksam gemacht.

```
4590 REM:Bruttobedarf für Kapitalgesellschaft
4600 GOSUB 480
4610 REM:Berechnung der Basissteuern
4620 GEWE=GEWE1
4630 GOSUB 850
4640 ZVE=ZVE1-GEWEST
4650 GOSUB 1200
4660 GEWEST1=GEWEST:KST1=KST:EAKAP1=EAKAP
4670 REM:Berechnung der Steuern bei dem vorläufigen Bruttobetrag
4680
GEWE=GEWE1+BRUTTO:ZVE=ZVE1+BRUTTO:GEWE2=GEWE:ZVE2=Z
VE
4690 GOSUB 850
4700 ZVE=ZVE-GEWEST
4710 GOSUB 1200
```

```
4720 GEWEST2=GEWEST:KST2=KST:EAKAP2=EAKAP
4730 REM:wenn der vorläufige Bruttobetrag abzüglich der ErSt-Erhöhung den
Nettobedarf überdeckt, wird er um SCHRITT gemindert und neu gerechnet bis
Identität herrscht
4740 IF (BRUTTO-(GEWEST2+KST2+EAKAP2-GEWEST1-KST1-
EAKAP1))>NETTO THEN BRUTTO=BRUTTO-SCHRITT:GOTO 4680
4750 BRUTTO=BRUTTO+SCHRITT:REM:die letzte Minderung wird rückgängig
gemacht
4760 SCHRITT=SCHRITT/10:REM:die neue Schrittlänge beträgt 1/10 der alten
Schrittlänge
4770 IF SCHRITT>=1 GOTO 4680:REM:wenn die Schrittlänge < 1 ist, wird die
Rechnung beendet
4780 GOSUB 640
4790 PRINT USING "Gewerbeertrag vor GewSt DM ########## ##########
+##########";GEWE1;GEWE2;GEWE2-GEWE1
4800 PRINT USING "zvE vor GewSt DM ########## ##########
+##########";ZVE1;ZVE2;ZVE2-ZVE1
4810 PRINT USING "Gewerbeertragsteuer DM ########## ##########
+##########";GEWEST1;GEWEST2;GEWEST2-GEWEST1
4820 PRINT"Dividende konstant, hier null"
4830 PRINT USING "Körperschaftsteuer DM ########## ##########
+##########";KST1;KST2;KST2-KST1
4840 PRINT USING "Ergänzungsabgabe DM ########## ##########
+##########";EAKAP1;EAKAP2;EAKAP2-EAKAP1
4850 BEDARF=INT(((ZVE2-ZVE1)/NETTO)*10000)/100
4860 PRINT"Bruttobedarfssatz in % ";BEDARF
4870 PRINT"Bruttobedarf in DM = Differenz in Zeile -zvE vor GewSt-"
4880 PRINT "Rundungsdifferenzen sind möglich"
4890 GOSUB 660
4900 GOTO 6610
```

Die Berechnung des Bruttobedarfs für die Kapitalgesellschaft entspricht methodisch der für natürliche Personen. In Zeile 4600 wird der ErgAbg-Satz abgefragt. Sodann werden in den Zeilen 4610 - 4660 die ErSt für die Basissituation berechnet und gespeichert. Die Berechnung für die um den vorläufigen Bruttobedarf erhöhten Werte für den Gewerbeertrag und das zu versteuernde Einkommen (Zeile 4680) schließt sich an. Die neu berechneten Steuern werden mit Zeile 4720 in Speichern mit dem Bestandteil "2" abgelegt. Mit den Zeilen 4730 - 4770 wird die Vergleichsrechnung vorgenommen. Der Bruttobedarf wird iterativ mit abnehmender Schrittlänge solange geändert, bis diese den Wert DM 1 unterschreitet. Mit den Zeilen 4780 - 4840 werden die Ergebnisse angezeigt. Zeile 4810 verweist darauf, daß die Dividende bei der Bruttobedarfsrechnung konstant gesetzt wird. Sie kann jeden beliebigen Wert haben, so daß sie einfacherweise mit null angesetzt ist. Abschließend wird der Bruttobedarfssatz ermittelt und mit einigen Hinweisen angezeigt.

Als Beispiel für die Bruttobedarfsrechnung sei der Bruttobedarfssatz für eine Kapitalgesellschaft dargestellt. Existiert nur die KSt, dann ergibt sich bei einem KSt-Satz von 50 % nach der oben genannten Formel ein Bruttobedarfssatz von 200 %. Wird eine zusätzliche GewESt einbezogen, dann muß in die o.a. Formel der Teilsteuersatz aus KSt und GewESt eingesetzt werden. Bei einem Hebesatz der GewSt von z.B. 500 % beträgt dieser Steuersatz 60 %. Setzt man diese Werte als Dezimalwerte in die Formel ein, dann ergibt sich letztlich ein Bruttobedarfssatz von 250 %. Der Gewinn muß z.B.

um DM 25.000 steigen, um etwa eine VSt (Schattenwirkung[8], nicht abzugsfähige Betriebsausgabe) von DM 10.000 zu decken. Aus den DM 25.000 wird nämlich außerdem die zusätzliche GewESt in Höhe von DM 5.000 und die zusätzliche KSt in Höhe von DM 10.000 gedeckt, so daß nurmehr DM 10.000 für die zusätzliche VSt verbleiben.

```
Schult STEUERBASIC 1993
Bruttobedarf/1993
Nettobedarf                                                     DM=? 10000
Berechnung für natürliche Person (Kapitalgesellschaft = n)      j/n? n
bisheriger Gewerbeertrag vor Gewerbesteuer                      DM=? 100000
Hebesatz                                                        % =? 500
bisheriges zu versteuerndes Einkommen vor Steuern               DM=? 100000
Ergänzungsabgabe-, Solidaritätszuschlagssatz u.ä.                %=? 0
...........................      Vorher       Nachher      Differenz
Gewerbeertrag vor GewSt DM       100000       125000          +25000
zvE vor GewSt           DM       100000       125000          +25000
Gewerbeertragsteuer     DM        20000        25000           +5000
Dividende konstant, hier null
Körperschaftsteuer      DM        40000        50000          +10000
Ergänzungsabgabe        DM            0            0              +0
Bruttobedarfssatz in %      250
Bruttobedarf in DM = Differenz in Zeile -zvE vor GewSt-
Rundungsdifferenzen sind möglich
Wollen Sie den Bildschirm drucken (dann DRUCK-Taste drücken) j/n? j
```

Zu diesem Ergebnis kommt man auch mit dem Programmteil BRUTTOBEDARF. Nachdem aus der Programmübersicht mit Nummer 7 die Bruttobedarfsrechnung gewählt wurde, werden die beiden Überschriftszeilen angezeigt und als erstes nach dem Nettobedarf gefragt. Da die Rechnung für eine Kapitalgesellschaft durchgeführt werden soll, wird die Frage "Berechnung für eine natürliche Person" verneint. Weiterhin werden der bisherige Gewerbeertrag, der Hebesatz der GewSt und das bisherige zu versteuernde Einkommen erfragt. Eine ErgAbg soll nicht existieren.

Die Ergebnisübersicht zeigt in der letzten Spalte, daß Gewerbeertrag und zu versteuerndes Einkommen brutto um DM 25.000 steigen müssen, damit die zusätzliche GewESt mit DM 5.000 und die zusätzliche KSt mit DM 10.000 gedeckt ist. Der Bruttobedarfssatz wird mit 250 % angezeigt.

2.4.2 Finanzplan

Das Finanzplanungsprogramm basiert auf der jedem Finanzplan grundsätzlich unterlegten Systematik, daß aus sämtlichen Einnahmen und Ausgaben einer Periode der Saldo gebildet wird. Dieser Saldo ergibt einen Einnahmen- oder Ausgabenüberschuß. Addiert man das Anfangsvermögen bzw. subtrahiert man die Anfangsschulden, dann ergeben sich das Vermögen bzw. die Schulden am Ende der Periode. Bis zum Ende der nächsten Periode verursacht dieses Vermögen bzw. diese Verbindlichkeit Zinsein-

8 Vgl. hierzu etwa Wagner, F.W., Dirrigl, H., Die Steuerplanung der Unternehmung, Stuttgart u.a. 1980, S. 193f.

nahmen oder -ausgaben, die ebenfalls in den Finanzplan eingehen müssen. Das wesentliche Problem der Finanzplanung ist weniger die Berechnung der einzelnen Einnahmen und Ausgaben, sondern die **vollständige** Ermittlung dieser Größen und die richtige Verknüpfung mit anderen Größen, die wiederum Einnahmen oder Ausgaben induzieren (z.B. führen Zahlungsströme zu Änderungen von Steuerbemessungsgrundlagen, die zu einer Änderung von Steuerausgaben führen können). Da an dieser Stelle die Steuerplanung im Vordergrund steht, ist die Ermittlung und Berücksichtigung der Steuern (und zwar ausschließlich der ErSt) zentrale Aufgabe des vorliegenden Programms.

Das Programm FINANZPLAN bearbeitet nur die steuerliche Situation natürlicher Personen und von Personengesellschaften. Bei Kapitalgesellschaften ist das Problem, das hier im Vordergrund steht - die ErSt-Erfassung - relativ einfach manuell zu lösen. Die Steuerausgaben werden mit dem entsprechenden Teilsteuersatz erfaßt. Die Endvermögen der jeweiligen Situationen (z.B. der konkurrierenden Investitionen) werden dann formelmäßig[9] berechnet.

Eine weitere Möglichkeit, das Programm FINANZPLAN für Kapitalgesellschaften anwendbar zu machen, um dort etwa Investitionsrechnungen durchzuführen, ist die Neutralisierung der ESt-/GewEStlichen Eigenarten bei natürlichen Personen. Für die zu versteuernden Einkommen müssen Werte erreicht werden, die bei der ESt im oberen Proportionalbereich liegen, um einen konstanten Steuersatz zu erhalten. Da wegen der bei Kapitalgesellschaften proportionalen Steuersätze die Höhe der zu versteuernden Einkommen bzw. Gewerbeerträge irrelevant ist, sollten sie möglichst hoch (z.B. mit DM 5 Mio) eingegeben werden.

Als erstes muß der ESt-Satz von 53 % auf den KSt-Satz von 50 % reduziert werden (Neutralisierung der Steuersatzdifferenz). Dieses gelingt mit Hilfe des ErgAbg-Satzes. Hier wird ein fiktiver (negativer) Wert eingegeben, der die Differenz von 3 Prozentpunkten neutralisiert. Dieser Wert ergibt sich aus der Formel $0{,}5 = 0{,}53*(1+s_{ergabg})$. Löst man die Formel nach dem fiktiven ErgAbg-Satz s_{ergabg} auf, dann ergibt sich (in %) ein Wert von -5,66. Dieser wird bei der Abfrage nach dem ErgAbg-Satz eingegeben.

Sodann muß der Steuerabzugsbetrag in der Formel für die ESt im oberen Proportionalbereich neutralisiert werden (DM 22.842, vgl. Programmzeile 1080). Dieser Steuerabzugsbetrag muß in einen fiktiven Zurechnungsbetrag für die ESt umgerechnet werden, indem er durch den ESt-Satz von 53 % dividiert wird. Der fiktive Zurechnungsbetrag beläuft sich auf DM 43.100. Er kann bei der Abfrage nach den anderen steuerpflichtigen Einkünften als positiver Wert eingegeben werden (evtl. zusätzlich zu tatsächlichen anderen Einkünften). Da er aber nicht zahlungswirksam ist, muß er bei den steuerfreien Einnahmen/Ausgaben/Konsum wieder abgesetzt werden.

Schließlich muß die Wirkung des Stufentarifs der GewESt neutralisiert werden. Dies kann geschehen durch eine Zurechnung von DM 96.000. Das entspricht dem maximalen fiktiven Freibetrag der GewESt (vgl. Programmzeile 900). Dieser Betrag kann bei der Frage nach den anderen Hinzurechnungen positiv eingegeben werden. Falls bei den Hinzurechnungen/Kürzungen weitere Eingaben erforderlich sind, dann müssen die saldierten Werte eingegeben werden. Zur Anwendung des Programms FINANZPLAN bei einer Kapitalgesellschaft findet sich ein Beispiel im Abschn. 5.5 Investitionsentscheidungen.

9 Vgl. etwa Kruschwitz, L., Finanzmathematik, München 1989, S. 9ff.

Um das Finanzplanungsprogramm möglichst vielseitig einsetzen zu können, sind einige Prämissen gesetzt worden, die jedoch nicht unüblich sind. Es wird bei der Berechnung unterstellt, daß die Periodenlänge sich mit dem Wirtschaftsjahr deckt und daß dieses weiterhin nicht vom Kalenderjahr abweicht. Sämtliche Einnahmen und Ausgaben seien nachschüssig, sollen also am Ende des Kalenderjahrs anfallen. Dies gilt auch für das ggf. eingegebene Anfangsvermögen bzw. eine zusätzliche Investitionsausgabe. Diese wird am Ende des Vorjahres 0, also am Anfang des ersten Jahres des Planungszeitraums erfaßt. Weiterhin sollen sämtliche Zinssätze identisch sein. Ergibt sich also am Ende einiger Kalenderjahre ein negatives Vermögen, so soll der Zinsnachteil hierauf mit dem gleichen Satz berechnet werden wie der Zinsvorteil auf ein positives Vermögen. Damit soll weniger angenommen werden, daß Soll- und Habenzins identisch sind, sondern vielmehr davon ausgegangen werden, daß diese Vermögensunterdeckung an anderer Stelle ausgeglichen wird: bei Einzelunternehmern z.B. dadurch, daß private Vermögensbestände aufgelöst werden. Damit entspricht der Zinsverlust den entgehenden Habenzinsen. Weil die Habenzinsen weiterhin meist niedriger sind als die Sollzinsen, ist diese Vorgehensweise auch wirtschaftlich sinnvoll.

Überschüssige Vermögensteile können im Betriebs- oder im Privatvermögen angelegt werden. Meist ist es vorteilhaft, wenn überschüssige Vermögensteile aus dem Betriebsvermögen entnommen werden. Damit werden die Zinsen zu Einkünften aus Kapitalvermögen. Eine GewSt-Pflicht entfällt. Der Sparerfreibetrag kann ausgenutzt werden. Das Programm fragt den Anwender, ob eine Anlage im Betriebsvermögen gewünscht wird. Trotz höherer Steuerbelastung der Zinsen kann dies vorteilhaft sein, wenn der Bruttozins dann höher ist (z.B. bei der Tilgung betrieblicher Schulden).

Die Programmsystematik ist die folgende: Als erstes werden Zins- und Steuersätze sowie die Länge des Planungszeitraums u.a. abgefragt. Sodann werden zusätzliche Werte erfragt, die entweder steuerliche Bemessungsgrundlagen beeinflussen (z.B. Dauerschuldzinsen) oder Vermögen ändern (z.B. Konsumausgaben) oder die beide Werte erhöhen/mindern (z.B. Sonderausgaben oder außergewöhnliche Belastungen). Sodann werden die Steuerausgaben berechnet und nebst den anderen Ausgaben von den Einnahmen abgesetzt. Das verbleibende Vermögen wird verzinst; die Zinseinnahmen werden bei der weiteren Berechnung berücksichtigt. Diese Rechnung wird für jede Periode des Planungszeitraums vorgenommen.

Die Aussagekraft eines derart aufgebauten Finanzplans ist erheblich. Die Höhe der Vermögen am Ende jeder Periode gibt einen Hinweis auf die prognostizierte Liquiditätslage. Je höher die Vermögen sind, als desto günstiger kann die zukünftige Liquiditätslage eingeschätzt werden. Die Höhe des Endvermögens (des Vermögens am Ende des letzten Jahres) ist ein Indiz für die Rentabilitätswirkung der jeweiligen Entscheidung. Je höher das Endvermögen ist - je stärker also das Vermögen durch die jeweilige Entscheidung im Planungszeitraum steigt -, als desto höher kann die Rentabilität eingeschätzt werden. Von mehreren Alternativen verspricht diejenige den höchsten Gewinn, deren Endvermögen maximal ist (wobei davon ausgegangen wird, daß die prognostizierten Werte sicher eintreten - eine Unsicherheitsbetrachtung wird hier nicht vorgenommen).

```
4910 REM:Finanzplan/ESt 1993
4920 GOPT=0:GOTO 5740:REM:Gopt=0 Programm FINANZPLAN, Gopt=1
Programm GEWINNOPTIMIERUNG
4930 PRINT"Werte bis DM 10 Mio und Zeiten bis fünf Jahre können bearbeitet
werden"
```

```
4940 INPUT"Brutto-Zwischenzins                                     %
=";ZINS:ZINS=ZINS/100
4950 INPUT"Zwischenverzinsung im Privatbereich (im Betrieb = n)
j/n";PRIVAT$
4960 INPUT"Länge des Planungszeitraums                    Jahre =";ENDE
4970 GOSUB 370
4980 GOSUB 420
5000 INPUT"Anfangsvermögen(+), zusätzliche Investitionsausgabe(-)    DM
=";Y(0)
5010 PRINT
```

Nach der Erinnerungszeile 4910 wird der Speicher GOPT = 0 gesetzt. Das folgende Programm GEWINNOPTIMIERUNG verwendet nämlich Teile des vorliegenden Programms FINANZPLAN. Bei der Gewinnoptimierung wird GOPT = 1 gesetzt. Damit kann genau angegeben werden, wann Teile des vorliegenden Programms vernachlässigt oder hinzugefügt werden sollen. In Zeile 4930 wird der Hinweis gegeben, daß Werte bis zu DM 10 Mio und bis zu fünf Jahre bearbeitet werden können. Diese Einschränkung resultiert allein aus der Breite des Bildschirms. Größere Werte überschreiten die Grenzen des Bildschirms. Wird das Programm z.B. derart geändert, daß die Ergebnisse nicht am Bildschirm angezeigt werden, sondern etwa im Querformat gedruckt werden, dann kann das Programm leicht modifiziert werden. Für die DM 10 Mio-Grenze ist ein Kontrollbefehl überhaupt nicht vorgesehen. Um den Planungszeitraum zu verlängern, müßten die Anzeigebefehle etwa in Zeile 5300 oder 5310 entsprechend erweitert werden. Eine einfache Möglichkeit, Planungszeiträume von mehr als fünf Jahren zu bearbeiten ist es, den längeren Planungszeitraum aufzuteilen. Zuerst werden die ersten fünf Jahre bearbeitet. Das sich ergebende Endvermögen wird als Anfangsvermögen in eine weitere Berechnung eingegeben - z.B. für die folgenden vier Jahre eines neunjährigen Planungszeitraums. So können Finanzpläne beliebiger Länge berechnet werden.

Nach Abfrage des Bruttozinses in Zeile 4940 wird danach gefragt, ob die Zinseinnahmen oder Zinsausgaben im Betrieb oder im Privatbereich erwartet werden. Im ersten Fall unterliegen sie der GewESt bzw. mindern sie die GewESt, im zweiten Fall bleibt die GewESt unberührt. Wird der Bruttozins durch Reduktion von Dauerschulden erwirtschaftet, dann müßte die Rechnung zweimal durchgeführt werden. Im ersten Durchgang werden dann die Zinsminderungen überhaupt berechnet, im zweiten Durchgang würden diese Werte bei der Abfrage nach Dauerschuldzinsen eingegeben. Zwar ergeben sich hierdurch nochmals Änderungen, die jedoch geringfügig sein werden. Anderenfalls kann die Rechnung mehrmals vorgenommen werden.

Stellen die Zinsen Einkünfte aus Kapitalvermögen dar, dann differenziert das Programm. Ist das Anfangsvermögen z.B. durch eine zusätzliche Investitionsausgabe negativ, dann können auch die Zinsen negativ sein. Dann wird unterstellt, daß die Zinsen Werbungskosten bei der entsprechenden Einkunftsart darstellen (z.B. aus Vermietung und Verpachtung; als Betriebsausgaben werden die Zinsausgaben berücksichtigt, wenn PRIVAT$="n" eingegeben wurde, wenn also Betriebsvermögen vorliegt). Sind die Zinsen positiv, dann stellen sie Einkünfte aus Kapitalvermögen dar. Unter Berücksichtigung dieser Annahmen wird der Sparerfreibetrag in einem Subprogramm (Zeile 6620ff.) angesetzt. Er beträgt grundsätzlich DM 6.000/DM 12.000, darf aber nicht zu negativen Einkünften aus Kapitalvermögen führen. Der Sparerfreibetrag SPARFREI(M) entspricht also entweder dem genannten fixen Wert (wenn die Einkünfte aus Kapitalvermögen höher sind) oder den Einkünften aus Kapitalvermögen ZINS(M). Ist der Speicher ZINS(M) negativ, dann ist der Sparerfreibetrag null. Es sei wiederholt - dies gilt nur, wenn die Zinsen im Privatvermögen anfallen. Im Betriebsvermögen gilt der Freibetrag nicht.

Abschließend werden in diesem vorbereitenden Teil der Hebesatz der GewSt mit Zeile 4970 und die KiSt-Sätze sowie die Familienverhältnisse mit der Zeile 4980 erfragt. Die Abfrage nach einem Anfangsvermögen ist notwendig, weil im praktischen Regelfall ein solches besteht. Es wird im Programm behandelt wie eine Einnahme zum Zeitpunkt null. Soll eine zusätzliche Investitionsausgabe zu Beginn des Planungszeitraums berücksichtigt werden (das ist erforderlich, wenn z.B. Investitionsprobleme mit dem Finanzplan gelöst werden sollen), dann ist diese hier negativ einzugeben. Besteht z.B. ein Anfangsvermögen von DM 700.000 und soll ein Investition von -DM 300.000 vorgenommen werden, dann ist +DM 400.000 einzugeben. Beträgt das Anfangsvermögen z.B. DM 200.000 und soll eine Investition von -DM 350.000 vorgenommen werden, dann ist der negative Wert -DM 150.000 einzugeben. Die Zeile 5010 zeigt eine Leerzeile an.

```
5020 INPUT"Jahreswerte gleich (Jahreswerte nicht gleich = n)
j/n";GLEICH$
5030 PRINT:IF GLEICH$="j" GOTO 5180
5040 GOSUB 660
5050 FOR M=1 TO ENDE
5060 PRINT
5070 PRINT"Jahr";M
5080 INPUT"Bruttoeinnahmenüberschuß(+)                    DM =";E(M)
5100 INPUT"zusätzliche Investitions-Abschreibung(+)       DM =";AFA(M)
5110 INPUT"Dauerschuldzinsen in voller Höhe(+)            DM =";DSZ(M)
5120 INPUT"andere Hinzurechnungen/Kürzungen(+/-)            DM
=";HIK(M)
5130 INPUT"andere steuerpflichtige Einkünfte ohne Zinsen(+/-)  DM
=";ANDE(M)
5140 INPUT"Sonderausgaben/außergewöhnliche Belastungen(+/-)      DM
=";SA(M)
5150 INPUT"steuerfreie Einnahmen/Ausgaben/Konsum(+/-)         DM
=";KONSUM(M)
5160 NEXT M
5170 GOTO 5300
5180 INPUT"Brutto-Einnahmenüberschuß(+)                   DM =";E(1)
5200 INPUT"zusätzliche Investitions-Abschreibung(+)       DM =";AFA(1)
5210 INPUT"Dauerschuldzinsen in voller Höhe(+)            DM =";DSZ(1)
5220 INPUT"andere Hinzurechnungen/Kürzungen(+/-)            DM =";HIK(1)
5230 INPUT"andere steuerpflichtige Einkünfte ohne Zinsen(+/-)  DM
=";ANDE(1)
5240 INPUT"Sonderausgaben/außergewöhnliche Belastungen(+)      DM
=";SA(1)
5250 INPUT"steuerfreie Einnahmen/Ausgaben/Konsum(+/-)         DM
=";KONSUM(1)
5260 FOR M=2 TO ENDE
5270
E(M)=E(1):AFA(M)=AFA(1):DSZ(M)=DSZ(1):HIK(M)=HIK(1):ANDE(M)=AN
DE(1):SA(M)=SA(1):KONSUM(M)=KONSUM(1)
5280 NEXT M
```

In Zeile 5020 werden die Einnahmenüberschüsse, Abschreibungen, Dauerschuldzinsen usw. für jedes Jahr M des Planungszeitraums mit der Länge ENDE abgerufen. Da recht häufig der Fall auftritt, daß die Werte in jedem Jahr gleich hoch sind, ist das Abfrageprogramm geteilt. Bei gleichbleibenden Werten ist einfacherweise nur eine einmalige Eingabe erforderlich.

In Zeile 5020 wird gefragt, ob die Jahreswerte gleich sind. Wenn dies der Fall ist, wird mit Zeile 5030 in den entsprechenden Programmteil verzweigt (Zeilen 5180 - 5280). Anderenfalls wird mit Zeile 5040 an den möglichen Bildschirmdruck erinnert und vom ersten (M = 1) bis zum letzten Jahr des Planungszeitraums (M = ENDE; Zeile 5050) gesondert nach den Jahreswerten gefragt. Zuerst wird mit Zeile 5070 jeweils das einzelne Jahr angezeigt. Dann wird der Bruttoeinnahmenüberschuß erfragt. Sodann wird mit Zeile 5100 nach einer möglichen zusätzlichen Investitions-Abschreibung gefragt. Hier kann z.B. die mit Zeile 5000 eingegebene zusätzliche Investition abgeschrieben werden. Dabei ist es möglich, beliebige Abschreibungsmethoden zu testen, etwa eine degressive AfA oder eine Sonderabschreibung mit zusätzlicher linearer AfA. Es kann aber auch ohne Eingabe der zusätzlichen Investition überprüft werden, welche von mehreren AfA-Methoden evtl. zu Liquiditätsproblemen führt (negative Vermögen) oder vorteilhaft ist (maximales Endvermögen).

Mit den Zeilen 5110 - 5150 werden als erstes eventuelle Dauerschuldzinsen abgefragt. Sie werden in voller Höhe eingegeben, das Programm nimmt die Halbierung in Zeile 5420 vor. Sodann werden andere Hinzurechnungen oder Kürzungen erfragt. Hier muß auf das Vorzeichen geachtet werden; Hinzurechnungen werden positiv, Kürzungen negativ eingegeben. Als nächstes wird in Zeile 5130 nach anderen steuerpflichtigen Einkünften ohne Zinsen gefragt. Diese können ebenfalls positiv oder negativ sein. Die Zinsen werden vom Programm berechnet, wenn ein positives oder negatives Anfangsvermögen eingegeben wird. Dabei wird ggf. der Sparerfreibetrag berücksichtigt. Sodann wird nach Sonderausgaben und außergewöhnlichen Belastungen gefragt. Diese sind der Einfachheit halber positiv einzugeben. Schließlich werden in Zeile 5150 steuerfreie Einnahmen oder Ausgaben, insbesondere der Konsum erfragt. Hier sind Einnahmen und Ausgaben vorzeichengerecht einzugeben, die keine steuerlichen Folgen haben (z.B. InvZul oder eben der Konsum). Diese Zahlungsströme haben nämlich eine Auswirkung auf die Vermögen - sie können ebenfalls zu Liquiditätsproblemen führen (negative Vermögen). Außerdem wirken sie sich auf die Zinseinnahmen aus - hohe Konsumbeträge mindern die Zinseinnahmen und damit die zu versteuernden Einkommen, ggf. auch die Gewerbeerträge. Mit Zeile 5160 wird das nächste Jahr für die Abfrage aufgerufen. Abschließend wird zur Anzeige der eingegebenen Werte verzweigt.

Die Zeilen 5180 - 5280 enthalten die Eingabe für einen Finanzplan, bei dem die Jahreswerte gleich sind (also z.B. auch, wenn lineare AfA angesetzt wird). Wie im ersten Programmteil werden hier die erforderlichen Werte abgerufen und sämtlich in die Speicher des ersten Jahres gebracht (M = 1). Mit den Zeilen 5260 - 5280 werden die eingegebenen Werte automatisch in die Speicher der folgenden Jahre übernommen. Am Bildschirm erscheint nur die Eingabe für das erste Jahr.

```
5290 GOSUB 660
5300 CLS:PRINT"Ende des Jahres    #1        #2        #3        #4        #5
Summe"
5310 PRINT USING"Brutto-Ein-Über #######  #######  #######  #######
#######  #######";E(1);E(2);E(3);E(4);E(5);E(1)+E(2)+E(3)+E(4)+E(5)
5320 IF GOPT=1 GOTO 5340
```

```
5330 PRINT USING"Invest-AfA        #######  #######  #######  #######
#######
#######";AFA(1);AFA(2);AFA(3);AFA(4);AFA(5);AFA(1)+AFA(2)+AFA(3)+AF
A(4)+AFA(5)
5340 PRINT USING"Dauerschuldzins #######  #######  #######  #######
#######
#######";DSZ(1);DSZ(2);DSZ(3);DSZ(4);DSZ(5);DSZ(1)+DSZ(2)+DSZ(3)+DSZ(
4)+DSZ(5)
5350 PRINT USING"Hinzu/Kürz       #######  #######  #######  #######
#######
#######";HIK(1);HIK(2);HIK(3);HIK(4);HIK(5);HIK(1)+HIK(2)+HIK(3)+HIK(4)
+HIK(5)
5360 PRINT USING"andere stpfl Ein #######  #######  #######  #######
#######
#######";ANDE(1);ANDE(2);ANDE(3);ANDE(4);ANDE(5);ANDE(1)+ANDE(2)
+ANDE(3)+ANDE(4)+ANDE(5)
5370 PRINT USING"SonderA/agB      #######  #######  #######  #######
#######
#######";SA(1);SA(2);SA(3);SA(4);SA(5);SA(1)+SA(2)+SA(3)+SA(4)+SA(5)
5380 PRINT USING"stfreiE/A Konsum #######  #######  #######  #######
#######
#######";KONSUM(1);KONSUM(2);KONSUM(3);KONSUM(4);KONSUM(5);KO
NSUM(1)+KONSUM(2)+KONSUM(3)+KONSUM(4)+KONSUM(5)
5390 RETURN
```

Mit Zeile 5290 wird an die Möglichkeit des Bildschirmdrucks erinnert. Dann wird mit Zeile 5300 eine Überschrift angezeigt. Die Zeilen 5310 - 5380 zeigen die eingegebenen Werte für jedes Jahr am Bildschirm an. Aus Zeile 5740 wird in Zeile 4390 verzweigt. Der Teil von Zeile 4390 - 5390 wird als Subprogramm verwendet. Deshalb ist in Zeile 5390 ein RETURN-Befehl untergebracht. Dieser Umweg ist erforderlich, weil der folgende Rechenteil auch für das Programm GEWINNOPTIMIERUNG verwendet werden soll.

```
5400 FOR M=1 TO ENDE
5410 ZINS(M)=Y(M-1)*ZINS:REM:Zins
5420 IF PRIVAT$="j" THEN GEWE=E(M)+HIK(M)+DSZ(M)/2-
AFA(M):REM:Zins privat, ohne ZINS(M)
5430 IF PRIVAT$="n" THEN GEWE=E(M)+ZINS(M)+HIK(M)+DSZ(M)/2-
AFA(M):REM:Zins betrieblich, mit ZINS(M)
5440 GOSUB 890
5450 GEWEST(M)=GEWEST
5460 ZVE=E(M)-GEWEST+ZINS(M)+ANDE(M)-SA(M)-AFA(M)
5470 GOSUB 990
5480 EST(M)=EST
5490 KIST(M)=KIST
5500 ERGABG(M)=ERGABG
5510 ZVE(M)=ZVE*PERS
5520 G(M)=E(M)-AFA(M)
5530 ENETTO(M)=E(M)+ANDE(M)+ZINS(M)-SA(M)+KONSUM(M)-
GEWEST(M)-EST(M)-KIST(M)-ERGABG(M)
5550 Y(M)=Y(M-1)+ENETTO(M)
5560 NEXT M
```

Dem Abfrageprogrammteil folgt der Berechnungsteil. Mit Zeile 5400 wird für die Jahre 1 bis ENDE als erstes die jeweilige Zinseinnahme berechnet. Hierfür wird in Zeile 5410 das Vermögen am Ende des Vorjahres Y(M-1) mit dem Zinssatz ZINS multipliziert. In den folgenden zwei Zeilen wird der Gewerbeertrag ermittelt. In Zeile 5420 stellen die Zinsen private Einkünfte dar, sie werden vernachlässigt. Der Einnahmenüberschuß E(M) wird um die Hinzurechnungen/Kürzungen HIK(M) geändert, die Dauerschuldzinsen DSZ(M) werden zur Hälfte addiert und die AfA wird subtrahiert. In Zeile 5420 gehören die Zinsen zu dem Gewinn aus Gewerbebetrieb. Der Gewerbeertrag erhöht sich weiterhin um die Zinsen in ZINS(M). Zeile 5440 verzweigt in das Programm zur Berechnung der GewESt für natürliche Personen. Die GewESt wird in GEWEST(M) gespeichert.

In Zeile 5460 wird das Brutto-zu versteuernde Einkommen ermittelt. Vom Brutto-Einnahmenüberschuß E(M) wird die berechnete GewESt subtrahiert. Die Zinsen werden addiert oder subtrahiert - je nach Vorzeichen. Dies gilt auch für die anderen steuerpflichtigen Einkünfte. Die Sonderausgaben und außergewöhnlichen Belastungen werden wie die AfA subtrahiert. Mit Zeile 5470 wird in das Subprogramm zur Berechnung der ESt, KiSt und ErgAbg verzweigt; in den Zeilen 5480 - 5500 werden die Ergebnisse gespeichert. Das zu versteuernde Einkommen, das in dem Subprogramm bei Zusammenveranlagung halbiert worden ist, wird in Zeile 5510 verdoppelt. In Zeile 5520 wird der Brutto-Einnahmenüberschuß um die AfA gemindert, um den Gewinn aus Gewerbebetrieb vor GewESt (und evtl. Zinsen) zu erhalten. Der Netto-Einnahmenüberschuß des jeweiligen Jahres wird ermittelt, indem sämtliche Zahlungsströme saldiert werden (vgl. Zeile 5530). Der Wert KONSUM (und andere steuerfreie Ausgaben) werden addiert, weil sie in der Abfrage negativ eingegeben werden. Dies hat den Grund, daß hier auch steuerfreie **Einnahmen** (etwa InvZul) erfaßt werden können - ebenfalls mit dem richtigen Vorzeichen. Die Zeile 5550 berechnet durch Kumulation der vorhergehenden Vermögenswerte und des jeweiligen Netto-Einnahmenüberschusses das Vermögen am Ende des laufenden Jahres. Im ersten Jahr wird ein eventuelles Anfangsvermögen zum Netto-Einnahmenüberschuß addiert, in den folgenden Jahren wird kumuliert. Zeile 5560 ruft das nächste Jahr auf.

```
5570 GOTO 5760
5580 IF PRIVAT$="j" THEN PRINT USING"ZinsE privat       #######  #######
#######  #######  #######
#######";ZINS(1);ZINS(2);ZINS(3);ZINS(4);ZINS(5);ZINS(1)+ZINS(2)+ZINS(3)
+ZINS(4)+ZINS(5)
5590 IF PRIVAT$="n" THEN PRINT USING"ZinsE betrieblich #######
#######  #######  #######  #######
#######";ZINS(1);ZINS(2);ZINS(3);ZINS(4);ZINS(5);ZINS(1)+ZINS(2)+ZINS(3)
+ZINS(4)+ZINS(5)
5600 PRINT USING"zu verst Einkomm #######  #######  #######  #######
#######
#######";ZVE(1);ZVE(2);ZVE(3);ZVE(4);ZVE(5);ZVE(1)+ZVE(2)+ZVE(3)+ZV
E(4)+ZVE(5)
5610 PRINT USING"GewerbeESt       #######  #######  #######  #######
#######
#######";GEWEST(1);GEWEST(2);GEWEST(3);GEWEST(4);GEWEST(5);GEWE
ST(1)+GEWEST(2)+GEWEST(3)+GEWEST(4)+GEWEST(5)
5620 PRINT USING"EinkommenSt      #######  #######  #######  #######
#######
#######";EST(1);EST(2);EST(3);EST(4);EST(5);EST(1)+EST(2)+EST(3)+EST(4)
+EST(5)
```

```
5630 PRINT USING"KirchenSt       #######  #######  #######  #######
#######
#######";KIST(1);KIST(2);KIST(3);KIST(4);KIST(5);KIST(1)+KIST(2)+KIST(3)+
KIST(4)+KIST(5)
5640 PRINT USING"ErgAbg          #######  #######  #######  #######
#######
#######";ERGABG(1);ERGABG(2);ERGABG(3);ERGABG(4);ERGABG(5);ERGA
BG(1)+ERGABG(2)+ERGABG(3)+ERGABG(4)+ERGABG(5)
5650 IF GOPT=1 THEN PRINT USING"Gewinn vor Steu+Zi#######  #######
#######  #######  #######
#######";G(1);G(2);G(3);G(4);G(5);G(1)+G(2)+G(3)+G(4)+G(5):GOTO 5680
5660 IF PRIVAT$="j" THEN PRINT USING"Gewinn vor Steu  #######
#######  #######  #######  #######
#######";G(1);G(2);G(3);G(4);G(5);G(1)+G(2)+G(3)+G(4)+G(5)
5670 IF PRIVAT$="n" THEN PRINT USING"Gewinn vor Steu  #######
#######  #######  #######  #######
#######";G(1)+ZINS(1);G(2)+ZINS(2);G(3)+ZINS(3);G(4)+ZINS(4);G(5)+ZINS
(5);G(1)+G(2)+G(3)+G(4)+G(5)+ZINS(1)+ZINS(2)+ZINS(3)+ZINS(4)+ZINS(
5)
5680 PRINT USING"Ein-Überschuß   #######  #######  #######  #######
#######
#######";ENETTO(1);ENETTO(2);ENETTO(3);ENETTO(4);ENETTO(5);ENETT
O(1)+ENETTO(2)+ENETTO(3)+ENETTO(4)+ENETTO(5)
5690 PRINT
5700 PRINT USING"(End-)Vermögen   #######  #######  #######  #######
#######  #######";Y(1);Y(2);Y(3);Y(4);Y(5)
5710 PRINT"Rundungsdifferenzen sind möglich"
5720 IF GOPT=1 AND SER(1)<.19 THEN PRINT"Es sind Mindest-zvE = Summe
der Freibeträge angesetzt"
5730 RETURN
5740 GOSUB 4930
5750 GOTO 5400
5760 GOSUB 5580
5770 GOSUB 660
5780 GOTO 6610
```

Zeile 5560 verzweigt nach Zeile 5760, von dort wird in Zeile 5580 zurückgesprungen. Dies hat - wie schon oben angemerkt - den Grund, daß bei Rückgriff aus dem Gewinnoptimierungsprogramm ohne diesen Umweg eine unendliche Iteration eingeleitet werden würde. Das soll verhindert werden. Im vorliegenden Programm wird nach diesem folgenlosen Umweg in das Programm zur Anzeige der Ergebnisse gegangen.

Mit Zeile 5580 werden die Zinseinnahmen gedruckt mit dem Hinweis, daß sie im Privatvermögen anfallen, Zeile 5590 druckt dieselben Werte mit dem Hinweis, daß die Zinseinnahmen Einkünfte aus Gewerbebetrieb darstellen. Sodann werden die zu versteuernden Einkommen angezeigt. Von Zeile 5610 - 5640 wird nacheinander die GewESt, die ESt, die KiSt und die ErgAbg angezeigt. Zeile 5650 wird hier übersprungen. Sodann wird der Gewinn aus Gewerbebetrieb angezeigt - entweder ohne (Zeile 5660) oder mit Zinsen (Zeile 5670). Schließlich werden die Netto-Einnahmenüberschüsse und die Vermögen angezeigt. Das Vermögen des letzten Jahres wird Endvermögen genannt. Nach dem Hinweis auf Rundungsfehler werden drei Rücksprünge aus den genannten Umwegen vorgenommen, denen im vorliegenden Programm keine Bedeutung zukommt. Zeile 5770 gibt den Hinweis auf Druckmöglichkeit des Bildschirms, Zeile 5780 löscht den Bildschirm und zeigt die Programmübersicht.

Folgendes Beispiel soll den Einsatz des Programms FINANZPLAN erläutern. Ein kinderloser lediger Steuerpflichtiger möchte wissen, wie hoch sein Vermögen nach Ablauf von vier Jahren ist und ob er durch Steuer- und Konsumausgaben evtl. illiquide werden könnte.

```
Schult STEUERBASIC 1993
Finanzplan ESt/1993
Werte bis DM 10 Mio und Zeiten bis fünf Jahre können bearbeitet werden
Brutto-Zwischenzins                                          % =? 10
Zwischenverzinsung im Privatbereich (im Betrieb = n)        j/n? j
Länge des Planungszeitraums                               Jahre =? 4
Hebesatz                                                     % =? 500
Kirchensteuersatz                                            % =? 9
Kappungs-Kirchensteuersatz                                   % =? 3
Ledig (verheiratet = n)                                     j/n? j
Kinderzahl                                                     ? 0
Ergänzungsabgabe-, Solidaritätszuschlagssatz u.ä.            %=? 0
Anfangsvermögen(+), zusätzliche Investitionsausgabe(-)     DM =? 500000

Jahreswerte gleich (Jahreswerte nicht gleich = n)           j/n? j

Brutto-Einnahmenüberschuß(+)                               DM =? 100000
zusätzliche Investitions-Abschreibung(+)                   DM =? 0
Dauerschuldzinsen in voller Höhe(+)                        DM =? 10000
andere Hinzurechnungen/Kürzungen(+/-)                      DM =? -5000
andere steuerpflichtige Einkünfte ohne Zinsen(+/-)         DM =? 12000
Sonderausgaben/außergewöhnliche Belastungen(+)             DM =? 6000
steuerfreie Einnahmen/Ausgaben/Konsum(+/-)                 DM =? -70000
Wollen Sie den Bildschirm drucken (dann DRUCK-Taste drücken) j/n? j
```

Ende des Jahres	#1	#2	#3	#4	#5	Summe
Brutto-Ein-Über	100000	100000	100000	100000	0	400000
Invest-AfA	0	0	0	0	0	0
Dauerschuldzins	10000	10000	10000	10000	0	40000
Hinzu/Kürz	-5000	-5000	-5000	-5000	0	-20000
andere stpfl Ein	12000	12000	12000	12000	0	48000
SonderA/agB	6000	6000	6000	6000	0	24000
stfreiE/A Konsum	-70000	-70000	-70000	-70000	0	-280000
ZinsE privat	50000	52562	55242	58043	0	215847
zu verst Einkomm	142085	144573	147174	149894	0	583727
GewerbeESt	3652	3652	3652	3652	0	14608
EinkommenSt	52463	53781	55160	56601	0	218005
KirchenSt	4262	4337	4415	4496	0	17510
ErgAbg	0	0	0	0	0	0
Gewinn vor Steu	100000	100000	100000	100000	0	400000
Ein-Überschuß	25623	26792	28015	29294	0	609724
(End-)Vermögen	525623	552415	580430	609724	0	

```
Rundungsdifferenzen sind möglich
Wollen Sie den Bildschirm drucken (dann DRUCK-Taste drücken) j/n? j
```

Nachdem das Programm mit der Nummer 8 aus der Übersicht aufgerufen worden ist, werden die drei Überschriftszeilen angezeigt. Sodann wird nach dem Zins gefragt, mit dem freie Überschüsse bzw. Unterdeckungen verzinst werden (hier 10 % p.a.).

Die Zwischenanlage soll im Privatbereich stattfinden. Die Länge des Planungszeitraums ist mit 4 Jahren angenommen. Der Hebesatz der GewSt betrage 500 %. Der ledige und kinderlose Steuerpflichtige sei mit 9 % bzw. 3 % KiSt-pflichtig. Eine ErgAbg existiere nicht. Das Anfangsvermögen zum Beginn des Planungszeitraums soll DM 500.000 betragen. Die Jahreswerte sind gleich und werden mit DM 100.000 für den Brutto-Einnahmenüberschuß, DM 10.000 für Dauerschuldzinsen, -DM 5.000 für Kürzungen, DM 12.000 für andere Einkünfte (z.B. aus Vermietung und Verpachtung), DM 6.000 für Sonderausgaben und -DM 70.000 für Konsum angegeben.

Nach dem Hinweis auf einen möglichen Bildschirmdruck wird ein Tableau angezeigt, das im ersten Teil die eingegebenen Werte enthält (das fünfte Jahr ist hier irrelevant, es wird jeweils null angezeigt). Im Ergebnisteil wird als erstes in der Zeile "ZinsE privat" darauf hingewiesen, daß die berechneten Zinsen im Privatbereich anfallen. Sie werden zur Berechnung der ESt um den Sparerfreibetrag gemindert.

Anschließend werden die Steuerbeträge angezeigt. Der Gewinn vor Steuern ist hier (da die Zinsen im Privatbereich anfallen) identisch mit dem Brutto-Einnahmenüberschuß. Die Vermögen am Ende eines jeden Jahres sind positiv - Liquiditätsprobleme werden also nicht auftreten. Das Anfangsvermögen von DM 500.000 erhöht sich nach vier Jahren auf DM 609.724.

2.4.3 Steuerbilanzpolitik

Wegen der Existenz von Bilanzierungs- und insbesondere Bewertungswahlrechten stellt sich in praxi häufig die Frage, wie ein bestimmtes Steuerbilanzgewinnvolumen optimal über mehrere Jahre zu verteilen ist. Dabei sind zwei Effekte zu berücksichtigen: Durch die Verschiebung von Steuerbilanzgewinnen (und damit Steuerausgaben) treten **Zins**effekte auf. Wird ein Teil des Steuerbilanzgewinns auf ein späteres Jahr verschoben, so fallen die ErSt hierauf später an. Die aufgeschobene Steuerausgabe kann zinswirksam angelegt werden. Tendenziell ist also der Zinseffekt umso größer, je weiter der Steuerbilanzgewinn in die Zukunft verschoben wird. Der Zinseffekt wird allerdings dadurch verringert, daß die zusätzlichen Zinseinnahmen ebenfalls z.B. die ESt erhöhen. Zum anderen tritt immer dann, wenn die Differenzsteuersätze nicht konstant sind, ein **Steuer**effekt auf. Durch die Verschiebung von Teilen des Steuerbilanzgewinns auf andere Jahre verändert sich die gesamte ErSt-Belastung. Gewinnverschiebungen können zu ErSt-Erhöhungen oder zu ErSt-Minderungen führen.

Bei konstanten Differenzsteuersätzen kann dieser Steuereffekt nicht auftreten. Die Verschiebung von Bemessungsgrundlagenteilen führt nicht zu einer Änderung der gesamten ErSt-Belastung im Planungszeitraum. Da nur der Zinseffekt existiert, ist hier (also z.B. bei Kapitalgesellschaften mit firmeneigener Zielsetzung) der optimale Steuerbilanzgewinnpfad einfach zu ermitteln: Die optimale Gewinnverteilung ist die maximale Gewinnverschiebung in die Zukunft. Dann wird der Zinseffekt maximiert, ohne daß eine Reduktion dieses Effekts durch eine ErSt-Erhöhung eintritt. Bei nichtproportionalen Steuern - z.B. bei der ESt insbesondere im sog. progressiven Bereich - wird ein positiver Zinseffekt aber evtl. durch einen negativen ErSt-Effekt kompensiert oder sogar überkompensiert. Die gesamte ErSt-Belastung ist dann minimal, wenn die Steuerbilanzgewinne nivelliert sind, wenn die ErSt-Bemessungsgrundlagen in jedem Jahr des Planungszeitraums identisch sind. Da der Zinseffekt eine maximale Steuerverschiebung verlangt, liegt eine optimale Gewinnverteilung, die also beide Effekte berücksichtigt, zwischen der Gewinnivellierung und der maximalen Gewinnverschiebung. Aufgrund der Zinseszinswirkung ist die optimale Verteilung der ErSt-Bemessungsgrundlagen tatsächlich progressiv.

Um die Gewinnverteilung über den Planungszeitraum optimieren zu können, muß ein Entscheidungskriterium existieren, das beide Effekte berücksichtigt. Ein solches Kriterium stellt der Kapitalwert dar: Eine steuerliche Gewinnverteilung ist dann optimal, wenn der Kapitalwert der (absoluten) Steuerausgaben minimal ist[10]. Aus diesem Kriterium wird die Regel[11] abgeleitet, nach der aus der Menge der möglichen die optimalen Steuerbilanzgewinne jedes Jahres ermittelt werden. Die Steuerbilanzgewinne sind dann optimal verteilt, wenn sich die (Steuer- und Zins-)Vorteile und Nachteile gerade ausgleichen. Jede andere Verteilung würde also den Kapitalwert erhöhen. Aus der Gleichsetzung der Vor- und Nachteile ergibt sich das folgende Verteilungskriterium:

$$T_{n-1} = T_n/(1 + d - d^* T_n)$$

mit T_{n-1} Grenzsteuersatz des n-1ten Jahrs
T_n Grenzsteuersatz des n-ten Jahrs
d Zwischenanlagezinsfuß vor Steuern

Die Steuerbilanzgewinne der einzelnen Jahre 1,2,...,n sind also dann optimal verteilt, wenn die genannte Bedingung zwischen allen aufeinanderfolgenden Jahren des Planungszeitraums erfüllt ist. Es ist nach dieser Formel möglich, retrograd die optimalen Grenzsteuersätze und daraus die optimalen Bemessungsgrundlagen zu ermitteln. Ist z.B. der Grenzsteuersatz des letzten Jahrs T_n bekannt, so kann daraus mit Hilfe der Formel T_{n-1} und daraus wieder T_{n-2} usw. berechnet werden. Den berechneten Grenzsteuersätzen muß die zugehörige Bemessungsgrundlage zugeordnet werden.

In der Literatur[12] wird regelmäßig von einer Optimierung der **Steuerbilanzgewinnverteilung** gesprochen. Tatsächlich ist aber nicht der Steuerbilanzgewinn die Bemessungsgrundlage für die progressive ESt. Vielmehr ist die Verteilung der **zu versteuernden Einkommen** zu optimieren. Da seit 1993 auch der GewESt-Tarif progressiv ist, ist simultan die Verteilung der Gewerbeerträge zu optimieren. Weil häufig einfacherweise Steuerbilanzgewinn, Gewerbeertrag und zu versteuerndes Einkommen gleich gesetzt werden, kann leicht übersehen werden, daß die Steuerbilanzgewinne erst aus den optimalen zu versteuernden Einkommen hergeleitet werden müssen. Der Unterschied zwischen den beiden Größen besteht einmal in der Existenz anderer Einkunftsarten, zum anderen insbesondere in der Abzugfähigkeit von Sonderausgaben und EStlichen Freibeträgen. Je nach Umfang und Struktur dieser Größen kann es sein, daß die Verteilung der Steuerbilanzgewinne tatsächlich regressiv sein kann. Wenn die Zinseinnahmen nicht im Betriebsvermögen anfallen, ergibt sich der optimale (progressive) Verlauf der zu versteuernden Einkommen erst nach Addition dieser progressiven Zinseinkünfte.

Vor Beginn der Berechnung ist das Problem zu lösen, welche Steuerarten in die Berechnung des Grenzsteuersatzes T eingehen. Grundsätzlich sind dies sämtliche ErSt, also die GewESt, die ESt, die KiSt und die ErgAbg. Bezieht man sämtliche Steuerarten ein, so kompliziert sich das Problem, aus dem zusammengefaßten Teil-Grenzsteuersatz den Grenzsteuersatz der ESt herzuleiten, weil dieser erforderlich ist, um daraus das optimale zu versteuernde Einkommen des jeweiligen Jahres zu ermit-

10 Marettek, A., Steuerbilanz- und Unternehmenspolitik, Freiburg 1971, S. 169ff.
11 Vgl. hierzu etwa Siegel, T., Die Steuerplanung der Unternehmung, a.a.O., S. 178ff.
12 So etwa ebenda.

teln. Das ist bei der Einbeziehung der ErgAbg kein Problem, weil diese nicht abzugsfähig ist, also die anderen Steuern nicht beeinflußt. Bei der KiSt wird das Problem komplizierter, ist aber lösbar, weil die (direkte bzw. indirekte) Bemessungsgrundlage für beide - das zu versteuernde Einkommen - identisch ist. Bei der Kappungs-KiSt sind die Bemessungsgrundlagen sogar für beide Steuern direkt identisch.

Die Einbeziehung der GewESt ist dagegen erheblich schwieriger. Zum einen kann der Grenzsteuersatz der GewESt nicht als eine Funktion für den gesamten Bereich des Gewerbeertrags dargestellt werden, weil sie nach einem Stufentarif erhoben wird. Zum anderen müssen die Zinsen, wenn sie im Privatvermögen anfallen, von den zu versteuernden Einkommen subtrahiert werden, um den Gewerbeertrag zu erhalten. Dieser wiederum wird benötigt, um die Meßzahl und damit den Grenzsteuersatz der GewESt zu ermitteln. Die Zinsausgaben sind aber vor der Rechnung nicht bekannt, sie werden erst mit dem Finanzplan ermittelt, indem die jeweiligen Vorjahresvermögen mit dem Zinssatz multipliziert werden.

Ist der Fehler durch die Vernachlässigung einzelner Steuern gering, dann kann für den Grenzsteuersatz T der der ESt angesetzt werden. Für die KiSt und ErgAbg ist dies der Fall, so daß sie vernachlässigt werden können. Der GewESt-Tarif hat sich ab 1993 erheblich gegenüber den Vorjahren verändert (Stufentarif), so daß die GewESt nicht ohne weitere Untersuchung vernachlässigt werden kann.

Aus diesem Grund und weil moderne Personalcomputer sehr leistungsfähig sind, nochmalige Rechendurchläufe also in tragbarem Zeitrahmen liegen, wird hier folgender Weg eingeschlagen. In einem ersten Durchlauf (EX = 0, vgl. Zeile 5840) wird angenommen, daß die Grenzsteuersätze nur die ESt erfassen. Aus diesen werden die optimalen zu versteuernden Einkommen ermittelt. Unter Berücksichtigung der hieraus folgenden ErSt wird das Vermögen am Ende des jeweiligen Jahres und hieraus die Zinseinnahmen des folgenden Jahres berechnet. Das Endvermögen gibt einen Maßstab für den Vermögensvorteil dieser vereinfachten Vorgehensweise. Weiterhin sind hierdurch die Zinseinnahmen in recht guter Annäherung ermittelt, so daß das genannte Problem der unbekannten Zinsen bei einem weiteren Durchgang gelöst ist.

In einem zweiten Durchlauf (EX = 1, vgl. Zeile 5840) werden die optimalen Grenzsteuersätze unter Berücksichtigung der GewESt ermittelt. Anschließend wird die GewESt herausgerechnet. Der verbleibende Grenzsteuersatz der ESt ist die Basis für die zu ermittelnden zu versteuernden Einkommen. Wegen des Stufentarifs der GewESt kann es allerdings sein, daß die so berechneten Grenzsteuersätze der ESt über 53 % liegen. Dies ist zwar praktisch durch § 32a EStG ausgeschlossen, hat aber den Vorteil, daß der auch über DM 120.000 sprungprogressive ErSt-Tarif angenähert berücksichtigt wird.

Diese verbesserte Rechnung führt relativ häufig zu einer Erhöhung des Endvermögens. Es kann allerdings auch sein, daß der Gewinnverteilungsvorschlag der verbesserten Rechnung ein niedrigeres Endvermögen zur Folge hat. Dann wäre die Gewinnverteilung aus dem ersten Durchlauf zu realisieren. Wie Testrechnungen mithilfe eines abgekürzten Iterationsverfahrens gezeigt haben, ist der Fehler des hier verwendeten zweistufigen Näherungsverfahrens insbesondere unter Berücksichtigung weiterer Unwägbarkeiten zu vernachlässigen. Er erreichte in keinem Fall den Wert von 1 %. Teilweise war er so klein, daß er durch Rundungsfehler überkompensiert wird.

Der Programmablauf sei nochmals chronologisch skizziert. Zuerst werden - beginnend mit dem maximalen Grenzsteuerstz der ESt, also mit 53 % - mit Hilfe der genannten Formel für die Jahre des Planungszeitraums die optimalen Grenzsteuersätze der ESt berechnet. Sodann wird diesen Grenzsteuersätzen jeweils das zu versteuernde Einkommen zugeordnet, bei dem der Grenzsteuersatz gerade erreicht wird. Ist die Rechnung abgeschlossen, dann wird der Finanzplan mit sämtlichen Abzügen usw., vor allem aber zur Ermittlung der Zinseinnahmen aufgestellt. Ist die Summe der vorläufigen zu versteuernden Einkommen zuzüglich der Zinseinnahmen zu klein, reichen also die berechneten Werte nicht aus, um im letzten Jahr des Planungszeitraums das maximale zu versteuernde Einkommen zu erreichen bzw. zu überschreiten, dann muß die Rechnung wiederholt werden. Der Grenzsteuersatz des jeweils letzten Jahres wird um einen Prozentpunkt gemindert; die Rechnung wird wiederholt. Diese Iteration wird solange durchgeführt, bis die zuletzt berechneten zu versteuernden Einkommen ausreichen. Dann wird durch Reduktion der Sprungweite auf ein Zehntel der bisherigen Sprungweite die Genauigkeit der Rechnung erhöht. Diese Iteration wird solange vorgenommen, bis die Sprungweite den Wert von einem tausendstel Promille erreicht (vgl. Zeile 6290).

Reicht die Summe der vorläufigen zu versteuernden Einkommen dagegen aus, daß das zu versteuernde Einkommen des letzten Jahres dem Spitzen-Grenzsteuersatz von 53 % unterliegt (daß es also höher ist als etwa DM 120.000 bzw. DM 240.000), dann werden den einzelnen Jahren die jeweils optimalen zu versteuernden Einkommen zugeordnet - der Rest wird im letzten Jahr ausgewiesen. Für jedes zu versteuernde Einkommen, das über den genannten Grenzen liegt, gilt der nunmehr konstante Grenzsteuersatz von 53 %. Eine möglichst weite Verschiebung in die Zukunft ist vorteilhaft, weil nur noch der Zinseffekt existiert. Es ist also vorteilhaft, sämtliche zu versteuernde Einkommen, die in den Vorjahren nicht verbraucht werden, im letzten Jahr des Planungszeitraums auszuweisen.

Im zweiten Durchgang zur Verbesserung der Ergebnisse wird ebenfalls vom maximalen Grenzsteuersatz, aber unter Einbeziehung der GewESt, ausgegangen. Wiederum werden die optimalen Grenzsteuersätze der einzelnen Jahre ermittelt. Nach Eliminierung des GewESt-Anteils verbleibt der Grenzsteuersatz der ESt, aus dem die optimalen zu versteuernden Einkommen berechnet werden. Die restliche Rechnung entspricht dem ersten Durchlauf.

Im folgenden ersten Teil des Programms GEWINNOPTIMIERUNG werden nach einigen Vorbereitungen die optimalen Grenzsteuersätze ermittelt.

```
5790 REM:Gewinnoptimierung/ESt 1993
5800 GOPT=1:EX=0
5810 GOSUB 4930
5820 PRINT:SCHRITT=.01
5830 ESUMME=E(1)+E(2)+E(3)+E(4)+E(5)
5840 IF EX=0 THEN SER(ENDE)=.53 ELSE SER(ENDE)=.53+SGE(M)-
.53*SGE(M):REM:Berechnung kritischer Grenz-ESt/ErSt-Satz
5850 M=ENDE
5860 SER(ENDE)=SER(ENDE)-SCHRITT:SER(M)=SER(ENDE)
5870 FOR M=ENDE-1 TO 1 STEP -1
5880 SE(M)=(SER(M)-SGE(M))/(1-SGE(M))
5890 IF PRIVAT$="n" THEN SER(M)=SER(M+1)/(1+ZINS-ZINS*SER(M+1))
ELSE SER(M)=SER(M+1)/(1+ZINS-ZINS*SE(M+1))
5900 NEXT M
```

In Zeile 5800 wird der Speicher GOPT = 1 gesetzt. Damit können in anderen Programmen - hier im Programm FINANZPLAN - Teile, die für das vorliegende Programm nicht benötigt werden, übersprungen oder eingefügt werden. Desweiteren wird der Speicher EX = 0 gesetzt als Hinweis, daß als erstes eine überschlägliche Rechnung vorgenommen wird. Ist EX = 1 (vgl. Zeile 6480), dann wird die verbesserte Rechnung durchgeführt. Mit der Zeile 5810 wird in das Subprogramm zur Anzeige der Überschriften sowie zur Abfrage der benötigten Daten verzweigt. Nach der Anzeige einer Leerzeile wird die Sprungbreite SCHRITT für die iterative Rechnung mit einem Prozentpunkt angesetzt. In Zeile 5830 werden die Einnahmenüberschüsse der einzelnen Jahre addiert. Sie werden als Sollwert zum Vergleich mit der Gewinnsumme benötigt (vgl. Zeile 6280).

In Zeile 5840 wird der maximale Basis-Grenzsteuersatz des letzten Jahres des Planungszeitraums ermittelt. Im ersten Durchgang wird er mit dem Spitzen-ESt-Satz angesetzt. Die Rechnung beginnt also bei 53 %. Im zweiten Durchlauf wird der maximale Grenz-Teilsteuersatz aus ESt **und** GewESt angesetzt (Summe der beiden Grenzsteuersätze abzüglich deren Produkt). Ist dieser Wert zu hoch (das ist dann der Fall, wenn die Summe der Brutto-Einnahmenüberschüsse usw. nicht ausreicht, daß das zu versteuernden Einkommen des letzten Jahres über etwa DM 120.000 bzw. DM 240.000 liegt), dann wird der Basis-Grenzsteuersatz um SCHRITT gemindert und die Rechnung neu begonnen.

In Zeile 5850 wird das Ende des Planungszeitraums festgelegt. Der abgefragte und im Speicher ENDE abgelegte Wert für die Länge des Planungszeitraums wird in den Speicher für den Jahreszähler M eingegeben, weil möglicherweise in M der Wert ENDE+1 (vgl. Rücksprung aus Zeile 6600) gespeichert ist. In Zeile 5860 wird der Grenzsteuersatz für einen erneuten Durchlauf um die jeweilige Sprungbreite SCHRITT gemindert. Er wird für eine spätere Verwendung im Speicher SER(ENDE) aufbewahrt, weil der Speicher SER(M) jeweils mit den neuen Jahreswerten gefüllt wird, für einen neuen Durchlauf bei zu kleiner Einnahmenüberschuß-Summe aber der bisherige maximale Grenzsteuersatz in der eben betrachteten Zeile 5860 benötigt wird. In den folgenden Zeilen wird - beginnend mit dem letzten Jahr des Planungszeitraums - als erstes in Zeile 5890 aus dem optimalen Grenzsteuersatz von ESt und GewESt (Speicher SER) der der ESt (Speicher SE) ermittelt.

In der Zeile 5890 werden entsprechend der o.a. Formel die optimalen Grenzsteuersätze der einzelnen Jahre berechnet. Dabei wird als erstes die Situation berechnet, daß eine Besteuerung der Zinsen im Betrieb stattfindet (PRIVAT$="n"). Die Zinsen unterliegen dem ErSt-Satz einschließlich GewESt. Im zweiten Teil wird die Situation berücksichtigt, daß die Zinsen im privaten Bereich besteuert werden - sie unterliegen nur der ESt. Die kritischen Grenzsteuersätze umfassen auch hier die GewESt. Die Zinsen (im Nenner) werden aber nur um den Grenzsteuersatz der ESt gemindert. Zeile 5900 veranlaßt diese Rechnung für jedes Jahr des Planungszeitraums.

```
5910 FOR M=1 TO ENDE:REM:Berechnung der optimalen zvE
5920 IF EX=0 THEN SE(M)=SER(M) ELSE SE(M)=(SER(M)-SGE(M))/(1-
SGE(M))
5930 ZVE(M)=((SE(M)-.1653857)/(2*1.5194*10^-6))*PERS
5940 IF PERS=1 AND ZVE(M)<12042 THEN ZVE(M)=12042:REM:Mindest-zvE
einhalten (=Grundfreibetrag);andere Freibeträge werden unten berücksichtigt
5950 IF PERS=2 AND ZVE(M)<19116 THEN ZVE(M)=19116
5960 NEXT M
```

Als nächstes werden den berechneten Grenzsteuersätzen die zu versteuernden Einkommen der Jahre 1 bis ENDE (vgl. Zeile 5910) zugeordnet. Im zweiten Durchgang muß als erstes aus den Grenzsteuersätzen der ESt und GewESt der Grenzsteuersatz der ESt abgeleitet werden. Dies geschieht in Zeile 5920. Im **ersten** Durchgang sind SE und SER identisch, weil die existierende GewESt vernachlässigt ist. Im **zweiten** Durchgang (ELSE) wird der GewESt-Grenzsteuersatz eliminiert. Sodann werden aus den ESt-Grenzsteuersätzen die zugehörigen zu versteuernden Einkommen ermittelt. Hierfür wird die in der Literatur[13] vorgestellte vereinfachte Formel für die ESt im progressiven Bereich abgeleitet und nach dem zu versteuernden Einkommen aufgelöst (Zeile 5940). In Einzelfällen kann es sein, daß wegen der Einbeziehung der GewESt zu versteuernde Einkommen gewählt werden, die unter dem Grund-/Kinder-/Haushaltsfreibetrag liegen. Dann ist es vorteilhaft, das zu versteuernde Einkommen bis zu dieser Grenze anzuheben, weil keine ESt anfällt, aber ESt in späteren Jahren gespart wird. Diese Untergrenze ist in den Zeilen 5940 - 5950 gesetzt. Die Kinderfreibeträge und der Haushaltsfreibetrag werden im Programm berücksichtigt (vgl. Zeile 10). Somit darf das restliche zu versteuernde Einkommen nurmehr den Grundfreibetrag nicht unterschreiten. Diese Rechnung wird mit Zeile 5960 für jedes Jahr des Planungszeitraums durchgeführt.

```
5970 REM:Ermittlung der Gewinne aus den zvE
5980 FOR M=1 TO ENDE
5990 ZINS(M)=Y(M-1)*ZINS
6000 GEWE=ZVE(M)+SA(M)-ANDE(M)-ZINS(M)+DSZ(M)/2+HIK(M):IF
PRIVAT$="n" THEN GEWE=GEWE+ZINS(M)
6010 GOSUB 890
6020 GEWEST(M)=GEWEST:GOSUB 6620:REM:Subprogramm Sparerfreibetrag
6030 IF PERS=1 AND KIND>=1 THEN
ZVE=ZVE(M)+HFREI+KFREI*KIND-SPARFREI(M)
6040 IF PERS=2 THEN ZVE=ZVE(M)+KFREI*PERS*KIND-SPARFREI(M)
6050 IF PERS=1 AND KIND=0 THEN ZVE=ZVE(M)-SPARFREI(M)
6060 GOSUB 990
6070 EST(M)=EST
6080 KIST(M)=KIST
6090 ERGABG(M)=ERGABG
6100 IF PERS=1 AND KIND>=1 THEN G(M)=ZVE(M)+SA(M)+KIST(M)-
ANDE(M)-
ZINS(M)+GEWEST(M)+HFREI+KFREI*KIND+SPARFREI(M):GOTO 6120
6110 G(M)=ZVE(M)+SA(M)+KIST(M)-ANDE(M)-
ZINS(M)+GEWEST(M)+KFREI*PERS*KIND+SPARFREI(M)
6120 ENETTO(M)=E(M)+ANDE(M)+ZINS(M)-SA(M)+KONSUM(M)-
GEWEST(M)-EST(M)-KIST(M)-ERGABG(M)
6130 Y(M)=Y(M-1)+ENETTO(M)
6140 NEXT M
```

Sind die vorgegebenen zu versteuernden Einkommen ermittelt (ggf. mit der Untergrenze fixiert), dann müssen hieraus die Gewinne aus Gewerbebetrieb hergeleitet werden. Diese unterscheiden sich unter anderem durch die noch zu berechnenden GewESt und KiSt. Für jedes Jahr werden in Zeile 5990 vorab die Zinseinnahmen ermittelt. Aus den nun bekannten Größen werden zur Berechnung der GewESt die Ge-

13 Vgl. etwa Schult, E., Richter, H., Zur Ermittlung von Grenz- und insbesondere Differenzsteuersätzen nach der Vereinfachung des Einkommensteuertarifs 1990, a.a.O., S. 379.

werbeerträge hergeleitet (Zeile 6000). Hierzu werden die zu versteuernden Einkommen um die Sonderausgaben erhöht und um die anderen Einkünfte und die eben berechneten Zinseinnahmen verringert. Schließlich werden die Hälfte der Dauerschuldzinsen und andere Hinzurechnungen addiert bzw. Kürzungen subtrahiert. Wenn die Zinsen im betrieblichen Bereich anfallen (PRIVAT$ = "n"), dann wird der Abzug der Zinsen rückgängig gemacht, weil zu versteuerndes Einkommen und Gewerbeertrag insoweit identisch sind. Mit Zeile 6010 wird in das Subprogramm zur Berechnung der GewESt verzweigt. In den Zeilen 6030 - 6050 werden die zu versteuernden Einkommen ggf. um Kinderfreibeträge oder den Haushaltsfreibetrag erhöht, weil diese Freibeträge im ESt-Subprogramm subtrahiert werden. Der Sparerfreibetrag wird subtrahiert (sind die Zinsen betrieblich, dann ist er mit Zeile 6640 null). Mit Zeile 6060 wird die ESt, die KiSt und die ErgAbg berechnet und mit den Zeilen 6070 - 6090 gespeichert.

In den Zeilen 6100 - 6110 werden die Brutto-Gewinne vor Steuern und Zinsen aus den zu versteuernden Einkommen hergeleitet, indem sämtliche Differenzen berücksichtigt werden. Zeile 6100 betrifft den Fall der alleinerziehenden Steuerpflichtigen (zusätzliche Addition des Haushaltsfreibetrags). In jedem Fall wird das zu versteuernde Einkommen um KiSt, GewESt, Kinder- und Sparerfreibetrag erhöht und um andere Einkünfte und Zinseinkünfte gemindert. In Zeile 6120 werden schließlich die Netto-Einnahmenüberschüsse jedes Jahres berechnet, indem von sämtlichen Einnahmen sämtliche Ausgaben einschließlich Steuern subtrahiert werden. Mit Zeile 6130 werden die Vermögen fortgeführt; zum Vermögen am Ende des Vorjahres wird der jeweilige Netto-Einnahmenüberschuß addiert (bzw. bei Unterdeckung subtrahiert).

```
6150 FOR M=1 TO (ENDE-1)
6160 ZINS(M)=Y(M-1)*ZINS
6170 G(M)=INT(G(M))
6180 GEWE=G(M)+DSZ(M)/2+HIK(M):IF PRIVAT$="n" THEN
GEWE=GEWE+ZINS(M)
6190 GOSUB 890
6200 GEWEST(M)=GEWEST:GOSUB 6620:REM:Subprogramm Sparerfreibetrag
6210 ZVE=G(M)+ZINS(M)-GEWEST(M)+ANDE(M)-SA(M)-SPARFREI(M)
6220 GOSUB 990
6230
EST(M)=EST:KIST(M)=KIST:ERGABG(M)=ERGABG:ZVE(M)=ZVE*PERS
6240 ENETTO(M)=E(M)+ANDE(M)+ZINS(M)-SA(M)+KONSUM(M)-
GEWEST(M)-EST(M)-KIST(M)-ERGABG(M)
6250 Y(M)=Y(M-1)+ENETTO(M)
6260 NEXT M
```

In den Zeilen 6150 - 6260 werden für sämtliche Jahre mit Ausnahme des letzten Jahres (dort geht der von der Summe der Brutto-Einnahmenüberschüsse verbleibende Rest ein) die Zinseinnahmen oder -ausgaben, die Steuern, die Netto-Einnahmenüberschüsse und die Vermögen berechnet. Zeile 6150 bestimmt, daß die Rechnung vom Jahr 1 bis zum vorletzten Jahr ENDE-1 geht. In Zeile 6160 wird das Vorjahresvermögen jeweils mit dem Zinssatz multipliziert, die Zinseinnahmen oder -ausgaben werden im Speicher ZINS(M) abgelegt. Aus den in Zeile 6170 auf volle DM abgerundeten Gewinnen wird in Zeile 6180 der Gewerbeertrag berechnet, indem die Hälfte der Dauerschuldzinsen addiert und die anderen Hinzurechnungen bzw. Kürzungen berücksichtigt werden. Falls die Zinsen im Betriebsvermögen anfallen sollen, werden sie ebenfalls addiert. Mit Zeile 6190 wird in das Subprogramm zur Berechnung der GewESt verzweigt.

In Zeile 6210 wird der optimale Gewinn vor Steuern und Zinsen G(M) um die Zinsen verändert. Die GewESt wird subtrahiert, die anderen Einkünfte werden addiert und die Sonderausgaben subtrahiert. Der Sparerfreibetrag wird nur abgezogen, wenn die Zinsen privat sind (vgl. Zeile 6640). Das so ermittelte zu versteuernde Einkommen geht mit Zeile 6220 in das Subprogramm zur Berechnung der ESt, KiSt und ErgAbg. Sämtliche Werte werden mit den Zeilen 6200 bzw. 6230 gespeichert. In Zeile 6230 wird das zum Zweck der ESt-Berechnung evtl. halbierte zu versteuernde Einkommen verdoppelt, um den ursprünglichen Wert zu erhalten. Zeile 6240 ermittelt aus sämtlichen Zahlungsströmen den Netto-Einnahmenüberschuß ENETTO(M). Dieser wird mit Zeile 6250 zum Vermögen des Vorjahres addiert, um das Vermögen des laufenden Jahres Y(M) zu erhalten. Zeile 6260 springt in die Berechnung für das folgende Jahr.

```
6270 GSUMME=G(1)+G(2)+G(3)+G(4)+G(5):REM:Summe der optimalen
Gewinne
6280 IF GSUMME>ESUMME GOTO 5850:REM:NOCHMALS RECHNEN,
WEIL GEWINNSUMME ZU GROSS
6290 SER(ENDE)=SER(ENDE)+SCHRITT:SCHRITT=SCHRITT/10:IF
SCHRITT>.000001 GOTO 5850
6300 G(M)=ESUMME-G(1)-G(2)-G(3)-G(4)-
G(5)+G(M):GEWE=G(M)+HIK(M)+DSZ(M)/2:IF PRIVAT$="n" THEN
GEWE=GEWE+ZINS(M)
6310 GOSUB 890
6320 GEWEST(M)=GEWEST
6330 ZINS(M)=Y(M-1)*ZINS:GOSUB 6620:ZVE(M)=G(M)+ANDE(M)-
SA(M)+ZINS(M)-GEWEST(M)-SPARFREI(M)
6340 ZVE=ZVE(M)
6350 GOSUB 990
6360 GEWEST(M)=GEWEST
6370 EST(M)=EST
6380 KIST(M)=KIST
6390 ERGABG(M)=ERGABG
6400 ZVE(M)=ZVE*PERS
6410 ENETTO(M)=E(M)+ANDE(M)-SA(M)+KONSUM(M)+ZINS(M)-
GEWEST(M)-EST(M)-KIST(M)-ERGABG(M)
6420 Y(M)=Y(M-1)+ENETTO(M)
6430 IF EX=0 THEN PRINT USING"T-ESt-optimal %      ##.##     ##.##
##.##     ##.##     ##.##";SE(1)*100;SE(2)*100;SE(3)*100;SE(4)*100;SE(5)*100
6440 IF EX=1 THEN PRINT USING"T-ErSt-optimal%      ##.##     ##.##
##.##     ##.##
##.##";SER(1)*100;SER(2)*100;SER(3)*100;SER(4)*100;SER(5)*100
6450 GOSUB 5580
6460 GOSUB 660
```

Im nächsten Programmteil wird kontrolliert, ob die vorgegebene Gewinnsumme ausreicht, um die optimalen Werte zu erreichen. Sonst wird die Rechnung mit einem um die Sprungbreite SCHRITT niedrigeren Grenzsteuersatz des letzten Jahres wiederholt. In Zeile 6270 wird die Summe der optimalen Gewinne gebildet. Wenn diese Summe größer ist als die Summe der Brutto-Einnahmenüberschüsse, dann veranlaßt Zeile 6280 einen weiteren Durchlauf (in Zeile 5860 wird der Basis-Grenzsteuersatz um SCHRITT gemindert). Reicht die Gewinnsumme aus, dann wird der letzte SCHRITT in Zeile 6290 rückgängig gemacht. Die Sprungweite SCHRITT wird gezehntelt und die Annäherung an die optimale Gewinnverteilung wird wiederholt - solange, bis die minimale Sprungweite von einem tausendstel Promille erreicht ist. Dann wird die Iteration abgebrochen. In Zeile 6290 wird der Gewinn des letzten Jahres des Planungszeitraums (wegen der vorangegangenen Durchläufe ist M = ENDE) als Residualgröße ermittelt. Damit wird der Zweischneidigkeit der Bilanz Rechnung getragen. In jedem Fall müssen sämtliche Brutto-Einnahmenüberschüsse in dem untersuchten Planungszeitraum erfaßt und besteuert werden. Die Steuerbilanzpolitik erfaßt hier - wie üblich - nur Gewinn**verschiebungen**. In der Residualformel in Zeile 6300 sind unabhängig von der jeweiligen Länge des Planungszeitraums sämtliche fünf Speicher für die Brutto-Einnahmenüberschüsse und für die Gewinne enthalten. Das ist möglich, weil die indizierten Speicher, die überhaupt nicht (also die, deren Zeitindizes größer sind als die eingegebene Länge des Planungszeitraums ENDE) oder noch nicht (nämlich der jeweilige Speicher G(M), der auch auf der rechten Seite der Formel enthalten ist) gebraucht werden, null sind.

Ebenfalls in Zeile 6300 werden die Gewerbeerträge ermittelt, ggf. unter Einbeziehung der Zinsen. Sodann wird die GewESt berechnet und gespeichert. In Zeile 6330 werden die Zinseinnahmen oder -ausgaben für das letzte Jahr berechnet. Dann wird das zu versteuernde Einkommen hergeleitet; Zeile 6350 verzweigt in das Subprogramm zur Ermittlung der ESt, KiSt und ErgAbg. Sämtliche Werte werden mit den Zeilen 6360 - 6390 gespeichert. In Zeile 6400 wird das evtl. im ESt-Subprogramm halbierte zu versteuernde Einkommen verdoppelt. Zeile 6410 ermittelt den Netto-Einnahmenüberschuß des letzten Jahres, Zeile 6420 schließlich das Endvermögen.

Mit Zeile 6430 werden im ersten Durchgang die optimalen Grenzsteuersätze der ESt angezeigt. Für die zweiten Durchgang werden mit Zeile 6440 die optimalen ErSt-Grenzsteuesätze angezeigt - sie enthalten also die GewESt. Zeile 6450 verzweigt in das Programm FINANZPLAN und holt von dort die Anzeigebefehle für die berechneten Werte. In Zeile 5730 wird dieses Programm wieder verlassen. Schließlich wird darauf hingewiesen, daß der Bildschirm hier gedruckt werden kann.

```
6470 IF EX=1 GOTO 6610:REM:Verbesserte Rechnung schon durchgeführt
6480 EX=1
6490 IF HEBE>0 THEN PRINT"Verbesserte Rechnung; optimale zvE mit GewESt-
Berücksichtigung" ELSE GOTO 6610:REM:Wenn keine GewESt existiert, dann ist
die Rechnung mit GewESt überflüssig
6500 FOR M=1 TO ENDE
6510 GEWE(M)=G(M)+DSZ(M)/2+HIK(M):IF PRIVAT$="n" THEN
GEWE(M)=GEWE(M)+ZINS(M)
6520 MZ(M)=.05
6530 IF GEWE(M)<144000!+2400*HEBE THEN MZ(M)=.04
6540 IF GEWE(M)<120000!+1440*HEBE THEN MZ(M)=.03
6550 IF GEWE(M)<96000!+720*HEBE THEN MZ(M)=.02
6560 IF GEWE(M)<72000!+240*HEBE THEN MZ(M)=.01
6570 IF GEWE(M)<48000! THEN MZ(M)=0
6580 SGE(M)=MZ(M)*HEBE/(1+MZ(M)*HEBE):REM:effektiver Grenz-GewESt-
Satz
6590 NEXT M
6600 GOTO 5820
6610 CLEAR: GOTO 10
6620 REM:Berechnung des Sparerfreibetrags
6630 SPARFREI(M)=SPARFREI*PERS
6640 IF PRIVAT$="n" THEN SPARFREI(M)=0
6650 IF PRIVAT$="j" AND ZINS(M)<SPARFREI*PERS THEN
SPARFREI(M)=ZINS(M)
```

```
6660 IF PRIVAT$="j" AND ZINS(M)<=0 THEN SPARFREI(M)=0
6670 RETURN
6680 END
```

Im letzten Teil folgt die verbesserte Rechnung unter Einbeziehung der GewESt in den Grenzsteuersatz. Zeile 6470 überspringt diesen Teil, wenn Zeile 6480 bereits durchlaufen wurde - dann wurde die verbesserte Rechnung nämlich bereits vorgenommen. Anderenfalls wird - wenn GewESt existiert (Hebesatz HEBE > 0) - angezeigt, daß jetzt die verbesserte Rechnung folgt. Existiert keine GewESt (HEBE< =0), dann ist diese Rechnung überflüssig. Dieser Teil wird übersprungen.

Der folgende Teil hat den Zweck, die jeweils anzusetzende Meßzahl zu ermitteln. Sie ist abhängig von der Höhe des Gewerbeertrags. Deshalb wird dieser in Zeile 6510 als erstes ermittelt. In den Zeilen 6520 - 6570 wird dem Speicher für die Meßzahl MZ der Wert zugeordnet, der sich aus der Höhe des Brutto-Gewerbeertrages nach dem Stufentarif ergibt. In Zeile 6580 wird der effektive GewESt-Grenzsteuersatz berechnet. Ist diese Rechnung für alle Jahre durchgeführt, dann wird in die Zeile 5820 gesprungen. Aus dem Grenzsteuersatz für ESt und GewESt wird die GewESt herausgerechnet und der gesamte Durchlauf nochmals vorgenommen. Auch der Finanzplan für die nach den verbesserten Werten ermittelten optimalen zu versteuernden Einkommen wird angezeigt.

In den Zeilen 6620 - 6670 ist ein Subprogramm angefügt, das für die Programme FINANZPLAN und GEWINNOPTIMIERUNG die Höhe des Sparerfreibetrags ermittelt. In Zeile 10 ist er mit DM 6.000 im Speicher SPARFREI abgelegt. In Zeile 6630 wird er ggf. verdoppelt. Der Freibetrag kann maximal so hoch sein wie die Einkünfte aus Kapitalvermögen. In Zeile 6640 ist der Fall ausgewiesen, daß die Zinseinnahmen im Betriebsvermögen anfallen. Der Sparerfreibetrag ist dann null, weil das Programm annimmt, daß die Zinseinnahmen ZINS(M) Betriebseinnahmen darstellen. In Zeile 6650 wird der Fall erfaßt, daß die Zinseinnahmen im Privatvermögen anfallen. Ist der Sparerfreibetrag größer als die Zinseinnahmen, dann werden diese als Freibetrag übernommen. Sind etwa wegen einer anfänglichen Investition die Zinsen ZINS(M) negativ, dann wird in Zeile 6660 der Sparerfreibetrag ebenfalls auf null gesetzt.

Auch die Gewinnoptimierung sei an einem Beispiel erläutert. Es soll eine Zwischenverzinsung im Privatbereich mit 10 % p.a. möglich sein. Der Planungszeitraum soll 5 Jahre umfassen. Der Hebesatz der GewSt ist mit 400 % angesetzt, die KiSt-Sätze mit 9 % bzw. 3 %. Der Steuerpflichtige sei ledig und habe keine Kinder. Es soll eine ErgAbg von 5 % der ESt erhoben werden. Ein Anfangsvermögen soll hier nicht existieren. Die Jahreswerte sollen gleich sein. Der jährliche Brutto-Einnahmenüberschuß betrage DM 90.000, der jährliche Konsum DM 40.000.

Nach der Eingabe dieser Werte ist der Bildschirm voll, so daß der erste Druck erfolgen muß. Danach wird der Bildschirm gelöscht und es erscheint eine Übersicht über die eingegebenen Werte der einzelnen Jahre. Bei gleichbleibenden Jahreswerten ist diese Anzeige an sich überflüssig, sie ist für abweichende Werte erforderlich. Für eine Überprüfung der Rechnung ist sie allerdings vorteilhaft. Eine Leerzeile grenzt das Ergebnistableau ab. Dort werden als erstes die optimalen Grenzsteuersätze der ESt angezeigt. In der folgenden Zeile sind die aus dem Vermögen des jeweiligen Vorjahres berechneten Zinseinnahmen dargestellt (im ersten Jahr null). Sie fallen, wie der Hinweis "ZinsE privat" angibt, im Privatbereich an, erhöhen also nur das zu versteuernde Einkommen, nicht aber den Gewinn. Danach wird das zu versteuernde

```
Schult STEUERBASIC 1993
Gewinnoptimierung/1993
Werte bis DM 10 Mio und Zeiten bis fünf Jahre können bearbeitet werden
Brutto-Zwischenzins                                       % =? 10
Zwischenverzinsung im Privatbereich (im Betrieb = n)     j/n? j
Länge des Planungszeitraums                            Jahre =? 5
Hebesatz                                                  % =? 400
Kirchensteuersatz                                         % =? 9
Kappungs-Kirchensteuersatz                                % =? 3
Ledig (verheiratet = n)                                  j/n? j
Kinderzahl                                                  ? 0
Ergänzungsabgabe-, Solidaritätszuschlagssatz u.ä.          %=? 5
Anfangsvermögen(+), zusätzliche Investitionsausgabe(-)    DM =? 0

Jahreswerte gleich (Jahreswerte nicht gleich = n)        j/n? j

Brutto-Einnahmenüberschuß(+)                          DM =? 90000
zusätzliche Investitions-Abschreibung(+)              DM =? 0
Dauerschuldzinsen in voller Höhe(+)                   DM =? 0
andere Hinzurechnungen/Kürzungen(+/-)                 DM =? 0
andere steuerpflichtige Einkünfte ohne Zinsen(+/-)    DM =? 0
Sonderausgaben/außergewöhnliche Belastungen(+)        DM =? 0
steuerfreie Einnahmen/Ausgaben/Konsum(+/-)            DM =? -40000
Wollen Sie den Bildschirm drucken (dann DRUCK-Taste drücken) j/n? j
```

Ende des Jahres	#1	#2	#3	#4	#5	Summe
Brutto-Ein-Über	90000	90000	90000	90000	90000	450000
Invest-AfA	0	0	0	0	0	0
Dauerschuldzins	0	0	0	0	0	0
Hinzu/Kürz	0	0	0	0	0	0
andere stpfl Ein	0	0	0	0	0	0
SonderA/agB	0	0	0	0	0	0
stfreiE/A Konsum	-40000	-40000	-40000	-40000	-40000	-200000
T-ESt-optimal %	38.61	40.89	43.21	45.56	47.94	
ZinsE privat	0	2725	5339	7808	10133	26005
zu verst Einkomm	72396	79552	86836	93764	100926	433474
GewerbeESt	1128	1721	2325	2757	3311	11242
EinkommenSt	18969	21805	24851	27898	31201	124724
KirchenSt	1707	1962	2236	2510	2808	11223
ErgAbg	948	1090	1242	1394	1560	6234
Gewinn vor Steu+Zi	75231	83235	91398	97224	102912	450000
Ein-Überschuß	27248	26147	24685	23249	21253	122582
(End-)Vermögen	27248	53395	78080	101329	122582	

Rundungsdifferenzen sind möglich
Wollen Sie den Bildschirm drucken (dann DRUCK-Taste drücken) j/n? j

Verbesserte Rechnung; optimale zvE mit GewESt-Berücksichtigung

T-ErSt-optimal%	42.68	45.21	47.76	50.32	52.98	
ZinsE privat	0	2808	5443	7854	10028	26134
zu verst Einkomm	70786	79336	88030	96277	99011	433441
GewerbeESt	995	1703	2424	3004	3085	11211
EinkommenSt	18353	21717	25366	29039	30302	124777
KirchenSt	1651	1954	2282	2613	2727	11227
ErgAbg	917	1085	1268	1451	1515	6236
Gewinn vor Steu+Zi	73433	82994	92737	100041	100795	450000
Ein-Überschuß	28084	26349	24103	21747	22399	122683
(End-)Vermögen	28084	54433	78537	100283	122683	

Rundungsdifferenzen sind möglich
Wollen Sie den Bildschirm drucken (dann DRUCK-Taste drücken) j/n? j

Einkommen, dann werden die berechneten Steuern angezeigt. Der Saldo aus den Zahlungsströmen stellt den Netto-Einnahmenüberschuß "Ein-Überschuß" dar. In der letzten Zeile sind die Vermögen berechnet; im ersten Jahr entspricht das Vermögen dem Anfangsvermögen zuzüglich dem Netto-Einnahmenüberschuß des ersten Jahres, für die folgenden Jahre werden die Einnahmenüberschüsse kumuliert. Das Endvermögen wird zur Kontrolle zweimal berechnet. Es ergibt sich einmal aus dem Saldo der Summen der Zahlungsströme in der letzten Spalte, zum anderen aus den kumulierten Netto-Einnahmenüberschüssen der letzten Zeile - hier beträgt es DM 122.582, wenn es gelingt, durch den Einsatz von steuerbilanzpolitischen Wahlrechten die Steuerbilanzgewinne so zu gestalten, daß sie der Zeile "Gewinn vor Steu+Zi" entsprechen.

Ein weiterer Durchlauf berücksichtigt die GewESt bei der Ermittlung der optimalen Grenzsteuersätze. In diesem Ergebnistableau werden als erstes die optimalen Grenzsteuersätze aus ESt **und** GewESt ausgewiesen. Wie ersichtlich, erhöht sich durch die nun etwas andere Gewinnverteilung der Vorteil geringfügig auf DM 122.683. Der Vorteil der verbesserten Rechnung wird allerdings umso größer, je höher die Gewinne sind.

3 Anpassung des Programms an Gesetzesänderungen

Ein wesentlicher Vorteil eines in der Struktur bekannten Programms ist es, daß die Auswirkungen von denkbaren, geplanten oder realisierten Gesetzesänderungen ohne größere Schwierigkeiten und mit relativ geringem Zeitaufwand berücksichtigt werden können. Damit kann das Programm dazu dienen, einerseits die steuerlichen Wirkungen z.B. von Tarifänderungen oder Freibetragserhöhungen zu berechnen und damit evtl. Teilgewinne bereits im laufenden Kalenderjahr oder erst in Jahren wirksam werden zu lassen, in denen die geplante Gesetzesänderung realisiert wird. Besonders interessant ist in diesem Zusammenhang die Wirkungserfassung der fast regelmäßig wiederkehrenden zusätzlichen Abgaben - wie etwa die Ergänzungsabgabe, der Konjunkturzuschlag oder zuletzt der Solidaritätszuschlag. Da durch Gewinnverlagerungen zwischen Jahren, in denen diese Abgaben erhoben bzw. nicht erhoben werden, steuerliche Wirkungen erzielt werden können, ermöglicht das Programm, diese steuerlichen Wirkungen zu quantifizieren.

Für die Praxis von größerem Interesse wird aber weniger die vorweggenommene Wirkungsberechnung sein, sondern die Möglichkeit, durch meist leichte Programmänderungen die steuerliche Planungsrechnung jederzeit auf dem gültigen gesetzlichen Stand zu halten. Häufig sind es ohnehin nur geringe Detailänderungen (so etwa die jeweilige Höhe der hinzuzurechnenden Dauerschuldzinsen oder der VSt-pflichtige Teil des Einheitswerts des Betriebsvermögens), die mit äußerst geringem Aufwand in das Programm übernommen werden können. Bedenkt man, daß Gesetzesänderungen nicht selten recht überraschend kommen und häufig auch in einer anderen Fassung, als es erwartet wurde, dann muß die Möglichkeit, durch eine Programmänderung umgehend auf Gesetzesänderungen reagieren zu können, als ausgesprochen positiv eingeschätzt werden.

Schließlich ist es vergleichsweise einfach möglich, die Wirkungen beliebiger gesetzlicher Änderungen zu beurteilen, selbst wenn an eine Realisation der jeweiligen Gesetzesänderung überhaupt nicht oder noch nicht gedacht wird. Das ist zwar in der Praxis von eher untergeordneter Bedeutung, wenn man nur das bundesdeutsche Steuersystem und seine Wirkungen erfassen will. Von u.U. erheblicher praktischer Bedeutung ist es allerdings, daß auch beliebige ausländische Steuersysteme in das vorliegende Programm übernommen werden können und somit etwa Investitionsrechnungen oder Finanzpläne auch für ausländische Steuersysteme möglich sind. Auf diese Fälle wird hier jedoch nicht weiter eingegangen. Für theoretische Untersuchungen kann dagegen die beliebige Programmänderung von wesentlichem Interesse sein. So können etwa ESt-Tarife verglichen werden oder die Wirkungen einer Umstrukturierung der KSt oder der Abzugsfähigkeit der VSt leicht untersucht werden - wie gesagt: eher theoretische Situationen.

Eine einfache technische Möglichkeit, Programmänderungen richtig vornehmen zu können, ist der Weg über ein Textverarbeitungssystem mit den dort vorgesehenen Textaustauschbefehlen. Dieser Weg sei anhand des Textverarbeitungssystems WORD skizziert:

- im BASIC-Modus das Programm auf eine Diskette A im ASCII-Code laden, damit es von WORD gelesen werden kann:
  SAVE"A:STEUERBA.BAS",A
- in den WORD-Modus wechseln:
  SYSTEM und WORD laden
- das Programm von der Diskette holen:
  ESC ÜBERTRAGEN LADEN A:STEUERBA.BAS
- die gewünschte Änderung vornehmen; soll z.B. die Hinzurechnung der Dauerschulden und Dauerschuldzinsen in Zukunft von 50 % auf 20 % reduziert werden, dann ist wie folgt vorzugehen:
  ESC WECHSELN ERSETZE /2 DURCH /5 mit Bestätigung, weil /2 auch an anderer Stelle vorkommen kann, ohne daß dies mit den Dauerschulden zu tun hat.
- sind alle Änderungen vorgenommen, das Programm auf der Diskette A speichern:
  ESC ÜBERTRAGEN SPEICHERN A:STEUERBA.BAS
- in den BASIC-Modus wechseln und das Programm laden:
  ESC QUITT und im BASIC-Modus LOAD"A:STEUERBA.BAS"
- das Programm auf der Festplatte speichern:
  SAVE"STEUERBA"

Die Methodik der Erfassung von Gesetzesänderungen wird im folgenden beispielhaft unterteilt nach den berücksichtigten Steuerarten dargestellt. Bei jeder Steuerart wird dabei im wesentlichen unterschieden zwischen Änderungen des Tarifs (Änderungen von Steuersätzen) und Änderungen der Bemessungsgrundlage (insbesondere von Berechnungsmodalitäten und Freibeträgen).

3.1 Änderungen der ESt/KiSt

Nach den Erfahrungen der Vergangenheit ist in relativ kurzen Abständen mit einer Änderung des ESt-**Tarifs** zu rechnen. Zuletzt ist der Tarif in den Jahren 1979, 1981, 1986, 1988, 1990 und 1993 geändert worden. Änderungen des im § 32a EStG kodifizierten ESt-Tarifs betreffen einmal die Rundungsvorschriften (z.Zt. auf volle durch DM 54 bzw. DM 108 teilbare Beträge). Diese Rundungsvorschriften sind in Programm STEUERBASIC vernachlässigt worden, weil sie möglicherweise Steuerwirkungen verdecken. Der Fehler ist irrelevant. Sollen die Rundungsvorschriften eingebaut werden, dann könnte z.B. eine zusätzliche Zeile 1025 ZVE=INT(ZVE/54)*54 eingefügt werden. Mit dieser Zeile ist automatisch auch die Rundung auf volle durch DM 108 teilbare Beträge erfaßt, weil die zu versteuernden Einkommen im Subprogramm zur ESt-Berechnung bei Splitting halbiert werden. Ändern sich die Rundungsvorschriften, so wird die Zahl 54 durch die geänderte Zahl ausgetauscht.

Der Tarif ist weiterhin nicht für das gesamte zu versteuernde Einkommen einheitlich definiert. Vielmehr existieren z.Zt. vier Tarifbereiche (einschl. Grundfreibetrag), in denen die ESt unterschiedlich definiert ist. Wird die Zahl oder die Breite dieser Bereiche geändert, so ist dies in den Zeilen 1050 - 1070 nachzuvollziehen. Wird etwa der Grundfreibetrag auf DM 8.154 erhöht und entfällt der untere Proportionalbereich, dann lautet die Zeile 1050 IF ZVE<8154 THEN EST=0:GOTO 1090; die Zeile 1060 wird gelöscht, weil dieser Bereich nicht mehr existiert.

Innerhalb der Tarifbereiche kann schließlich die Formel zur Berechnung der ESt modifiziert werden. Wird etwa der Spitzen-ESt-Satz von derzeit 53 % auf 44 % gesenkt, dann wird dies berücksichtigt durch Änderung der Zeile 1080 EST=.44*ZVE-22842. Wird die Formel für den progressiven Bereich geändert, dann muß Zeile 1070 modifiziert werden. Dazu wird entweder die meist schwierigere Formel des § 32a EStG direkt in das Programm übernommen oder sie wird wie in der vorliegenden Version umgerechnet. Eine Änderung im progressiven Bereich sei an einer direkten Übernahme der Vorschrift des § 32a EStG 1990 demonstriert. Die Zeile 1070 wird ersetzt:

```
1070 IF ZVE<120042 THEN FAKTOR=(ZVE-8100)/10000:
    EST=(151.94*FAKTOR+1900)*FAKTOR+472:GOTO 1090
```

Nicht wesentlich schwieriger ist die Modifikation, wenn das Splittingverfahren auf den gesamten Haushalt ausgedehnt werden sollte. Derzeit werden nur die Ehegatten gleichgewichtet einbezogen, so daß die Zusammenveranlagung durch Halbierung des zu versteuernden Einkommens mit späterer Verdoppelung der ESt berücksichtigt werden kann (vgl. § 32a Abs. 5 EStG sowie die Zeilen 1010 bzw. 1170). Die einfachste Version ist, das Splitting gleichgewichtet auf alle Haushaltsmitglieder auszudehnen. Im Programm wäre dann das zu versteuernde Einkommen nicht mehr durch die Zahl der Eltern PERS, sondern durch die Zahl der Haushaltsmitglieder PERS+KIND zu dividieren - die ESt entsprechend mit PERS+KIND zu multiplizieren. Mit dem Textverarbeitungsänderungsprogramm wären die Zeilen zu suchen, in denen /PERS enthalten ist. Dies wäre zu ändern in /(PERS+KIND) - etwa in Zeile 1010. Entsprechend wären die Stellen PERS* zu ändern in (PERS+KIND)* - etwa in Zeile 1070. Werden Eltern und Kinder unterschiedlich gewichtet, dann wäre der einfache Mittelwert nicht mehr ausreichend. Sollen die Eltern etwa mit 70 % und die Kinder mit 30 % beim Splitting gewichtet werden, dann lauten die Modifikationen /(.7*PERS+.3*KIND) bzw. (.7*PERS+.3*KIND)*. Der derzeitige Splittingeffekt wäre dann erst bei zwei Kindern erreicht.

Die Anpassung des Programms an Freibetragsänderungen ist noch einfacher (ein Beispiel war der Grundfreibetrag, s.o.). Besonders häufigen Änderungen unterliegen der Haushaltsfreibetrag und die Kinderfreibeträge. Da diese im Programm relativ oft vorkommen, sind sie in Zeile 10 den Speichern KFREI bzw. HFREI zugeordnet. Dort ist auch der Sparerfreibetrag im Speicher SPARFREI untergebracht. Wird einer dieser Freibeträge geändert, dann ist Zeile 10 heranzuziehen. Soll etwa die steuerliche Entlastung von Kapitaleinkünften im Jahr 1993 gegenüber dem Jahr 1992 ermittelt werden, dann ist in Zeile 10 der Speicher SPARFREI=6000 zu ändern in SPARFREI=600. In gleicher Weise werden der Haushaltsfreibetrag oder die Kinderfreibeträge angepaßt. Werden die Freibeträge bei Zusammenveranlagung verdoppelt, so wird dies bei der Berechnung der ESt berücksichtigt (vgl. etwa Zeile 1010, in der die Abhängigkeit des Kinderfreibetrags von der Zahl der Eltern und der Zahl der Kinder).

Der Freibetrag nach § 51a EStG (für Annexsteuern, z.Zt. die KiSt) erscheint mit DM 150 je Kind in Zeile 1110. Dieser eher unwesentliche Freibetrag wird geändert, indem dort die Zahl 150 der Gesetzesänderung angepaßt wird.

Änderungen bei der KiSt sind recht selten und betreffen dann die KiSt-Sätze. Diese werden - da sie bundeslandabhängig sind - vom Programm STEUERBASIC bei der jeweiligen Berechnung erfragt (vgl. die Zeilen 420ff.). Eine Programmänderung ist also nicht erforderlich. Vorstellbar wäre weiterhin, daß die KiSt nicht mehr als abzugsfähige Sonderausgabe das zu versteuernde Einkommen mindert. Für diesen unwahrscheinlichen Fall wäre die gesamte iterative Rechnung in den Zeilen 1030 - 1120 zu streichen. Die Ermittlung der KiSt entspricht dann der der ErgAbg in Zeile 1180.

3.2 Änderungen der KSt

Änderungen des KSt-**Systems** sind derzeit weder beabsichtigt noch zu erwarten. Insbesondere wird das KStliche Anrechungsverfahren kaum geändert werden. Eher ist mit einer Änderung der KSt-Sätze zu rechnen. In Zeile 1230 wird mit einem KSt-Satz von 50 % und einem ermäßigten KSt-Satz von 36 % gerechnet. Die KSt-Ermäßigung wird ermittelt, indem die KSt-Satz-Differenz auf die Nettodividende bezogen wird; das ergibt den Bruch 14/64. Wird etwa der KSt-Satz auf 44 % reduziert, dann beträgt die Differenz zwischen dem KSt-Satz und dem ermäßigten KSt-Satz 8 %-Punkte, die Nettodividende beträgt weiterhin 64 % der Bruttodividende, so daß die Zeile 1230 modifiziert werden muß in 1230 KST=INT(.44*ZVEKAP-8*DIVI/64). Wird auch der ermäßigte KSt-Satz geändert, dann ist sowohl die KSt-Differenz als auch die Relation Brutto-/Nettodividende zu ändern. Wird z.B. der KSt-Satz auf 44 % und der ermäßigte KSt-Satz auf 30 % gesenkt, dann lautet Zeile 1230 KST=INT(.44*ZVEKAP-14*DIVI/70).

Auch in dem Subprogramm zur Berechnung der maximalen Nettodividende müssen evtl. geänderte KSt-Sätze berücksichtigt werden. In den Zeilen 710 - 730 werden die maximalen Nettodividenden berechnet. Hier ist der Wert .5 für den KSt-Satz durch den geänderten Wert zu ersetzen. Entsprechendes gilt für den Bruch 14/64. Auch er ist zu modifizieren. Schließlich wäre ggf. der Text in Zeile 730 zu ändern, wenn der ermäßigte KSt-Satz nicht mehr 36 % beträgt.

Anpassungen sind weiterhin in den beiden Programmen KAPITALGESELLSCHAFTEN UND NATÜRLICHE PERSONEN vorzunehmen. Wichtig ist die Umrechnung der abgefragten Nettodividenden in die Bruttodividende in den Zeilen 3470 und 3910 - 3920. Dort ist der Bruch 36/64 bei Änderung des ermäßigten KSt-Satzes anzupassen (im o.a. Beispiel etwa auf 30/70). Das gilt auch für die anrechenbare KSt in den Zeilen 3490 und 3940.

Eine eher unbedeutende Änderung erfährt die Schätzung des gemeinen Werts der Anteile an der Gesellschaft in den Zeilen 3850 - 3860. Die Schattenwirkung der VSt ist dort für einen KSt-Satz von 50 % enthalten. Wird der KSt-Satz geändert, dann ändert sich auch der Bruttobedarfssatz nach der Formel 1/(1-s). Wird der KSt-Satz s etwa auf 44 % reduziert, dann wäre der Faktor 2 in den Zeilen 3850 - 3860 zu ersetzen durch den Faktor 1,79.

Eine Änderung der Definition des zu versteuernden Einkommens bzw. der Nettodividende ist kaum zu erwarten. Vorteilhaft, aber ebenfalls wohl nicht beabsichtigt, wäre die Einführung eines Freibetrags für kleine Kapitalgesellschaften. Ein solcher Freibetrag kann einfacherweise in Zeile 1210 aufgenommen werden durch Änderung in 1210 ZVEKAP=INT(ZVE-FREIBETRAG). In Zeile 1220 wird automatisch berücksichtigt, daß der Freibetrag nicht zu einem negativen zu versteuernden Einkommen führen darf. Eine Freigrenze könnte durch eine zusätzliche Zeile 1215 IF ZVEKAP<FREIGRENZE THEN ZVEKAP=0 erfaßt werden. Die Werte für den Freibetrag bzw. die Freigrenze könnten vorteilhafterweise in Zeile 10 gespeichert werden. Sollen sie z.B. DM 1.000 betragen, dann würde Zeile 10 erweitert um :FREIBETRAG=1000:FREIGRENZE=1000.

3.3 Änderungen von Zusatzabgaben/ErgAbg

Zusätzliche Abgaben sind werden so regelmäßig erhoben, daß dieser Fall unter der Bezeichnung ERGABG im Programm STEUERBASIC aufgenommen ist. Existiert zeitweise keine solche Zusatzabgabe, dann ist bei der Abfrage nach dem ErgAbg-Satz in Zeile 480 der Wert null einzugeben.

Die wie auch immer bezeichnete (z.B. Investitionshilfeabgabe oder Solidaritätszuschlag) ErgAbg wird regelmäßig durch einen prozentualen Zuschlag auf die ESt und KSt erhoben. Da die ErgAbg keine abzugsfähige Steuer darstellt, wird einfach die ESt bzw. KSt mit dem ErgAbg-Satz multipliziert (vgl. die Zeilen 1180 und 1240).
Wird die ErgAbg erst nach einem Freibetrag auf die ESt bzw. KSt erhoben, so ist das durch eine einfache Änderung zu erfassen. Soll dieser Freibetrag ERGFREI etwa nur bei der ESt gelten, dann muß Zeile 1180 modifiziert werden in 1180 ERGABG=INT((EST-ERGFREI)*SEA). Der Freibetrag für die ErgAbg könnte ebenfalls in Zeile 10 gespeichert werden.

Eine andere Version ist es, die ErgAbg erst bei höheren zu versteuernden Einkommen zu erheben. Dies kann durch eine zusätzliche Zeile 1185 IF ZVE<MINDEST THEN ERGABG=0. Unterschreitet also das zu versteuernde Einkommen (es wurde im Programm bereits um die GewSt und die KiSt gemindert) den in MINDEST gespeicherten Wert, dann beträgt die ErgAbg null.

Mit der Grenzregelung kann eine Milderungsregelung verbunden sein, die verhindert, daß bei zu versteuernden Einkommen über MINDEST sofort die ErgAbg in vollem Umfang erhoben wird. Der Milderungssatz kann im Speicher MILD abgelegt werden. Soll die ErgAbg z.B. begrenzt sein auf den Milderungssatz multipliziert mit dem MINDEST übersteigenden zu versteuernden Einkommen, dann wäre das durch eine weitere Bedingung in Zeile 1240 zu erfassen (1240 ERGABG=INT(SEA*EST): IF ERGABG>MILD*(ZVE-MINDEST) THEN ERGABG=INT(MILD*(ZVE-MINDEST)).

3.4 Änderungen der GewSt

Immer wieder in der Diskussion, dennoch kaum zu erwarten, ist eine Abschaffung der GewSt. Im Programm könnte dies einfacherweise erfaßt werden, indem bei der Abfrage nach dem Hebesatz der GewSt in Zeile 370 der Wert null eingegeben wird. Da weiterhin aber Gewerbeerträge und Gewerbekapitalien abgefragt werden, ist das recht unkomfortabel. Eine Abschaffung der GewSt hätte größere Programmkürzungen zur Folge, die hier nur skizziert werden sollen. Im Abfrage-Subprogramm wären die Zeilen 350 - 380 und 520 - 530, im Steuerberechnungs-Subprogramm die Zeilen 760 - 790 und 850 - 980 zu streichen; dies gilt auch für die entsprechenden GOSUB-Befehle. In sämtlichen Formeln (z.B. in Zeile 710) sind die Speicher GEWEST bzw. GEWKST zu eliminieren. Das ist allerdings nicht notwendig, weil diese Speicher sämtlich den Wert null haben.

In den Differenzsteuerprogrammen sind die Speicher GEWE, GEWEST, GEWK und GEWKST sowie die entsprechenden Anzeigebefehle (etwa Zeile 1500) zu entfernen. Bei der Bruttobedarfsrechnung ist die Abfrage in Zeile 4250 überflüssig, weil es dann gleichgültig ist, ob zusätzliche Einnahmen im betrieblichen oder im privaten Bereich anfallen; auch die Abfrage des bisherigen Gewerbeertrags kann ebenso wie die Anzeigebefehle entfallen. Im Finanzplan entfällt Zeile 4950, weil es gleichgültig ist, ob die Zinsen im Betriebs- oder im Privatvermögen besteuert werden. Die Frage nach Dauerschuldzinsen wie anderen Hinzurechnungen und Kürzungen erübrigt sich ebenso wie die Anzeige dieser Werte. Im Gewinnoptimierungsprogramm ist schließlich der gesamte Teil überflüssig, der einen zweiten Durchgang zwecks verbesserter Berechnung initiiert.

Wird nur die GewKSt abgeschafft - zumindest örtlich und zeitweise realisiert -, dann könnte dies einfacherweise dadurch berücksichtigt werden, daß die Abfrage nach dem Gewerbekapital mit null beantwortet wird. Komfortabler wäre es, die Abfrage-, Anzeige- und Rechenbefehle für die GewKSt zu löschen. Der Teil für die GewESt muß dann erhalten bleiben.

Tarifänderungen der **GewKSt** werden im entsprechenden Subprogramm erfaßt. Denkbar wäre etwa eine Änderung der Meßzahl. Dann wäre in Zeile 770 der Betrag .002 anzupassen. Bei einer Freibetragsänderung wäre dort entsprechend die Zahl 120000 zu ersetzen. Wird möglicherweise die Regelung des § 117a BewG auch für die Berechnung des Gewerbekapitals übernommen, dann müßte etwa in Zeile 2835 eine der Zeile 2870 entsprechende Modifikation eingefügt werden.

Tarifänderungen der **GewESt** - wie zuletzt im Jahr 1993 - werden im entsprechenden Subprogramm (Zeilen 850 - 970) erfaßt. Im Programmteil für Kapitalgesellschaften ist kaum mit einer Tarifänderung zu rechnen. Wird die Meßzahl geändert, dann ist in Zeile 860 zur Berechnung des effektiven GewESt-Satzes der Wert .05 durch den neuen Wert zu ersetzen.

Bei Einzelunternehmen und Personengesellschaften können der Freibetrag und die Stufengrenzen geändert werden. Im Programm ist der Freibetrag in Zeile 900 ausgewiesen; der Wert von DM 48.000 wird angepaßt. Die Stufengrenzen sind durch fiktive Freibeträge ersetzt worden. Sie sind - da sie auf die Brutto-Gewerbeerträge bezogen sind - weiterhin in Abhängigkeit vom Hebesatz der GewSt zu modifizieren. Die Gestaltung des Stufentarifs bestimmt diese Grenzen. Als allgemeiner Änderungshinweis kann nur auf die Literatur[14] verwiesen werden. Wird der GewESt-Tarif geändert, so folgt meist eine Flut von Arbeiten, die dies quantifizieren. Hier lassen sich die fiktiven Freibeträge bzw. die Modifikationen (240*HEBE usw.) ablesen. Wird der Tarif - wie vor 1993 - derart geändert, daß nach einem Freibetrag von z.B. DM 36.000 eine konstante Meßzahl von 5 % gilt, wären die Zeilen 900 - 950 zu ersetzen durch 900 MZ=.05:FR=36000.

Eine Änderung ist auch erforderlich im Gewinnoptimierungsprogramm in den Zeilen 6520 - 6570. Dort werden die Grenzsteuersätze der GewESt für die einzelnen Stufen berechnet, um damit aus dem Teil-Grenzsteuersatz aus ESt und GewESt den der ESt herzuleiten. Die Änderungen entsprechen den genannten Modifikationen.

Änderungen bei den Hinzurechnungen und Kürzungen sind bei der Abfrage der Werte (im Finanzplanungs- und Gewinnoptimierungsprogramm) zu erfassen. Nur die hälftige

14 Zum GewESt-Tarif 1993 etwa Beranek, A., Zur Berechnung der effektiven Gewerbeertragsteuer nach dem neuen Staffeltarif des § 11 Abs. 2 Nr. 1 GewStG, in BB 1992, S. 1832ff.

Hinzurechnung der Dauerschuldzinsen ist fest programmiert. Hier wären die Zeilen 5420 - 5430 und 6300 zu ändern. Im Programm sind die Dauerschuldzinsen halbiert (DSZ/2). Bei einer Hinzurechnung von z.B. 40 % wäre DSZ/2 jeweils zu ersetzen durch .4*DSZ.

3.5 Änderungen der VSt

Wird die VSt gänzlich abgeschafft - zumindest örtlich und zeitweise realisiert -, dann ist die einfachste Reaktion die, die beiden VSt-Sätze gleich null zu setzen. Für natürliche Personen wäre in Zeile 820 die Zahl .005, für Kapitalgesellschaften in Zeile 2880 die Zahl .006 durch null zu ersetzen. Diese Vorgehensweise ist wenig elegant. Um die VSt weder abzufragen noch zu berechnen noch anzuzeigen, müßten analog zum Wegfall der GewKSt die Eingabe-, Rechen- und Anzeigebefehle gelöscht werden. Das betrifft z.B. die Zeilen 500 - 510, 550 - 560, 800 - 840, 2080 usw.

Änderungen bei der Bemessungsgrundlage der VSt können relativer und absoluter Art sein (vgl. etwa § 117a BewG, der beide Modifikationen enthält). Relative Änderungen werden durch den Ansatz des neuen Prozentsatzes in der betreffenden Zeile erfaßt. Wird der Abschlag von 25 % nach § 117a BewG z.B. auf 40 % erhöht, dann ist in den Zeilen 1820 und 2870 der Faktor .75 durch den Faktor .6 zu ersetzen. Wird der Freibetrag von DM 500.000 je Steuerpflichtigem geändert, so ist in denselben Zeilen der Betrag von DM 500.000 gegen den neuen Wert auszutauschen. In Zeile 1820 kann weiterhin berücksichtigt werden, daß bei Personengesellschaften der Freibetrag für jeden Mitunternehmer gilt. Dann müßte an geeigneter Stelle die Zahl der Gesellschafter eingegeben werden (z.B. 1685 INPUT"Zahl der Gesellschafter   ";GESZAHL) und der Freibetrag in Zeile 1820 entsprechend erhöht werden: 1820 IF EW>GESZAHL*500000 THEN BV117A=(EW-GESZAHL*500000)*.75:GOTO 1840.

Werden die VSt-Sätze geändert, so sind die Zeilen 820 und 2880 zu ändern. Die dort angesetzten VSt-Sätze von 0,5 % bzw. 0,6 % sind anzupassen. Ändern sich die persönlichen Freibeträge, so ist in Zeile 820 der Wert von DM 70.000 durch den geänderten Freibetrag je Person zu ersetzen. Andere Freibeträge sind nicht im Programm enthalten - sie sind ggf. bei der Eingabe der Vermögen zu subtrahieren.

Schließlich wird der Multiplikator von 0,7 bei der Schätzung des gemeinen Werts von Anteilen an Kapitalgesellschaften nach dem Stuttgarter Verfahren in Abhängigkeit von der Entwicklung des Zinsniveaus relativ häufig angepaßt. Z.Zt. beträgt er 0,7 bei Annahme eines Zinsniveaus von 8 % p.a., bei einem Zinsniveau von 10 % p.a reduziert er sich auf 0,65. Wird Abschn. 79 VStR entsprechend geändert, dann ist in den Zeilen 3850 - 3860 der am Ende der Zeile stehende Faktor .7 durch den Faktor .65 zu ersetzen. Es ist weiterhin nicht auszuschließen, daß die Anteile in Zukunft nicht mehr mit dem gemeinen Wert, sondern mit den Anschaffungs- oder Herstellungskosten bewertet werden. Dann müßten sie über einen Eingabebefehl abgefragt und in GW1 bzw. GW2 gespeichert werden. Die Zeilen 3840 - 3860 müssen gestrichen werden.

4 Steuerplanung im privaten Bereich

Mit Hilfe des STEUERBASIC-Programms sollen im folgenden Entscheidungshilfen gegeben werden, um im privaten Bereich natürlicher Personen eine steuerlich beeinflußte Alternativenauswahl zu unterstützen. Als privater Bereich sollen hier die Einkunftsarten bzw. die Vermögensarten definiert sein, die nicht Einkünfte aus Gewerbebetrieb bzw. nicht Betriebsvermögen eines Gewerbebetriebs darstellen. Es sollen also nur Entscheidungen untersucht werden, die im außergewerblichen Bereich anfallen. Das schließt im Einzelfall nicht aus, daß Einkünfte aus Gewerbebetrieb vorliegen, nur soll eben keine Entscheidung untersucht werden, die diese Einkünfte ändert. Der gewerbliche Bereich wird im anschließenden Abschnitt 5 betrachtet.

Als Entscheidungen im privaten Bereich seien etwa genannt: Veränderungen der Einkünfte aus Kapitalvermögen, Erhöhung von Einkünften aus selbständiger Arbeit durch Annahme weiterer Aufträge, Eheschließung bzw. Scheidung unter steuerlichem Aspekt, Hauskauf oder -miete u.a. Es handelt sich insgesamt um Entscheidungen, die - da nicht den gewerblichen Bereich betreffend - nicht die GewSt beeinflussen und auch nicht durch die GewSt beeinflußt werden.

Um die Einarbeitung in die Beispiele - die möglichst praxisnah gewählt sind - zu erleichtern, ist die Darstellung in größtmöglichem Umfang standardisiert worden. Als erstes wird die Entscheidungssituation skizziert. Sodann wird der Titel des verwendeten Programmteils genannt. Anschließend erfolgt hinsichtlich der einzugebenden Daten der Hinweis auf den Datenteil der angezeigten Tabelle. Die die wirtschaftliche und steuerliche Situation charakterisierenden Daten werden hier nicht nochmals detailliert angegeben, um die Darstellung auf die wesentlichen Punkte zu beschränken. Zu den abgefragten Daten erfolgen allerdings einige Erläuterungen. Diese können genereller Art sein - so z.B. um die Entscheidungssituation zu verdeutlichen. Sie können auch spezieller Art sein - etwa um die Herleitung eingegebener Werte zu erklären. Sodann wird das Ergebnis (aus dem Ergebnisteil der Tabelle) interpretiert - insbesondere also auf die Entscheidungsempfehlung eingegangen, die sich aus den berechneten Konsequenzen ergeben kann. Schließlich werden ggf. Anmerkungen etwa zu Modifikationen der Problemstellung oder zu anderen mit dem jeweiligen Programmteil abdeckbaren Entscheidungsfällen gemacht.

4.1 Einkommensänderungen

Entscheidungsfall: Steuersätze
In der Praxis wird häufig die Frage nach Steuer**sätzen**[15] gestellt. Die **durchschnittlichen** Steuersätze werden ermittelt, indem die gesamte Steuerbelastung durch die Bemessungsgrundlage dividiert wird. **Grenz**steuersätze beantworten die Frage, wie sich die Steuerbelastung ändert, wenn sich die Bemessungsgrundlage um einen unendlich kleinen Betrag (angenähert DM 1) ändert. Sie werden durch die Ableitung der Steuerbelastungsfunktion berechnet. **Differenz**steuersätze geben die Steuerbelastungsänderung wieder, die aus einer endlichen Änderung der Bemessungsgrundlage (z.B. DM 10.000) resultiert.

Programmteil Nr. 1: ERTRAGSTEUERN NATÜRLICHE PERSONEN

abgefragte Daten: vgl. Übersichtsanzeige

Erläuterungen:
Da durchschnittlicher und Grenzsteuersatz im privaten Bereich gesucht werden, sind die Gewerbeerträge und der Hebesatz der GewSt mit null einzugeben. Der durchschnittliche Steuersatz (obere Tabelle) soll für ein zu versteuerndes Einkommen von DM 200.000 berechnet werden: Für die Situation 1 ist also null, für die Situation 2 DM 200.000 einzugeben. Der ledige und kinderlose Steuer-pflichtige soll mit 9 % bzw. 4 % KiSt-pflichtig sein. Eine ErgAbg wird nicht erhoben.

Der durchschnittliche Steuersatz entspricht dem Differenzsteuersatz, wenn die Basiswerte null sind, wenn also für die Werte "1" null eingegeben wird. Die dann berechneten Steuern geben die Gesamtsteuerbelastung wieder, die Bemessungsgrundlagendifferenz entspricht der Bemessungsgrundlage. Der Quotient beider Werte ist der durchschnittliche Steuersatz. Der Grenzsteuersatz (untere Tabelle) entspricht dem Differenzsteuersatz, wenn die Änderung der Bemessungsgrundlage unendlich klein ist. Der Grenzsteuersatz kann hier nur als Differenzsteuersatz einer relativ kleinen Änderung der Bemessungsgrundlagen berechnet werden. Es wird ein Wert von +/- DM 1.000 gewählt, um den Grenzsteuersatz als Differenzsteuersatz zu berechnen. Für die beiden zu versteuernden Einkommen wird also DM 199.000 bzw. DM 201.000 eingegeben.

Interpretation:
In der oberen Berechnung ist der durchschnittliche Steuersatz aus ESt und KiSt bei einem zu versteuernden Einkommen von DM 200.000 nach der Grundtabelle berechnet worden. Der durchschnittliche Steuersatz beträgt 43,26 %.

In der unteren Tabelle ist der Grenzsteuersatz aus ESt und KiSt für das zu versteuernde Einkommen von DM 200.000 angenähert als Differenzsteuersatz berechnet worden. Der Grenzsteuersatz aus beiden Steuern beträgt 55,15 %. Da sich das zu versteuernde Einkommen im oberen Proportionalbereich befindet, stellt dieser Grenzsteuersatz gleichzeitig den Differenzsteuersatz dar, wenn die Einkommensdifferenzen sich auf diesen Bereich beschränken.

15 Vgl. etwa Schult, E., Die Steuern des Betriebes - Entscheidungshilfen für Unternehmer, a.a.O., S. 88ff.

Anmerkungen:
Bei konstanten Steuersätzen kann der Grenzsteuersatz auch als Teilsteuersatz[16] berechnet werden. Im Beispielsfall liegt das zu versteuernde Einkommen im oberen Proportionalbereich. Im vorliegenden Fall greift die KiSt-Kappung nicht. Der ESt-Satz beträgt im oberen Proportionalbereich 53 %, der KiSt-Satz beträgt 9 %. Daraus ergibt sich als Teilsteuersatz ein Wert von 55,14 %.

STEUERSÄTZE

```
Schult STEUERBASIC 1993
Ertragsteuern natürliche Personen/1993
Gewerbeertrag 1 vor GewSt                                      DM=? 0
Gewerbeertrag 2 vor GewSt                                      DM=? 0
Hebesatz                                                       % =? 0
zu verst Einkommen 1 vor Steuern, Kinder- und Haushaltsfrei   DM=? 0
zu verst Einkommen 2 vor Steuern, Kinder- und Haushaltsfrei   DM=? 200000
Kirchensteuersatz                                              % =? 9
Kappungs-Kirchensteuersatz                                     % =? 4
Ledig (verheiratet = n)                                        j/n? j
Kinderzahl                                                        ? 0
Ergänzungsabgabe-, Solidaritätszuschlagssatz u.ä.               %=? 0
............................      Vorher      Nachher     Differenz
Gewerbeertragsteuer        DM          0            0            +0
Einkommensteuer            DM          0        79371        +79371
Kirchensteuer              DM          0         7143         +7143
Ergänzungsabgabe           DM          0            0            +0
Ertragsteuern              DM          0        86514        +86514
Differenzsteuersatz in %     43.26
Rundungsdifferenzen sind möglich
Wollen Sie den Bildschirm drucken (dann DRUCK-Taste drücken) j/n? j
```

```
Schult STEUERBASIC 1993
Ertragsteuern natürliche Personen/1993
Gewerbeertrag 1 vor GewSt                                      DM=? 0
Gewerbeertrag 2 vor GewSt                                      DM=? 0
Hebesatz                                                       % =? 0
zu verst Einkommen 1 vor Steuern, Kinder- und Haushaltsfrei   DM=? 199000
zu verst Einkommen 2 vor Steuern, Kinder- und Haushaltsfrei   DM=? 201000
Kirchensteuersatz                                              % =? 9
Kappungs-Kirchensteuersatz                                     % =? 4
Ledig (verheiratet = n)                                        j/n? j
Kinderzahl                                                        ? 0
Ergänzungsabgabe-, Solidaritätszuschlagssatz u.ä.               %=? 0
............................      Vorher      Nachher     Differenz
Gewerbeertragsteuer        DM          0            0            +0
Einkommensteuer            DM      78866        79877         +1011
Kirchensteuer              DM       7097         7189           +92
Ergänzungsabgabe           DM          0            0            +0
Ertragsteuern              DM      85963        87066         +1103
Differenzsteuersatz in %     55.15
Rundungsdifferenzen sind möglich
Wollen Sie den Bildschirm drucken (dann DRUCK-Taste drücken) j/n? j
```

16 Vgl. hierzu etwa Rose, G., Betriebswirtschaftliche Steuerlehre - Eine Einführung für Fortgeschrittene, 2.Aufl. Wiesbaden 1990, S. 38ff.

Entscheidungsfall: Einkommensänderungen
Ein Steuerpflichtiger stellt sich die Frage, in welchem Umfang die Steuerbelastung steigt, wenn z.B. die Einkünfte aus selbständiger Arbeit oder der Arbeitslohn um DM 5.000 steigen. Ihn interessiert auch der Steuersatz auf dieses zusätzliche Einkommen (Differenzsteuersatz).

Programmteil Nr. 1: ERTRAGSTEUERN NATÜRLICHE PERSONEN

abgefragte Daten: vgl. Übersichtsanzeige

Erläuterungen:
Das zu versteuernde Einkommen soll von DM 70.000 auf DM 75.000 steigen. Es besteht KiSt-Pflicht mit den KiSt-Sätzen von 9 % bzw. 4 %. Der Steuerpflichtige ist verheiratet und hat ein Kind. Eine zusätzliche Abgabe (z.B. eine ErgAbg) soll nicht existieren. Da keine Einkünfte aus Gewerbebetrieb vorliegen, wird der Gewerbeertrag und/oder der Hebesatz der GewSt mit null eingegeben.

Interpretation:
Der Bildschirm zeigt als erstes die eingegebenen Werte. Darunter ist die Ergebnisübersicht ausgewiesen. Die zusätzlichen ErSt sind in Zeile "Ertragsteuern" mit DM 1.425 ausgewiesen. Der Differenzsteuersatz ist mit 28,5 % berechnet. Für den Steuerpflichtigen nicht entscheidungsrelevant, aber möglicherweise von Interesse, sind auch die Erhöhungen der einzelnen Steuern. Die ESt erhöht sich um DM 1.307, die KiSt erhöht sich um DM 118.

Anmerkungen:
Regelmäßig betrifft eine Änderung des Einkommens den Bruttowert (also z.B. den Arbeitslohn). Um das Programm auf die wesentlichen Strukturen zu reduzieren, ist die Vielzahl von Abfragen vernachlässigt, die erforderlich ist, um aus den Bruttobeträgen das zu versteuernde Einkommen zu ermitteln. Nur der Haushaltsfreibetrag und die Kinderfreibeträge sind fest programmiert. Der Fehler, der sich hieraus ergibt, ist aber wegen der Differenzrechnung regelmäßig zu vernachlässigen. Tendenziell kann gesagt werden, daß er umso größer ist, je niedriger das Basis-zu versteuernde Einkommen und je höher die Einkommensänderung ist. Betrifft z.B. die o.a. Einkommensänderung den Bruttobetrag und erhöht sich das zu versteuernde Einkommen tatsächlich z.B. wegen bisher nicht berücksichtigter Sonderausgaben von DM 63.000 auf DM 68.000, dann beträgt der Differenzsteuersatz tatsächlich nur 27,4 % und die Steuererhöhung nur DM 1.370 (vgl. die untere Tabelle).

EINKOMMENSÄNDERUNGEN

```
Schult STEUERBASIC 1993
Ertragsteuern natürliche Personen/1993
Gewerbeertrag 1 vor GewSt                                           DM=? 0
Gewerbeertrag 2 vor GewSt                                           DM=? 0
Hebesatz                                                            % =? 0
zu verst Einkommen 1 vor Steuern, Kinder- und Haushaltsfrei  DM=? 70000
zu verst Einkommen 2 vor Steuern, Kinder- und Haushaltsfrei  DM=? 75000
Kirchensteuersatz                                                   % =? 9
Kappungs-Kirchensteuersatz                                          % =? 4
Ledig (verheiratet = n)                                             j/n? n
Kinderzahl                                                             ? 1
Ergänzungsabgabe-, Solidaritätszuschlagssatz u.ä.                   %=? 0
...........................          Vorher      Nachher     Differenz
Gewerbeertragsteuer        DM             0            0            +0
Einkommensteuer            DM         11984        13291         +1307
Kirchensteuer              DM          1051         1169          +118
Ergänzungsabgabe           DM             0            0            +0
Ertragsteuern              DM         13035        14460         +1425
Differenzsteuersatz in %     28.5
Rundungsdifferenzen sind möglich
Wollen Sie den Bildschirm drucken (dann DRUCK-Taste drücken) j/n? j
```

```
Schult STEUERBASIC 1993
Ertragsteuern natürliche Personen/1993
Gewerbeertrag 1 vor GewSt                                           DM=? 0
Gewerbeertrag 2 vor GewSt                                           DM=? 0
Hebesatz                                                            % =? 0
zu verst Einkommen 1 vor Steuern, Kinder- und Haushaltsfrei  DM=? 63000
zu verst Einkommen 2 vor Steuern, Kinder- und Haushaltsfrei  DM=? 68000
Kirchensteuersatz                                                   % =? 9
Kappungs-Kirchensteuersatz                                          % =? 4
Ledig (verheiratet = n)                                             j/n? n
Kinderzahl                                                             ? 1
Ergänzungsabgabe-, Solidaritätszuschlagssatz u.ä.                   %=? 0
...........................          Vorher      Nachher     Differenz
Gewerbeertragsteuer        DM             0            0            +0
Einkommensteuer            DM         10214        11471         +1257
Kirchensteuer              DM           892         1005          +113
Ergänzungsabgabe           DM             0            0            +0
Ertragsteuern              DM         11106        12476         +1370
Differenzsteuersatz in %     27.4
Rundungsdifferenzen sind möglich
Wollen Sie den Bildschirm drucken (dann DRUCK-Taste drücken) j/n? j
```

Entscheidungsfall: Miethauskauf
Ein Steuerpflichtiger bezieht bisher Einkünfte in Höhe von DM 100.000. Er hat die Möglichkeit, ein Miethaus zu kaufen, das zusätzliche Mietüberschüsse in Höhe von DM 15.000 erwirtschaften würde. Ihn interessiert einmal, welche zusätzlichen Steuerausgaben durch diese Mieteinkünfte anfallen, zum anderen interessiert ihn, wie hoch die Steuerentlastung durch die ebenfalls zusätzlich anfallende AfA in Höhe von DM 10.000 wird.

Programmteil Nr. 1: ERTRAGSTEUERN NATÜRLICHE PERSONEN

abgefragte Daten: vgl. Übersichtsanzeige

Erläuterungen:
Der Steuerpflichtige ist unverheiratet, kinderlos und nicht KiSt-pflichtig. Eine ErgAbg soll ebenfalls nicht anfallen. Ohne die zusätzliche AfA zu berücksichtigen, würde das zusätzliche zu versteuernde Einkommen auf DM 115.000 steigen.

Zur Beantwortung der zweiten Frage ist die zusätzliche AfA zu berücksichtigen. Sie beträgt nach Angaben des Steuerpflichtigen DM 10.000. Das zu versteuernde Einkommen steigt demnach nur auf DM 105.000.

Interpretation:
In der oberen Tabelle ist das zu versteuernde Einkommen von DM 100.000 auf DM 115.000 angehoben worden. Die zusätzliche Steuer umfaßt lediglich die ESt. Diese steigt, wie der Ergebnisteil zeigt, um DM 7.381, der Differenzsteuersatz beläuft sich auf 49,21 %.

Mit ausreichender Genauigkeit könnte die Frage nach der ESt-Ersparnis durch die AfA mit Hilfe des Differenzsteuersatzes beantwortet werden. Die zusätzliche Steuerersparnis beträgt etwa 49 % der AfA. Allerdings bezieht sich der Differenzsteuersatz auf die Differenz der zu versteuernden Einkommen zwischen DM 115.000 und DM 100.000. Die AfA mindert das zu versteuernde Einkommen aber von DM 115.000 auf 105.000. Der Differenzsteuersatz ist dementsprechend höher als der geschätzte Differenzsteuersatz. Wie die untere Rechnung zeigt, ist der Fehler jedoch gering. Der Differenzsteuersatz steigt auf 49,97 %, die Steuerersparnis durch AfA beträgt DM 4.997.

Anmerkungen:---

MIETHAUSKAUF

```
Schult STEUERBASIC 1993
Ertragsteuern natürliche Personen/1993
Gewerbeertrag 1 vor GewSt                                          DM=? 0
Gewerbeertrag 2 vor GewSt                                          DM=? 0
Hebesatz                                                           % =? 0
zu verst Einkommen 1 vor Steuern, Kinder- und Haushaltsfrei  DM=? 100000
zu verst Einkommen 2 vor Steuern, Kinder- und Haushaltsfrei  DM=? 115000
Kirchensteuersatz                                                  % =? 0
Kappungs-Kirchensteuersatz                                         % =? 0
Ledig (verheiratet = n)                                            j/n? j
Kinderzahl                                                            ? 0
Ergänzungsabgabe-, Solidaritätszuschlagssatz u.ä.                  %=? 0
............................        Vorher        Nachher     Differenz
Gewerbeertragsteuer        DM            0              0            +0
Einkommensteuer            DM        30765          38146         +7381
Kirchensteuer              DM            0              0            +0
Ergänzungsabgabe           DM            0              0            +0
Ertragsteuern              DM        30765          38146         +7381
Differenzsteuersatz in %     49.21
Rundungsdifferenzen sind möglich
Wollen Sie den Bildschirm drucken (dann DRUCK-Taste drücken) j/n? j
```

```
Schult STEUERBASIC 1993
Ertragsteuern natürliche Personen/1993
Gewerbeertrag 1 vor GewSt                                          DM=? 0
Gewerbeertrag 2 vor GewSt                                          DM=? 0
Hebesatz                                                           % =? 0
zu verst Einkommen 1 vor Steuern, Kinder- und Haushaltsfrei  DM=? 115000
zu verst Einkommen 2 vor Steuern, Kinder- und Haushaltsfrei  DM=? 105000
Kirchensteuersatz                                                  % =? 0
Kappungs-Kirchensteuersatz                                         % =? 0
Ledig (verheiratet = n)                                            j/n? j
Kinderzahl                                                            ? 0
Ergänzungsabgabe-, Solidaritätszuschlagssatz u.ä.                  %=? 0
............................        Vorher        Nachher     Differenz
Gewerbeertragsteuer        DM            0              0            +0
Einkommensteuer            DM        38146          33149         -4997
Kirchensteuer              DM            0              0            +0
Ergänzungsabgabe           DM            0              0            +0
Ertragsteuern              DM        38146          33149         -4997
Differenzsteuersatz in %     49.97
Rundungsdifferenzen sind möglich
Wollen Sie den Bildschirm drucken (dann DRUCK-Taste drücken) j/n? j
```

Entscheidungsfall: Gehaltserhöhung
Ein Steuerpflichtiger mit Wohnsitz in Chemnitz hat die Möglichkeit, sich nach Berlin zu verändern. Dies wäre mit einer Gehaltserhöhung um DM 20.000 verbunden. Der Steuerpflichtige befürchtet allerdings, daß die Lebenshaltung (insbesondere die Mieten) in Berlin erheblich höher sind als in Chemnitz. Eine erste Auswertung der Tageszeitungen zeigt, daß die Miete in Berlin etwa um DM 12.000 p.a. höher sein wird als in Chemnitz. Er möchte wissen, ob sich ein Umzug lohnt.

Sein bisheriger Arbeitgeber bietet ihm, um ihn zu halten, eine Gehaltserhöhung von DM 5.000 an. Er möchte wissen, ob der finanzielle Vorteil größer ist als der eines Umzugs nach Berlin.

Programmteil Nr. 1: ERTRAGSTEUERN NATÜRLICHE PERSONEN

abgefragte Daten: vgl. Übersichtsanzeige

Erläuterungen:
Der Arbeitslohn des Steuerpflichtigen betrage in Chemnitz DM 80.000. In Berlin wird ihm ein Gehalt von DM 100.000 angeboten. Der Steuerpflichtige ist verheiratet und hat drei Kinder. Er ist KiSt-pflichtig. Die KiSt-Sätze sollen in beiden Bundesländern 9 % bzw. 3 % betragen. Das Angebot des bisherigen Arbeitgebers würde den Arbeitslohn von DM 80.000 auf DM 85.000 erhöhen.

Interpretation:
Durch den Umzug nach Berlin würde ein Bruttovorteil von DM 20.000 realisiert. Dem steht eine ErSt-Erhöhung von DM 5.984 gegenüber. Der Nettovorteil reduziert sich somit auf etwa DM 14.000. Nach Abzug der höheren Lebenshaltungskosten verbleibt insgesamt ein Vorteil von DM 2.000 durch den Umzug.

Nimmt der Steuerpflichtige das Angebot des bisherigen Arbeitgebers an, so beträgt der Bruttovorteil DM 5.000. Dieser mindert sich um zusätzliche Steuern in Höhe von DM 1.438. Der Nettovorteil beläuft sich somit auf etwa DM 3.600. Berücksichtigt man bei der Umzugsentscheidung ausschließlich den Nettovorteil nach Steuern, so wäre ein Umzug nicht vorteilhaft.

Anmerkungen:
Da Chemnitz und Berlin in unterschiedlichen Bundesländern liegen, kann es sein, daß die KiSt-Sätze differieren. Ist das der Fall, so muß das Programm ERTRAG-STEUERN NATÜRLICHE PERSONEN zweimal durchlaufen werden. Das zu versteuernde Einkommen 1 wird mit DM 80.000, das zu versteuernde Einkommen 2 mit DM 0 eingegeben. Im zweiten Rechengang wird das zu versteuernde Einkommen 1 mit DM 100.000 und das zu versteuernde Einkommen 2 mit DM 0 eingegeben. Die Differenz der Differenz der ErSt gibt die Wirkung unterschiedlicher KiSt-Sätze wieder. Es kann also nicht die Differenz der KiSt herangezogen werden, weil diese die Wirkung auf die ESt nicht berücksichtigt.

Im Programm STEUERBASIC sind weitere Abgaben nicht berücksichtigt. Bei Einkünften aus nichtselbständiger Arbeit sind dies insbesondere die Sozialversicherungsbeiträge. Im jeweiligen Entscheidungsfall wären diese Beiträge durch eine manuelle Rechnung zu berücksichtigen.

GEHALTSERHÖHUNG

```
Schult STEUERBASIC 1993
Ertragsteuern natürliche Personen/1993
Gewerbeertrag 1 vor GewSt                                        DM=? 0
Gewerbeertrag 2 vor GewSt                                        DM=? 0
Hebesatz                                                         % =? 0
zu verst Einkommen 1 vor Steuern, Kinder- und Haushaltsfrei  DM=? 80000
zu verst Einkommen 2 vor Steuern, Kinder- und Haushaltsfrei  DM=? 100000
Kirchensteuersatz                                                % =? 9
Kappungs-Kirchensteuersatz                                       % =? 3
Ledig (verheiratet = n)                                          j/n? n
Kinderzahl                                                          ? 3
Ergänzungsabgabe-, Solidaritätszuschlagssatz u.ä.                %=? 0
............................      Vorher       Nachher     Differenz
Gewerbeertragsteuer       DM           0             0            +0
Einkommensteuer           DM       12463         17953         +5490
Kirchensteuer             DM        1040          1534          +494
Ergänzungsabgabe          DM           0             0            +0
Ertragsteuern             DM       13503         19487         +5984
Differenzsteuersatz in %    29.92
Rundungsdifferenzen sind möglich
Wollen Sie den Bildschirm drucken (dann DRUCK-Taste drücken) j/n? j
```

```
Schult STEUERBASIC 1993
Ertragsteuern natürliche Personen/1993
Gewerbeertrag 1 vor GewSt                                        DM=? 0
Gewerbeertrag 2 vor GewSt                                        DM=? 0
Hebesatz                                                         % =? 0
zu verst Einkommen 1 vor Steuern, Kinder- und Haushaltsfrei  DM=? 80000
zu verst Einkommen 2 vor Steuern, Kinder- und Haushaltsfrei  DM=? 85000
Kirchensteuersatz                                                % =? 9
Kappungs-Kirchensteuersatz                                       % =? 3
Ledig (verheiratet = n)                                          j/n? n
Kinderzahl                                                          ? 3
Ergänzungsabgabe-, Solidaritätszuschlagssatz u.ä.                %=? 0
............................      Vorher       Nachher     Differenz
Gewerbeertragsteuer       DM           0             0            +0
Einkommensteuer           DM       12463         13782         +1319
Kirchensteuer             DM        1040          1159          +119
Ergänzungsabgabe          DM           0             0            +0
Ertragsteuern             DM       13503         14941         +1438
Differenzsteuersatz in %    28.76
Rundungsdifferenzen sind möglich
Wollen Sie den Bildschirm drucken (dann DRUCK-Taste drücken) j/n? j
```

Entscheidungsfall: Mindestgehaltsforderung
Der Steuerpflichtige aus dem vorangehenden Beispiel möchte wissen, wie hoch seine Bruttogehaltsforderung bei einem Umzug nach Berlin sein muß, damit der Nettovorteil genauso groß ist wie durch die Gehaltserhöhung in Chemnitz.

Programmteil Nr. 7: BRUTTOBEDARFSRECHNUNG

abgefragte Daten: vgl. Übersichtsanzeige

Erläuterungen:
Die vorangehende Berechnung hat für ein zu versteuerndes Einkommen von dem 85.000 eine ErSt-Belastung von DM 14.941 ergeben. Der Nettovorteil dieses Arbeitslohns beträgt also DM 70.059. Bei einem Umzug nach Berlin muß ein weiterer Nachteil durch Erhöhung der Lebenshaltungskosten in Höhe von DM 12.000 getragen werden, so daß eine Lohnvereinbarung in Berlin von einem Nettovorteil von insgesamt DM 82.059 als Untergrenze ausgehen muß.

Dieser Nettobedarf wird als erstes in die Abfrage eingegeben. Die Berechnung soll für eine natürliche Person im Privatbereich erfolgen. Da die Bruttobedarfsrechnung hier über den gesamten Einkommensbereich angestellt wird, wird als bisheriges zu versteuerndes Einkommen vor Steuern der Wert von DM 0 eingegeben. Es folgen die KiSt-Sätze und die Angabe zu den Familienverhältnissen.

Interpretation:
Der Bruttobedarf ist in der Zeile "zvE vor GewSt" mit DM 102.254 ausgewiesen. Dieser Bruttobedarf deckt die ESt von DM 18.607 und die KiSt von DM 1.593 sowie die zusätzlichen Lebenshaltungskosten von DM 12.000. Danach verbleiben dem Steuerpflichtigen die auch in Chemnitz zu erwirtschaftenden DM 70.059.

Anmerkungen:
Diese Rechnung kann mit dem Programm ERTRAGSTEUERN NATÜRLICHE PERSONEN kontrolliert werden. Die Kontrolle ist in der unteren Übersicht vorgenommen worden. Als zu versteuerndes Einkommen 1 wird der Wert 0, als zu versteuerndes Einkommen 2 DM 102.254 eingegeben. Es ergeben sich eben die oben ausgewiesen ESt- und KiSt-Beträge. Die ErSt belaufen sich insgesamt auf DM 20.200. Es verbleibt also ein Nettobetrag von DM 80.054, der zur Deckung der zusätzlichen Lebenshaltung von DM 12.000 und der geforderten DM 70.059 in etwa ausreicht.

Der Bruttobedarfssatz in der ersten Rechnung ist mit 124,6 % angegeben. In der zweiten Rechnung ist der Differenzsteuersatz (hier durchschnittlicher ErSt-Satz mit 19,76 %) berechnet. Beide hängen durch die Formel[17] $b=1/(1 - s)$ (b Bruttobedarfssatz, s ErSt-Satz) zusammen. Wie eine Kontrollrechnung zeigt, ergibt sich bei einem Differenzsteuersatz von 19,76 % ein Bruttobedarfssatz von 124,6 %. Dieser bezieht sich hier allerdings nicht auf das zusätzliche zu versteuernde Einkommen. Soll diese Rechnung angestellt werden, dann wäre als Nettobedarf der Betrag von DM 12.000 und als bisheriges zu versteuerndes Einkommen der Betrag von DM 85.000 einzugeben. Dann zeigt sich in der zweiten Ergebnisspalte das Brutto-zu versteuernde Einkommen mit DM 102.261. Der Bruttobedarfssatz beträgt dann 143,84 %. Hieraus läßt sich der Differenzsteuersatz auf das zusätzliche Einkommen nach der genannten Formel (aber auch mit dem Programm ERTRAGSTEUERN NATÜRLICHE PERSONEN) berechnen zu 30,48 %.

17 Schult, E., Die Steuern des Betriebes - Entscheidungshilfen für Unternehmer, a.a.O., S. 278f.

MINDESTGEHALTSFORDERUNG

```
Schult STEUERBASIC 1993
Bruttobedarf/1993
Nettobedarf                                                 DM=? 82059
Berechnung für natürliche Person (Kapitalgesellschaft = n)  j/n? j
Einkommenserhöhung im Betrieb (im Privatbereich = n)        j/n? n
bisheriger Gewerbeertrag vor Gewerbesteuer                  DM=? 0
Hebesatz                                                    % =? 0
bisheriges zu versteuerndes Einkommen vor Steuern           DM=? 0
Kirchensteuersatz                                           % =? 9
Kappungs-Kirchensteuersatz                                  % =? 3
Ledig (verheiratet = n)                                     j/n? n
Kinderzahl                                                     ? 3
Ergänzungsabgabe-, Solidaritätszuschlagssatz u.ä.            %=? 0
...........................        Vorher      Nachher    Differenz
Gewerbeertrag vor GewStDM               0            0           +0
zvE vor GewSt         DM                0       102254      +102254
Gewerbeertragsteuer   DM                0            0           +0
Einkommensteuer       DM                0        18607       +18607
Kirchensteuer         DM                0         1593        +1593
Ergänzungsabgabe      DM                0            0           +0
Bruttobedarfssatz in %    124.6
Bruttobedarf in DM = Differenz in Zeile -zvE vor GewSt-
Rundungsdifferenzen sind möglich
Wollen Sie den Bildschirm drucken (dann DRUCK-Taste drücken) j/n? j
```

```
Schult STEUERBASIC 1993
Ertragsteuern natürliche Personen/1993
Gewerbeertrag 1 vor GewSt                                   DM=? 0
Gewerbeertrag 2 vor GewSt                                   DM=? 0
Hebesatz                                                    % =? 0
zu verst Einkommen 1 vor Steuern, Kinder- und Haushaltsfrei DM=? 0
zu verst Einkommen 2 vor Steuern, Kinder- und Haushaltsfrei DM=? 102254
Kirchensteuersatz                                           % =? 9
Kappungs-Kirchensteuersatz                                  % =? 3
Ledig (verheiratet = n)                                     j/n? n
Kinderzahl                                                     ? 3
Ergänzungsabgabe-, Solidaritätszuschlagssatz u.ä.            %=? 0
...........................        Vorher      Nachher    Differenz
Gewerbeertragsteuer     DM              0            0           +0
Einkommensteuer         DM              0        18607       +18607
Kirchensteuer           DM              0         1593        +1593
Ergänzungsabgabe        DM              0            0           +0
Ertragsteuern           DM              0        20200       +20200
Differenzsteuersatz in %    19.76
Rundungsdifferenzen sind möglich
Wollen Sie den Bildschirm drucken (dann DRUCK-Taste drücken) j/n? j
```

Entscheidungsfall: Vermögensumschichtung
Einem Steuerpflichtigen wird von einem Immobilienmakler empfohlen, ein Miethaus zum Preis von DM 2 Mio zu kaufen. Der Immobilienmakler weist insbesondere darauf hin, daß damit eine erhebliche VSt-Ersparnis verbunden ist. Grundvermögen wird nämlich mit dem Einheitswert angesetzt, der erheblich niedriger ist als etwa der Nennwert bei festverzinslichen Wertpapieren.

Programmteil Nr. 2: ERTRAG- UND SUBSTANZSTEUERN
NATÜRLICHE PERSONEN

abgefragte Daten: vgl. Übersichtsanzeige

Erläuterungen:
Da die VSt eine nicht abzugsfähige Ausgabe ist, erübrigt sich die Eingabe anderer Bemessungsgrundlagen. So kann insbesondere die ESt und die KiSt vollständig vernachlässigt werden. Dennoch soll sie im folgenden zur Verdeutlichung eingegeben werden.

Die Daten aus dem gewerblichen Bereich werden mit null angesetzt. Das zu versteuernde Einkommen soll nach wie vor DM 200.000 betragen, um den SubSt-Einfluß zu isolieren. Die KiSt-Sätze betragen 9 % bzw. 4 %. Der Steuerpflichtige soll ledig sein und drei Kinder haben. Außerdem soll (auch das muß hier nicht berücksichtigt werden) eine ErgAbg erhoben werden mit einem Satz von 5 %. Die folgenden Abfragen beziehen sich wieder auf Betriebsvermögen, sie sind mit null einzugeben. Der Steuerpflichtige will den Hauskauf durch Vermögensumschichtung finanzieren. Er will Festverzinsliche verkaufen und damit das Miethaus anschaffen. Das andere Vermögen soll vorher DM 2 Mio betragen haben. Es reduziert sich durch den Kauf auf den Einheitswert des Mietwohngrundstücks von DM 200.000.

Interpretation:
Wie das Ergebnistableau zeigt, reduziert sich die VSt von DM 8.600 auf DM 0. Die VSt-Ersparnis beläuft sich also auf eben diesen Betrag. Weiterhin zeigt das Tableau wie erwartet, daß die ErSt sich nicht verändern. Für die Änderungen der VSt sind also nur die anderen Vermögen, der Familienstand und die Zahl der Kinder von Bedeutung. Ob die VSt-Ersparnis von Bedeutung ist, muß der Steuerpflichtige selbst beurteilen. Bezogen auf die Investition von DM 2 Mio beträgt sie etwa 0,43 % p.a.

Anmerkungen:
Soll eine Investition fremdfinanziert werden, so wirken sich die Schulden in grundsätzlich gleicher Weise wie eine Vermögensreduktion aus. Das Grundvermögen des Steuerpflichtigen hätte sich um DM 200.000 erhöht, das sonstige Vermögen hätte weiterhin DM 2 Mio betragen und die Schulden hätten sich auf DM 2 Mio erhöht. Per saldo hätte sich ebenfalls ein Wert von DM 200.000 ergeben.

Diese Überlegungen gelten allerdings nicht, wenn die Alternative Eigen-/Fremdfinanzierung überhaupt nicht existiert. Hätte der Immobilienmakler dem Steuerpflichtigen etwa extremerweise empfohlen, das Miethaus anzuschaffen und vollständig fremdzufinanzieren, so hätte der Steuerpflichtige dadurch keine VSt-Ersparnis. Das andere Vermögen hätte vor dem Miethauskauf DM 0 betragen, nach dem Miethauskauf hätten einem Grundvermögen von DM 200.000 Schulden von DM 2 Mio gegenüber gestanden. Der saldierte Wert ist negativ und wirkt sich beim Fehlen anderer Vermögensteile überhaupt nicht auf die VSt aus.

```
VERMÖGENSUMSCHICHTUNG


Schult STEUERBASIC 1993
Ertrag- und Substanzsteuern natürliche Personen/1993

Gewerbeertrag 1 vor GewSt                                     DM=? 0
Gewerbeertrag 2 vor GewSt                                     DM=? 0
Hebesatz                                                      % =? 0
zu verst Einkommen 1 vor Steuern, Kinder- und Haushaltsfrei  DM=? 200000
zu verst Einkommen 2 vor Steuern, Kinder- und Haushaltsfrei  DM=? 200000
Kirchensteuersatz                                             % =? 9
Kappungs-Kirchensteuersatz                                    % =? 4
Ledig (verheiratet = n)                                      j/n? j
Kinderzahl                                                      ? 3
Ergänzungsabgabe-, Solidaritätszuschlagssatz u.ä.              %=? 5
Einheitswert des Betriebsvermögens 1                          DM=? 0
Einheitswert des Betriebsvermögens 2                          DM=? 0
Gewerbekapital 1                                              DM=? 0
Gewerbekapital 2                                              DM=? 0
Anderes Vermögen 1                                            DM=? 2000000
Anderes Vermögen 2                                            DM=? 200000
Wollen Sie den Bildschirm drucken (dann DRUCK-Taste drücken) j/n? j



...........................          Vorher       Nachher    Differenz
Gewerbekapitalsteuer        DM            0             0           +0
Vermögensteuer              DM         8600             0        -8600
Substanzsteuern             DM         8600             0        -8600
Gewerbeertragsteuer         DM            0             0           +0
Einkommensteuer             DM        73437         73437           +0
Kirchensteuer               DM         6568          6568           +0
Ergänzungsabgabe            DM         3671          3671           +0
Ertragsteuern               DM        83676         83676           +0
Ertrag-+Substanzsteuern DM            92276         83676        -8600
Rundungsdifferenzen sind möglich
Wollen Sie den Bildschirm drucken (dann DRUCK-Taste drücken) j/n? j
```

Entscheidungsfall: Steuerhinterziehung bei Dividenden
Einem Steuerpflichtigen wird von einem sog. guten Freund geraten, Dividendeneinnahmen in Höhe von brutto DM 30.000 in der Steuererklärung zu verschweigen. Hierdurch würde der Steuerpflichtige in erheblichem Umfang ErSt und SubSt sparen. Die Gefahren einer Steuerhinterziehung sind dem Steuerpflichtigen zu groß. Er möchte allerdings wissen, wie groß der Steuervorteil tatsächlich wäre.

Programmteil Nr. 2: ERTRAG- UND SUBSTANZSTEUERN
NATÜRLICHE PERSONEN

abgefragte Daten: vgl. Übersichtsanzeige

Erläuterungen:
Der Steuerpflichtige hat ohne die Dividende ein zu versteuerndes Einkommen von DM 80.000. Es besteht KiSt-Pflicht mit einem Satz von 9 %, die KiSt wird nicht gekappt. Der Steuerpflichtige ist ledig und hat keine Kinder. Eine ErgAbg wird nicht erhoben. Der Sparerfreibetrag soll bereits anderweitig ausgeschöpft sein.

Da sich die potentielle Steuerhinterziehung bei den Einkünften aus Kapitalvermögen bzw. im sonstigen Vermögen abspielen soll, sind sämtliche Eingaben, die betriebliche Bereiche betreffen, mit null anzugeben. Das zu versteuernde Einkommen 1 beträgt DM 80.000, das zu versteuernde Einkommen 2 DM 110.000. Der KiSt-Satz beläuft sich auf 9 %, der Kappungssatz wird mit null eingegeben. Das Gesamtvermögen des Steuerpflichtigen soll DM 300.000 betragen, der Börsenkurswert der Kapitalanteile soll sich auf DM 200.000 belaufen, so daß für das andere Vermögen die Werte DM 300.000 und DM 500.000 eingegeben werden.

Interpretation:
Die Ergebnisübersicht zeigt, daß die gesamte Steuerbelastung ohne Angabe der Kapitalanlage (in Zeile "VORHER") DM 24.272 beträgt, bei Angabe der Kapitalanteile würden sie sich auf DM 39.309 erhöhen. Der Steuerpflichtige würde also durch die Steuerhinterziehung DM 15.037 sparen. Bezieht man die Steuerersparnis auf das zusätzliche zu versteuernde Einkommen, so ergibt sich insgesamt ein Differenzsteuersatz von 50,12 %. Hiervon entfallen 3,33 Prozentpunkte auf die VSt-Ersparnis und 46,79 Prozentpunkte auf die ErSt-Ersparnis.

Würde der Steuerpflichtige eine Steuerhinterziehung in Erwägung ziehen, so hätte er dennoch die Anrechnungs-KSt in Höhe von 36 % und die KapESt in Höhe von 25 % der Nettodividende (das sind 64 % der Bruttodividende) zu tragen. Bei einem Verzicht auf Steuerhinterziehung werden ihm diese beiden Steuern angerechnet. Die Belastung würde sich von 52 % auf 50,12 % reduzieren. Die freundschaftlich empfohlene Steuerhinterziehung wäre nicht nur aus diesem Grund nicht ratsam.

Anmerkungen:---

```
STEUERHINTERZIEHUNG BEI DIVIDENDEN


Schult STEUERBASIC 1993
Ertrag- und Substanzsteuern natürliche Personen/1993

Gewerbeertrag 1 vor GewSt                                      DM=? 0
Gewerbeertrag 2 vor GewSt                                      DM=? 0
Hebesatz                                                       % =? 0
zu verst Einkommen 1 vor Steuern, Kinder- und Haushaltsfrei  DM=? 80000
zu verst Einkommen 2 vor Steuern, Kinder- und Haushaltsfrei  DM=? 110000
Kirchensteuersatz                                              % =? 9
Kappungs-Kirchensteuersatz                                     % =? 0
Ledig (verheiratet = n)                                        j/n? j
Kinderzahl                                                        ? 0
Ergänzungsabgabe-, Solidaritätszuschlagssatz u.ä.              %=? 0
Einheitswert des Betriebsvermögens 1                           DM=? 0
Einheitswert des Betriebsvermögens 2                           DM=? 0
Gewerbekapital 1                                               DM=? 0
Gewerbekapital 2                                               DM=? 0
Anderes Vermögen 1                                             DM=? 300000
Anderes Vermögen 2                                             DM=? 500000
Wollen Sie den Bildschirm drucken (dann DRUCK-Taste drücken) j/n? j



............................       Vorher       Nachher      Differenz
Gewerbekapitalsteuer       DM           0             0             +0
Vermögensteuer             DM        1150          2150          +1000
Substanzsteuern            DM        1150          2150          +1000
Gewerbeertragsteuer        DM           0             0             +0
Einkommensteuer            DM       21213         34091         +12878
Kirchensteuer              DM        1909          3068          +1159
Ergänzungsabgabe           DM           0             0             +0
Ertragsteuern              DM       23122         37159         +14037
Ertrag-+Substanzsteuern    DM       24272         39309         +15037
Substanzsteuer-Differenzsteuersatz in %     3.33
Ertragsteuer-Differenzsteuersatz   in %    46.79
Differenzsteuersatz insgesamt      in %    50.12
Beachte: auch die Substanzsteuersätze sind auf Gewinndifferenzen bezogen,
deshalb nur geringe Aussagekraft.
Rundungsdifferenzen sind möglich
Wollen Sie den Bildschirm drucken (dann DRUCK-Taste drücken) j/n? j
```

4.2 Kinder

Entscheidungsfall: Adoption
Ein kinderloses Ehepaar steht vor der Entscheidung, ein Kind zu adoptieren. Es will diese Entscheidung - auch wenn das recht realitätsfern sein wird - von der steuerlichen Subventionierung abhängig machen.

Programmteil Nr. 2: ERTRAG- UND SUBSTANZSTEUERN NATÜRLICHE PERSONEN

abgefragte Daten: vgl. Übersichtsanzeige

Erläuterungen:
Das kinderlose Ehepaar bezieht ein zu versteuerndes Einkommen von DM 80.000. Das Gesamtvermögen beträgt DM 200.000. Weiterhin besteht KiSt-Pflicht mit 9 % bzw. 3 %. Eine ErgAbg wird nicht erhoben.

Da im Programm nicht vorgesehen ist, die Kinderzahl als besonderes (weil nicht wichtiges) Entscheidungsproblem bei der Abfrage zu berücksichtigen, muß die Steuerminderung durch zweimaliges Rechnen ermittelt werden. Die Daten werden zweimal mit dem Programm ERTRAG- UND SUBSTANZSTEUERN NATÜRLICHE PERSONEN bearbeitet. Einmal wird die Kinderzahl null und einmal die Kinderzahl 1 eingegeben.

Interpretation:
Das Eingabetableau zeigt die eingegebenen Werte für die zu versteuernden Einkommen, die KiSt-Sätze, Anwendung des Splittingtarifs und unter "anderes Vermögen" das Gesamtvermögen. Dieses Tableau ist aus Platzgründen für die zweite Berechnung nicht noch einmal abgedruckt. Beim zweitenmal wird die Kinderzahl mit 1 eingegeben.

Die erste Ergebnisübersicht zeigt, daß die gesamte Steuerbelastung für das kinderlose Ehepaar DM 17.470 beträgt. Davon entfallen DM 300 auf die VSt, DM 15.753 auf die ESt und DM 1.417 auf die KiSt.

Wie die untere Ergebnistabelle zeigt, reduziert sich die VSt auf DM 0, die ESt auf DM 14.633 und KiSt auf DM 1.289. Insgesamt ergibt sich durch die Adoption eines Kindes im vorliegenden Fall also eine Steuerersparnis von DM 1.548 p.a.

Anmerkungen:
Weitere Kinder führen nurmehr zu einer ErSt-Minderung, weil das Gesamtvermögen bereits durch die Freibeträge aufgezehrt ist. Desweiteren muß darauf hingewiesen werden, daß andere kinderabhängige Vorteile, wie etwa das Kindergeld oder das sog. Baukindergeld nach § 34f EStG ebenfalls berücksichtigt werden müssen, falls für den vorliegenden Entscheidungsfall überhaupt derartige quantitative Kriterien von Bedeutung sind.

```
ADOPTION


Schult STEUERBASIC 1993
Ertrag- und Substanzsteuern natürliche Personen/1993

Gewerbeertrag 1 vor GewSt                                       DM=? 0
Gewerbeertrag 2 vor GewSt                                       DM=? 0
Hebesatz                                                        % =? 0
zu verst Einkommen 1 vor Steuern, Kinder- und Haushaltsfrei     DM=? 80000
zu verst Einkommen 2 vor Steuern, Kinder- und Haushaltsfrei     DM=? 80000
Kirchensteuersatz                                               % =? 9
Kappungs-Kirchensteuersatz                                      % =? 3
Ledig (verheiratet = n)                                         j/n? n
Kinderzahl                                                         ? 0
Ergänzungsabgabe-, Solidaritätszuschlagssatz u.ä.                %=? 0
Einheitswert des Betriebsvermögens 1                            DM=? 0
Einheitswert des Betriebsvermögens 2                            DM=? 0
Gewerbekapital 1                                                DM=? 0
Gewerbekapital 2                                                DM=? 0
Anderes Vermögen 1                                              DM=? 200000
Anderes Vermögen 2                                              DM=? 200000
Wollen Sie den Bildschirm drucken (dann DRUCK-Taste drücken) j/n? j
```

....		Vorher	Nachher	Differenz
Gewerbekapitalsteuer	DM	0	0	+0
Vermögensteuer	DM	300	300	+0
Substanzsteuern	DM	300	300	+0
Gewerbeertragsteuer	DM	0	0	+0
Einkommensteuer	DM	15753	15753	+0
Kirchensteuer	DM	1417	1417	+0
Ergänzungsabgabe	DM	0	0	+0
Ertragsteuern	DM	17170	17170	+0
Ertrag-+Substanzsteuern	DM	17470	17470	+0

```
Rundungsdifferenzen sind möglich
Wollen Sie den Bildschirm drucken (dann DRUCK-Taste drücken) j/n? j
```

....		Vorher	Nachher	Differenz
Gewerbekapitalsteuer	DM	0	0	+0
Vermögensteuer	DM	0	0	+0
Substanzsteuern	DM	0	0	+0
Gewerbeertragsteuer	DM	0	0	+0
Einkommensteuer	DM	14633	14633	+0
Kirchensteuer	DM	1289	1289	+0
Ergänzungsabgabe	DM	0	0	+0
Ertragsteuern	DM	15922	15922	+0
Ertrag-+Substanzsteuern	DM	15922	15922	+0

```
Rundungsdifferenzen sind möglich
Wollen Sie den Bildschirm drucken (dann DRUCK-Taste drücken) j/n? j
```

Entscheidungsfall: Langzeitstudent
Ein zwecks Ausbildung auswärtig untergebrachtes Kind erreicht in einem Veranlagungszeitraum das 27. Lebensjahr. Damit fallen der Ausbildungs- und der Kinderfreibetrag weg. Die Eltern möchten wissen, welche zusätzliche steuerliche Belastung sich durch das lange Studium dieses Kindes ergibt.

Programmteil Nr. 1: ERTRAGSTEUERN NATÜRLICHE PERSONEN

abgefragte Daten: vgl. Übersichtsanzeige

Erläuterungen:
Die Familie hatte bisher DM 100.000 zu versteuern. Durch Wegfall des Ausbildungsfreibetrages bei auswärtiger Unterbringung (DM 4.200) erhöht sich das zu versteuernde Einkommen auf DM 104.200. Außerdem fällt ein Kinderfreibetrag und ein KiSt-Kinderfreibetrag nach § 51a Abs. 2 EStG weg. Letzteres wird vom Programm automatisch berücksichtigt. Die Ehegatten sind KiSt-pflichtig mit 9 % bzw. 3 %. Sie haben insgesamt drei Kinder. Außerdem existiert eine ErgAbg in Höhe von 5 % der ESt.

Der Programmteil Nr. 1 ist zweimal einzusetzen (hier wird jeweils die Situation 1 gewählt). Im ersten Durchlauf ist als zu versteuerndes Einkommen DM 100.000 und die Kinderzahl drei einzugeben, im zweiten Durchlauf erhöht sich das zu versteuernde Einkommen auf DM 104.200; die Kinderzahl reduziert sich auf zwei.

Interpretation:
Die bisherige ErSt-Belastung (vgl. obere Tabelle) beläuft sich auf DM 20.384. Sie steigt - vgl. die untere Tabelle - durch Erreichen der "Altersgrenze" auf DM 23.190. Die jährliche Mehrbelastung berechnet sich also mit DM 2.806.

Anmerkungen:---

LANGZEITSTUDENT

```
Schult STEUERBASIC 1993
Ertragsteuern natürliche Personen/1993
Gewerbeertrag 1 vor GewSt                                        DM=? 0
Gewerbeertrag 2 vor GewSt                                        DM=? 0
Hebesatz                                                         % =? 0
zu verst Einkommen 1 vor Steuern, Kinder- und Haushaltsfrei    DM=? 100000
zu verst Einkommen 2 vor Steuern, Kinder- und Haushaltsfrei    DM=? 0
Kirchensteuersatz                                                % =? 9
Kappungs-Kirchensteuersatz                                       % =? 3
Ledig (verheiratet = n)                                          j/n? n
Kinderzahl                                                         ? 3
Ergänzungsabgabe-, Solidaritätszuschlagssatz u.ä.                 %=? 5
...........................          Vorher        Nachher    Differenz
Gewerbeertragsteuer        DM            0              0           +0
Einkommensteuer            DM        17953              0       -17953
Kirchensteuer              DM         1534              0        -1534
Ergänzungsabgabe           DM          897              0         -897
Ertragsteuern              DM        20384              0       -20384
Differenzsteuersatz in %     20.39
Rundungsdifferenzen sind möglich
Wollen Sie den Bildschirm drucken (dann DRUCK-Taste drücken) j/n? j
```

```
Schult STEUERBASIC 1993
Ertragsteuern natürliche Personen/1993
Gewerbeertrag 1 vor GewSt                                        DM=? 0
Gewerbeertrag 2 vor GewSt                                        DM=? 0
Hebesatz                                                         % =? 0
zu verst Einkommen 1 vor Steuern, Kinder- und Haushaltsfrei    DM=? 104200
zu verst Einkommen 2 vor Steuern, Kinder- und Haushaltsfrei    DM=? 0
Kirchensteuersatz                                                % =? 9
Kappungs-Kirchensteuersatz                                       % =? 3
Ledig (verheiratet = n)                                          j/n? n
Kinderzahl                                                         ? 2
Ergänzungsabgabe-, Solidaritätszuschlagssatz u.ä.                 %=? 5
...........................          Vorher        Nachher    Differenz
Gewerbeertragsteuer        DM            0              0           +0
Einkommensteuer            DM        20390              0       -20390
Kirchensteuer              DM         1781              0        -1781
Ergänzungsabgabe           DM         1019              0        -1019
Ertragsteuern              DM        23190              0       -23190
Differenzsteuersatz in %     22.26
Rundungsdifferenzen sind möglich
Wollen Sie den Bildschirm drucken (dann DRUCK-Taste drücken) j/n? j
```

4.3 Ehe

Entscheidungsfall: Heirat
Ein derzeit "in wilder Ehe" lebendes Paar unterschiedlichen Geschlechts beabsichtigt zu heiraten, wenn sich hieraus ein Steuervorteil ergibt, der als ausreichend angesehen wird, um den Bindungsnachteil auszugleichen (dieser Nachteil kann allerdings durch die Parteien nicht quantifiziert werden).

Programmteil Nr. 1: ERTRAGSTEUERN NATÜRLICHE PERSONEN

abgefragte Daten: vgl. Übersichtsanzeige

Erläuterungen:
Das Paar bezieht keine Einkünfte aus Gewerbebetrieb. Das zu versteuernde Einkommen des einen Partners beträgt DM 30.000, das des anderen Partners DM 70.000. Beide Partner sind mit 8 % bzw. 3 % KiSt-pflichtig. Kinder sind nicht vorhanden. Auch eine zusätzliche ErgAbg wird nicht erhoben.

Da der Familienstand ebenfalls nicht als besonderes steuerliches Entscheidungsproblem aufgenommen wurde, muß der Programmteil ERTRAGSTEUERN NATÜRLICHE PERSONEN zweimal gerechnet werden. Dabei kann im Fall der "wilden" Ehe (oder auch dann, wenn nicht einmal eine solche vorliegt) die Abfrage 1 für den einen und die Abfrage 2 für den anderen Partner verwendet werden. In diesem Fall interessiert allerdings nicht die Steuerdifferenz, sondern die Steuersumme - die manuell zu berechnen ist. Im Fall der Steuerberechnung bei Zusammenveranlagung muß das gesamte zu versteuernde Einkommen einem Ehegatten zugerechnet werden. Wird es weiter aufgeteilt, dann geht das Programm davon aus, daß zwei Situationen mit Zusammenveranlagung verglichen werden sollen (also z.B. die Steuerbelastung einer Familie bei einem zu versteuernden Einkommen von DM 30.000 und DM 70.000).

Interpretation:
Wie die obere Tabelle zeigt, beträgt die Steuerbelastung der unverheirateten Partner DM 5.674 und DM 18.929, insgesamt also DM 24.603. Die Werte für die Differenzsteuer bzw. den Differenzsteuersatz sind hier irrelevant.

Im Fall einer bürokratisch bestätigten Ehe ergibt sich aus der unteren Tabelle, daß die Steuerbelastung auf DM 23.386 sinkt. Die Steuerminderung durch Legalisierung beträgt damit DM 1.217 p.a.

Anmerkungen:
Der sog. Splittingvorteil ist umso größer, je weiter die zu versteuernden Einkommen der Partner auseinander liegen (am größten also, wenn ein Partner überhaupt kein Einkommen bezieht) und je höher das zu versteuernde Einkommen ist. Der maximale Splittingvorteil (für die ESt) ist identisch mit dem in der ESt-Formel für das zu versteuernde Einkommen über DM 120.042 (nach der Grundtabelle) vorgesehenen Abzugsbetrag von DM 22.842. Dieser maximale Splittingvorteil gilt also für Ehegatten, wenn das Ehegatteneinkommen etwa DM 240.000 überschreitet.

Da dieser Vorteil nicht nur für ein Jahr eintritt, sondern für die gesamte Ehezeit gewährt wird, kann auch zur Berechnung des Vermögensvorteils das Programm FINANZPLAN - durch Modifikation auch für Ehen, die länger als 5 Jahre dauern - eingesetzt werden. Ggf. müssen drei Finanzpläne berechnet werden (je einer für die unverheirateten Partner und einer für die Ehegatten).

```
HEIRAT


Schult STEUERBASIC 1993
Ertragsteuern natürliche Personen/1993
Gewerbeertrag 1 vor GewSt                                            DM=? 0
Gewerbeertrag 2 vor GewSt                                            DM=? 0
Hebesatz                                                             % =? 0
zu verst Einkommen 1 vor Steuern, Kinder- und Haushaltsfrei  DM=? 30000
zu verst Einkommen 2 vor Steuern, Kinder- und Haushaltsfrei  DM=? 70000
Kirchensteuersatz                                                    % =? 8
Kappungs-Kirchensteuersatz                                           % =? 3
Ledig (verheiratet = n)                                              j/n? j
Kinderzahl                                                           ? 0
Ergänzungsabgabe-, Solidaritätszuschlagssatz u.ä.                    %=? 0
..........................        Vorher       Nachher     Differenz
Gewerbeertragsteuer      DM            0             0            +0
Einkommensteuer          DM         5254         17527        +12273
Kirchensteuer            DM          420          1402          +982
Ergänzungsabgabe         DM            0             0            +0
Ertragsteuern            DM         5674         18929        +13255
Differenzsteuersatz in %      33.14
Rundungsdifferenzen sind möglich
Wollen Sie den Bildschirm drucken (dann DRUCK-Taste drücken) j/n? j
```

```
Schult STEUERBASIC 1993
Ertragsteuern natürliche Personen/1993
Gewerbeertrag 1 vor GewSt                                            DM=? 0
Gewerbeertrag 2 vor GewSt                                            DM=? 0
Hebesatz                                                             % =? 0
zu verst Einkommen 1 vor Steuern, Kinder- und Haushaltsfrei  DM=? 0
zu verst Einkommen 2 vor Steuern, Kinder- und Haushaltsfrei  DM=? 100000
Kirchensteuersatz                                                    % =? 8
Kappungs-Kirchensteuersatz                                           % =? 3
Ledig (verheiratet = n)                                              j/n? n
Kinderzahl                                                           ? 0
Ergänzungsabgabe-, Solidaritätszuschlagssatz u.ä.                    %=? 0
..........................        Vorher       Nachher     Differenz
Gewerbeertragsteuer      DM            0             0            +0
Einkommensteuer          DM            0         21654        +21654
Kirchensteuer            DM            0          1732         +1732
Ergänzungsabgabe         DM            0             0            +0
Ertragsteuern            DM            0         23386        +23386
Differenzsteuersatz in %      23.39
Rundungsdifferenzen sind möglich
Wollen Sie den Bildschirm drucken (dann DRUCK-Taste drücken) j/n? j
```

Entscheidungsfall: Realsplitting
Nach der Scheidung überlegen die ehemaligen Ehegatten, ob sie das sog. Realsplitting nach § 10 Abs. 1 EStG beantragen sollen - mit der Folge, daß bei dem Unterhaltsverpflichteten eine Sonderausgabe von maximal DM 27.000 abgesetzt werden kann und daß der Unterhaltsberechtigte sonstige Einkünfte nach § 22 Nr. 1a EStG in maximal dieser Höhe hat.

Programmteil Nr. 1: ERTRAGSTEUERN NATÜRLICHE PERSONEN

abgefragte Daten: vgl. Übersichtsanzeige

Erläuterungen:
Der unterhaltsberechtigte Partner beziehe bisher ein zu versteuerndes Einkommen von DM 20.000, der unterhaltsverpflichtete Partner ein solches von DM 100.000. Die Unterhaltszahlung beträgt DM 25.000. Der unterhaltsberechtigte Partner ist nicht KiSt-pflichtig. Der unterhaltsverpflichtete Partner unterliegt der KiSt mit 9 % bzw. 3 %. Die beiden Kinder leben beim unterhaltsberechtigten Partner.

Da die Differenzsteuer für zwei Steuerpflichtige ausgerechnet werden muß, wird das Programm ERTRAGSTEUERN NATÜRLICHE PERSONEN zweimal durchgerechnet. Für den unterhaltsberechtigten Partner ist das zu versteuernde Einkommen einmal mit DM 20.000 und einmal mit DM 45.000 einzugeben. Die KiSt-Sätze betragen null, der Partner ist ledig und hat zwei Kinder. Die Berechnung zeigt, daß durch die sonstigen Einkünfte in Höhe von DM 25.000 die ESt um DM 6.758 steigt.

Die zweite Berechnung betrifft den unterhaltsverpflichteten Partner. Bei diesem mindert sich das zu versteuernde Einkommen von DM 100.000 auf DM 75.000. Allerdings wird der gesamte Kinderfreibetrag auf beide Partner aufgeteilt. Der Anteil des unterhaltsberechtigten Partners ist im Programm exakt berechnet. Der Anteil des unterhaltsverpflichteten Partners kann allerdings nicht durch die Eingabe von 2 bei der Kinderzahl berücksichtigt werden, weil dann auch der Haushaltsfreibetrag angesetzt wird (vgl. Zeile 1020). Deshalb sind vor der Eingabe die zu versteuernden Einkommen um die Kinderfreibeträge von insgesamt DM 4.104 zu mindern. Bei der Abfrage sind also für das zu versteuernde Einkommen 1 DM 95.896 und für das zu versteuernde Einkommen 2 DM 70.896 einzugeben.

Interpretation:
Das Realsplitting führt bei dem unterhaltsberechtigten Partner zu einer Mehrbelastung an ESt von DM 6.758. Wie die untere Tabelle zeigt, führt die Sonderausgabe bei dem unterhaltsverpflichteten Partner zu einer Gesamtsteuerersparnis von DM 10.840. Nach einem Vorteilsausgleich an den unterhaltsberechtigten Partner in Höhe dessen Mehrsteuer von DM 6.758 verbleibt insgesamt ein Realsplittingvorteil von DM 4.082. Über die Aufteilung dieses Vorteils müssen sich die ehemaligen Ehegatten einigen.

Anmerkungen:
Der Realsplittingvorteil resultiert daraus, daß der Differenzsteuersatz des unterhaltsberechtigten Partners (im Beispielsfall 27,04 %) regelmäßig niedriger ist als der des unterhaltsverpflichteten Partners (im Beispielsfall 43,36 %). Tendenziell kann festgestellt werden, daß der Realsplittingvorteil um so größer ist, je niedriger das zu versteuernde Einkommen des unterhaltsberechtigten und je höher das zu versteuernde Einkommen des unterhaltsverpflichteten Partners ist. Extremerweise kann der Realsplittingvorteil auf etwa 55,14 % (Spitzen-Teilsteuersatz aus ESt und KiSt) von DM 27.000, das sind etwa DM 15.000 steigen. Existiert eine ErgAbg, dann ist er entsprechend höher.

REALSPLITTING

```
Schult STEUERBASIC 1993
Ertragsteuern natürliche Personen/1993
Gewerbeertrag 1 vor GewSt                                          DM=? 0
Gewerbeertrag 2 vor GewSt                                          DM=? 0
Hebesatz                                                           % =? 0
zu verst Einkommen 1 vor Steuern, Kinder- und Haushaltsfrei  DM=? 20000
zu verst Einkommen 2 vor Steuern, Kinder- und Haushaltsfrei  DM=? 45000
Kirchensteuersatz                                                  % =? 0
Kappungs-Kirchensteuersatz                                         % =? 0
Ledig (verheiratet = n)                                            j/n? j
Kinderzahl                                                           ? 2
Ergänzungsabgabe-, Solidaritätszuschlagssatz u.ä.                  %=? 0
............................         Vorher       Nachher    Differenz
Gewerbeertragsteuer       DM              0             0           +0
Einkommensteuer           DM              0          6758        +6758
Kirchensteuer             DM              0             0           +0
Ergänzungsabgabe          DM              0             0           +0
Ertragsteuern             DM              0          6758        +6758
Differenzsteuersatz in %     27.04
Rundungsdifferenzen sind möglich
Wollen Sie den Bildschirm drucken (dann DRUCK-Taste drücken) j/n? j
```

```
Schult STEUERBASIC 1993
Ertragsteuern natürliche Personen/1993
Gewerbeertrag 1 vor GewSt                                          DM=? 0
Gewerbeertrag 2 vor GewSt                                          DM=? 0
Hebesatz                                                           % =? 0
zu verst Einkommen 1 vor Steuern, Kinder- und Haushaltsfrei  DM=? 95896
zu verst Einkommen 2 vor Steuern, Kinder- und Haushaltsfrei  DM=? 70896
Kirchensteuersatz                                                  % =? 9
Kappungs-Kirchensteuersatz                                         % =? 3
Ledig (verheiratet = n)                                            j/n? j
Kinderzahl                                                           ? 0
Ergänzungsabgabe-, Solidaritätszuschlagssatz u.ä.                  %=? 0
............................         Vorher       Nachher    Differenz
Gewerbeertragsteuer       DM              0             0           +0
Einkommensteuer           DM          27734         17789        -9945
Kirchensteuer             DM           2496          1601         -895
Ergänzungsabgabe          DM              0             0           +0
Ertragsteuern             DM          30230         19390       -10840
Differenzsteuersatz in %     43.36
Rundungsdifferenzen sind möglich
Wollen Sie den Bildschirm drucken (dann DRUCK-Taste drücken) j/n? j
```

4.4 Kirchenzugehörigkeit

Entscheidungsfall: Kirchenaustritt
Ein Steuerpflichtiger beabsichtigt, aus der Kirche auszutreten. Er möchte den Steuervorteil wissen, den er durch den Wegfall der KiSt erwarten kann.

Programmteil Nr. 1: ERTRAGSTEUERN NATÜRLICHE PERSONEN

abgefragte Daten: vgl. Übersichtsanzeige

Erläuterungen:
Der Steuerpflichtige ist ledig und kinderlos. Die KiSt wird mit 9 % bzw. 4 % erhoben. Das zu versteuernde Einkommen vor Abzug der KiSt wird mit DM 50.000 prognostiziert.

Da die Kirchenzugehörigkeit - wie der Familienstand - nicht als besonderes Entscheidungsproblem im Programm erfaßt ist, muß der Programmteil ERTRAGSTEUERN NATÜRLICHE PERSONEN zweimal durchlaufen werden. Die Dateneingabe der beiden Rechnungen unterscheidet sich nur bei den KiSt-Sätzen. Im ersten Durchlauf werden die Werte 9 % und 4 % eingegeben. Im zweiten Durchlauf werden die KiSt-Sätze mit null eingegeben.

Da nur eine der im Programm möglichen Situationen benötigt wird (entweder 1 oder 2), ist es möglich, zwei alternative Einkommensprognosen zu berücksichtigen. Die KiSt-Wirkung wird durch die Differenz zwischen den ErSt der ersten Berechnung (mit KiSt) und der zweiten Berechnung (ohne KiSt) erfaßt. Hier soll als zweite Einkommensprognose ein Wert von DM 150.000 untersucht werden.

Interpretation:
Die ErSt-Belastung beträgt bei Einbeziehung der KiSt (vgl. erste Spalte in der oberen Tabelle) DM 11.764. Sie reduziert sich durch den Kirchenaustritt (vgl. erste Spalte der unteren Tabelle) auf DM 11.100. Der KiSt-Effekt beträgt also DM 764.

Im Fall der höheren Einkommensprognose (vgl. die zweiten Spalten der Berechnungen) reduziert sich die gesamte Steuerbelastung von DM 58.945 auf DM 56.657, also um DM 2.288.

Die KiSt-Minderung um DM 971 bzw. DM 4.867 gibt die Wirkung eines Kirchenaustritts noch nicht vollständig wieder. In dieser Höhe fallen nämlich Sonderausgaben weg. Dadurch reduziert sich im Fall relativ niedriger zu versteuernder Einkommen der Effekt eher geringfügig. Im Fall vergleichsweise hoher zu versteuernder Einkommen wird die KiSt-Minderung mehr als halbiert (im Beispiel von DM 4.867 auf DM 2.288).

Anmerkungen:
Die KiSt-Ersparnis wird durch die Differenz des Differenz-Teilsteuersatzes aus ESt und KiSt und des Differenzsteuersatzes der ESt wiedergegeben. Existiert eine ErgAbg, dann müssen beide Teilsteuersätze um die ErgAbg modifiziert werden. Weil dann die Sonderausgabe KiSt zu einer zusätzlichen Ersparnis an ErgAbg führt, ist die

KiSt-Ersparnis durch einen Kirchenaustritt kleiner als wenn keine ErgAbg erhoben wird.

Eine einperiodige Rechnung - wie hier - gibt nur den KiSt-Effekt für ein Jahr wieder. Um den KiSt-Effekt mehrperiodig zu erfassen, genügt es nicht, den einperiodigen Wert mit der Zahl der Jahre zu multiplizieren. Dann ist nämlich der Effekt nicht berücksichtigt, daß Teile der KiSt-Minderung erst in späteren Jahren anfallen. Der Zins- und KiSt-Effekt kann mit Hilfe des Programms FINANZPLAN berechnet werden. Dieses Programm wird einmal mit und einmal ohne KiSt durchlaufen. Die Differenz der Endvermögen stellt den mehrperiodigen KiSt-Effekt dar.

```
KIRCHENAUSTRITT


Schult STEUERBASIC 1993
Ertragsteuern natürliche Personen/1993
Gewerbeertrag 1 vor GewSt                                       DM=? 0
Gewerbeertrag 2 vor GewSt                                       DM=? 0
Hebesatz                                                        % =? 0
zu verst Einkommen 1 vor Steuern, Kinder- und Haushaltsfrei  DM=? 50000
zu verst Einkommen 2 vor Steuern, Kinder- und Haushaltsfrei  DM=? 150000
Kirchensteuersatz                                               % =? 9
Kappungs-Kirchensteuersatz                                      % =? 4
Ledig (verheiratet = n)                                         j/n? j
Kinderzahl                                                        ? 0
Ergänzungsabgabe-, Solidaritätszuschlagssatz u.ä.               %=? 0
..........................      Vorher       Nachher    Differenz
Gewerbeertragsteuer      DM          0             0           +0
Einkommensteuer          DM      10793         54078       +43285
Kirchensteuer            DM        971          4867        +3896
Ergänzungsabgabe         DM          0             0           +0
Ertragsteuern            DM      11764         58945       +47181
Differenzsteuersatz in %     47.19
Rundungsdifferenzen sind möglich
Wollen Sie den Bildschirm drucken (dann DRUCK-Taste drücken) j/n? j
```

```
Schult STEUERBASIC 1993
Ertragsteuern natürliche Personen/1993
Gewerbeertrag 1 vor GewSt                                       DM=? 0
Gewerbeertrag 2 vor GewSt                                       DM=? 0
Hebesatz                                                        % =? 0
zu verst Einkommen 1 vor Steuern, Kinder- und Haushaltsfrei  DM=? 50000
zu verst Einkommen 2 vor Steuern, Kinder- und Haushaltsfrei  DM=? 150000
Kirchensteuersatz                                               % =? 0
Kappungs-Kirchensteuersatz                                      % =? 0
Ledig (verheiratet = n)                                         j/n? j
Kinderzahl                                                        ? 0
Ergänzungsabgabe-, Solidaritätszuschlagssatz u.ä.               %=? 0
..........................      Vorher       Nachher    Differenz
Gewerbeertragsteuer      DM          0             0           +0
Einkommensteuer          DM      11100         56657       +45557
Kirchensteuer            DM          0             0           +0
Ergänzungsabgabe         DM          0             0           +0
Ertragsteuern            DM      11100         56657       +45557
Differenzsteuersatz in %     45.56
Rundungsdifferenzen sind möglich
Wollen Sie den Bildschirm drucken (dann DRUCK-Taste drücken) j/n? j
```

4.5 Standortplanung[18]

Entscheidungsfall: Niederlassung in Lübeck oder Wismar
Ein Steuerberater möchte seine Aktivitäten auf die norddeutschen Bundesländer ausdehnen. Ihm werden Praxisräume in Lübeck und in Wismar angeboten. Mit Ausnahme der steuerlichen Situation seien sämtliche anderen Standortfaktoren identisch.

Für die Praxiseinrichtung rechnet er mit einer Investition von DM 200.000. Die betriebsgewöhnliche Nutzungsdauer beträgt fünf Jahre. In Lübeck kann er sie linear mit jeweils 20 % p.a. nach § 7 Abs. 1 EStG absetzen. In Wismar kann er nach § 4 FöGG neben der linearen AfA eine Sonderabschreibung von 50 % beliebig über fünf Jahre verteilt ansetzen. Er möchte wissen, wie groß der Vorteil einer sofortigen Sonderabschreibung (im ersten Jahr 50 % Sonderabschreibung plus 20 % AfA, im zweiten Jahr 20 % AfA und im dritten Jahr 10 % AfA) gegenüber der linearen AfA ist.

Programmteil Nr. 8: FINANZPLAN

abgefragte Daten: vgl. Übersichtsanzeige

Erläuterungen:
Der Steuerberater geht von einer Zwischenverzinsung (Soll- und Habenzins) von 10 % p.a. aus. Da keine GewSt-Pflicht besteht, wird die Frage nach Privatbereich mit "j" beantwortet. Die Länge des Planungszeitraums beträgt fünf Jahre. Der Steuerpflichtige soll kinderlos verheiratet sein und nicht der KiSt-Pflicht unterliegen.

Die Investition soll eigenfinanziert werden und sein gesamtes Vermögen verbrauchen. Das Anfangsvermögen von DM 200.000 sinkt demnach auf null. Die Jahreswerte bei linearer AfA sind gleich (erste Tabelle). Der Steuerpflichtige geht von einem jährlichen Brutto-Einnahmenüberschuß von DM 180.000 aus. Die zusätzliche Investitions-Abschreibung beträgt (lineare AfA) DM 40.000. Er bezieht außerdem andere steuerpflichtige Einkünfte ohne Zinsen in Höhe von DM 10.000 und hat Sonderausgaben von DM 6.000. Schließlich rechnet er mit einem jährlichen Konsum von -DM 50.000.

Am Standort Wismar ist statt der linearen AfA die Sonderabschreibung (mit nachfolgender AfA) mit DM 140.000, DM 40.000 und DM 20.000 einzugeben. Die Jahreswerte sind in dieser Position nicht gleich (zweite Tabelle), so daß die entsprechende Frage mit "n" beantwortet werden muß.

Interpretation:
Wie die Ergebnisübersicht zeigt, kommt er wegen der relativ hohen Brutto-Einnahmenüberschüsse trotz fehlenden Anfangsvermögens nicht in Liquiditätsschwierigkeiten. Die Vermögen sind sämtlich positiv. Ansonsten führt die ökonomische Situation in Lübeck zu einem Endvermögen von DM 562.946.

Für Wismar - vgl. den zweiten Finanzplan - ergibt sich ein Endvermögen von DM 555.960. Da dieser Wert erheblich niedriger ist, ist die Sonderabschreibung in diesem Fall von Nachteil. Sie führt zu einem Zinsvorteil (Differenz der Zeilensummen

18 Vgl. hierzu generell Esser, K., Standortfaktor Unternehmensbesteuerung, in ZfbF 1990, S. 157ff.

"ZinsE privat") von DM 10.271; dem steht allerdings ein ESt-Nachteil (Differenz der Zeilensummen "EinkommenSt") von DM 17.257 gegenüber.

Anmerkungen:---

```
NIEDERLASSUNG IN LÜBECK ODER WISMAR/LÜBECK


Schult STEUERBASIC 1993
Finanzplan ESt/1993
Werte bis DM 10 Mio und Zeiten bis fünf Jahre können bearbeitet werden
Brutto-Zwischenzins                                        % =? 10
Zwischenverzinsung im Privatbereich (im Betrieb = n)     j/n? j
Länge des Planungszeitraums                             Jahre =? 5
Hebesatz                                                   % =? 0
Kirchensteuersatz                                          % =? 0
Kappungs-Kirchensteuersatz                                 % =? 0
Ledig (verheiratet = n)                                  j/n? n
Kinderzahl                                                  ? 0
Ergänzungsabgabe-, Solidaritätszuschlagssatz u.ä.          %=? 0
Anfangsvermögen(+), zusätzliche Investitionsausgabe(-)    DM =? 0

Jahreswerte gleich (Jahreswerte nicht gleich = n)         j/n? j

Brutto-Einnahmenüberschuß(+)                              DM =? 180000
zusätzliche Investitions-Abschreibung(+)                  DM =? 40000
Dauerschuldzinsen in voller Höhe(+)                       DM =? 0
andere Hinzurechnungen/Kürzungen(+/-)                     DM =? 0
andere steuerpflichtige Einkünfte ohne Zinsen(+/-)        DM =? 10000
Sonderausgaben/außergewöhnliche Belastungen(+)            DM =? 6000
steuerfreie Einnahmen/Ausgaben/Konsum(+/-)                DM =? -50000
Wollen Sie den Bildschirm drucken (dann DRUCK-Taste drücken) j/n? j
```

Ende des Jahres	#1	#2	#3	#4	#5	Summe
Brutto-Ein-Über	180000	180000	180000	180000	180000	900000
Invest-AfA	40000	40000	40000	40000	40000	200000
Dauerschuldzins	0	0	0	0	0	0
Hinzu/Kürz	0	0	0	0	0	0
andere stpfl Ein	10000	10000	10000	10000	10000	50000
SonderA/agB	6000	6000	6000	6000	6000	30000
stfreiE/A Konsum	-50000	-50000	-50000	-50000	-50000	-250000
ZinsE privat	0	9637	20237	31576	43589	105038
zu verst Einkomm	144000	144000	152237	163576	175589	779401
GewerbeESt	0	0	0	0	0	0
EinkommenSt	37634	37634	40850	45446	50528	212092
KirchenSt	0	0	0	0	0	0
ErgAbg	0	0	0	0	0	0
Gewinn vor Steu	140000	140000	140000	140000	140000	700000
Ein-Überschuß	96366	106003	113387	120130	127061	562946
(End-)Vermögen	96366	202369	315755	435885	562946	

```
Rundungsdifferenzen sind möglich
Wollen Sie den Bildschirm drucken (dann DRUCK-Taste drücken) j/n? j
```

NIEDERLASSUNG IN LÜBECK ODER WISMAR/WISMAR MIT SONDERABSCHREIBUNG

```
Schult STEUERBASIC 1993
Finanzplan ESt/1993
Werte bis DM 10 Mio und Zeiten bis fünf Jahre können bearbeitet werden
Brutto-Zwischenzins                                          % =? 10
Zwischenverzinsung im Privatbereich (im Betrieb = n)       j/n? j
Länge des Planungszeitraums                               Jahre =? 5
Hebesatz                                                     % =? 0
Kirchensteuersatz                                            % =? 0
Kappungs-Kirchensteuersatz                                   % =? 0
Ledig (verheiratet = n)                                    j/n? n
Kinderzahl                                                     ? 0
Ergänzungsabgabe-, Solidaritätszuschlagssatz u.ä.            %=? 0
Anfangsvermögen(+), zusätzliche Investitionsausgabe(-)      DM =? 0

Jahreswerte gleich (Jahreswerte nicht gleich = n)          j/n? n

Wollen Sie den Bildschirm drucken (dann DRUCK-Taste drücken) j/n? j
```

Ende des Jahres	#1	#2	#3	#4	#5	Summe
Brutto-Ein-Über	180000	180000	180000	180000	180000	900000
Invest-AfA	140000	40000	20000	0	0	200000
Dauerschuldzins	0	0	0	0	0	0
Hinzu/Kürz	0	0	0	0	0	0
andere stpfl Ein	10000	10000	10000	10000	10000	50000
SonderA/agB	6000	6000	6000	6000	6000	30000
stfreiE/A Konsum	-50000	-50000	-50000	-50000	-50000	-250000
ZinsE privat	0	12719	23599	34306	44685	115309
zu verst Einkomm	44000	144719	175599	206306	216685	787309
GewerbeESt	0	0	0	0	0	0
EinkommenSt	6813	37911	50533	64520	69572	229349
KirchenSt	0	0	0	0	0	0
ErgAbg	0	0	0	0	0	0
Gewinn vor Steu	40000	140000	160000	180000	180000	700000
Ein-Überschuß	127187	108808	107066	103786	109113	555960
(End-)Vermögen	127187	235995	343061	446847	555960	

Rundungsdifferenzen sind möglich
Wollen Sie den Bildschirm drucken (dann DRUCK-Taste drücken) j/n? j

Entscheidungsfall: Niederlassung in Lübeck oder Wismar
Die wirtschaftliche Situation entspricht der vorhergehenden Situation. Der Steuerberater möchte wissen, wie er die Sonderabschreibungen/AfA optimal auf die fünf Jahre verteilt und welchen Vermögensvorteil der Standort Wismar dann bietet.

Außerdem möchte der Steuerberater wissen, wie sich die erwartete InvZul von 8 % auf die Investition, das sind DM 16.000 im ersten Jahr, auswirkt.

Programmteil Nr. 9: GEWINNOPTIMIERUNG

abgefragte Daten: vgl. Übersichtsanzeige

Erläuterungen:
Das Programm GEWINNOPTIMIERUNG fragt dieselben Werte ab wie das Programm FINANZPLAN. Das mögliche Abschreibungsvolumen von DM 200.000 wird vom Programm optimal verteilt - also so, daß Zins- und Steuereffekt zu einem maximalen Endvermögen führen. Es ist gleichgültig, wie das gesamte Abschreibungsvolumen eingegeben wird. Damit die Jahreswerte einfacherweise gleich sind, wird hier (vgl. erste Tabelle) eine lineare Absetzung eingegeben (die - wie gesagt - keinen Einfluß auf die Optimierung hat).

Die InvZul wird in einer zweiten Rechnung berücksichtigt (vgl. zweite Übersicht). Im ersten Jahr wird eine zusätzliche steuerfreie Einnahme - eben die InvZul - von DM 16.000 eingegeben (bei der Abfrage ist also der saldierte Wert aus InvZul und Konsum mit -DM 34.000 anzugeben). Interessehalber ist hier - da die Jahreswerte durch die InvZul ohnehin ungleich sind - das Abschreibungsvolumen im ersten Jahr mit DM 200.000 eingegeben worden.

Interpretation:
In der Zeile "Gewinn vor Steu+Zi" werden die Sollwerte der Gewinne aus selbständiger Arbeit angegeben. Die Ist-Gewinne entsprechen den Brutto-Einnahmenüberschüssen von jeweils DM 180.000. Die Differenz stellt jeweils die optimale Abschreibung/AfA dar. Sie beträgt also in den fünf Jahren DM 57.022, DM 42.413, DM 36.874, DM 33.408 und DM 30.283 (insgesamt DM 200.000). Das maximale Endvermögen beträgt DM 563.680. Wie ersichtlich, weicht es kaum von dem in Lübeck ab. Die Kombination aus Sonderabschreibung und AfA entspricht grob der linearen AfA. Der Zinseffekt ist also im vorliegenden Fall eher sekundär.

Die InvZul erhöht dagegen - vgl. zweite Übersicht - das Endvermögen um DM 20.788. Sie stellt (anders als die Sonderabschreibung) hier tatsächlich einen Standortvorteil für Wismar dar[19]. Die zusätzliche Vermögensmehrung durch die InvZul führt zu zusätzlichen Zinseinnahmen; dadurch wird auch die optimale Verteilung der Sonderabschreibung/AfA geändert.

Anmerkungen:
Nach § 7a Abs. 3 EStG muß mindestens die lineare AfA abgesetzt werden, so daß die optimale Abschreibungsverteilung nicht erreicht werden kann. Im dritten und im vierten Jahr muß jeweils DM 40.000 und im fünften Jahr DM 22.748 abgesetzt werden. Im vorliegenden Fall ist diese Einschränkung jedoch eher irrelevant.

19 Diese Ergebnisse lassen sich tendenziell generalisieren, vgl. etwa Schneider, D., Sinn und Widersinn der steuerlichen Investitionsförderung für die neuen Bundesländer und des Solidaritätszuschlags, in DB 1991, S. 1081ff. sowie Scheffler, W., Betriebswirtschaftliche Analyse der Steuerbegünstigungen für Investitionen in den neuen Bundesländern, in DStR 1991, S. 524ff.

NIEDERLASSUNG IN LÜBECK ODER WISMAR/WISMAR MIT OPTIMALER GEWINNVERTEILUNG

```
Schult STEUERBASIC 1993
Gewinnoptimierung/1993
Werte bis DM 10 Mio und Zeiten bis fünf Jahre können bearbeitet werden
Brutto-Zwischenzins                                          % =? 10
Zwischenverzinsung im Privatbereich (im Betrieb = n)         j/n? j
Länge des Planungszeitraums                               Jahre =? 5
Hebesatz                                                     % =? 0
Kirchensteuersatz                                            % =? 0
Kappungs-Kirchensteuersatz                                   % =? 0
Ledig (verheiratet = n)                                      j/n? n
Kinderzahl                                                      ? 0
Ergänzungsabgabe-, Solidaritätszuschlagssatz u.ä.            %=? 0
Anfangsvermögen(+), zusätzliche Investitionsausgabe(-)      DM =? 0

Jahreswerte gleich (Jahreswerte nicht gleich = n)            j/n? j

Brutto-Einnahmenüberschuß(+)                              DM =? 180000
zusätzliche Investitions-Abschreibung(+)                  DM =? 40000
Dauerschuldzinsen in voller Höhe(+)                       DM =? 0
andere Hinzurechnungen/Kürzungen(+/-)                     DM =? 0
andere steuerpflichtige Einkünfte ohne Zinsen(+/-)        DM =? 10000
Sonderausgaben/außergewöhnliche Belastungen(+)            DM =? 6000
steuerfreie Einnahmen/Ausgaben/Konsum(+/-)                DM =? -50000
Wollen Sie den Bildschirm drucken (dann DRUCK-Taste drücken) j/n? j
```

Ende des Jahres	#1	#2	#3	#4	#5	Summe
Brutto-Ein-Über	180000	180000	180000	180000	180000	900000
Invest-AfA	40000	40000	40000	40000	40000	200000
Dauerschuldzins	0	0	0	0	0	0
Hinzu/Kürz	0	0	0	0	0	0
andere stpfl Ein	10000	10000	10000	10000	10000	50000
SonderA/agB	6000	6000	6000	6000	6000	30000
stfreiE/A Konsum	-50000	-50000	-50000	-50000	-50000	-250000
T-ESt-optimal %	35.83	38.05	40.32	42.64	44.98	
ZinsE privat	0	10269	21024	32285	44063	107641
zu verst Einkomm	126978	141587	156150	170877	185780	781372
GewerbeESt	0	0	0	0	0	0
EinkommenSt	31315	36712	42414	48509	55011	213961
KirchenSt	0	0	0	0	0	0
ErgAbg	0	0	0	0	0	0
Gewinn vor Steu+Zi	122978	137587	143126	146592	149717	700000
Ein-Überschuß	102685	107557	112610	117776	123052	563680
(End-)Vermögen	102685	210242	322852	440628	563680	

Rundungsdifferenzen sind möglich
Wollen Sie den Bildschirm drucken (dann DRUCK-Taste drücken) j/n? j

NIEDERLASSUNG IN LÜBECK ODER WISMAR/WISMAR MIT INVESTITIONSZULAGE

```
Schult STEUERBASIC 1993
Gewinnoptimierung/1993
Werte bis DM 10 Mio und Zeiten bis fünf Jahre können bearbeitet werden
Brutto-Zwischenzins                                          % =? 10
Zwischenverzinsung im Privatbereich (im Betrieb = n)        j/n? j
Länge des Planungszeitraums                               Jahre =? 5
Hebesatz                                                     % =? 0
Kirchensteuersatz                                            % =? 0
Kappungs-Kirchensteuersatz                                   % =? 0
Ledig (verheiratet = n)                                     j/n? n
Kinderzahl                                                     ? 0
Ergänzungsabgabe-, Solidaritätszuschlagssatz u.ä.            %=? 0
Anfangsvermögen(+), zusätzliche Investitionsausgabe(-)      DM =? 0

Jahreswerte gleich (Jahreswerte nicht gleich = n)           j/n? n

Wollen Sie den Bildschirm drucken (dann DRUCK-Taste drücken) j/n? j
```

Ende des Jahres	#1	#2	#3	#4	#5	Summe
Brutto-Ein-Über	180000	180000	180000	180000	180000	900000
Invest-AfA	200000	0	0	0	0	200000
Dauerschuldzins	0	0	0	0	0	0
Hinzu/Kürz	0	0	0	0	0	0
andere stpfl Ein	10000	10000	10000	10000	10000	50000
SonderA/agB	6000	6000	6000	6000	6000	30000
stfreiE/A Konsum	-34000	-50000	-50000	-50000	-50000	-234000
T-ESt-optimal %	36.00	38.22	40.49	42.81	45.16	
ZinsE privat	0	11830	22699	34085	45997	114611
zu verst Einkomm	128056	142692	157218	171959	186856	786781
GewerbeESt	0	0	0	0	0	0
EinkommenSt	31702	37133	42845	48969	55494	216143
KirchenSt	0	0	0	0	0	0
ErgAbg	0	0	0	0	0	0
Gewinn vor Steu+Zi	124056	138692	142519	145874	148859	700000
Ein-Überschuß	118298	108697	113854	119116	124503	584468
(End-)Vermögen	118298	226995	340849	459965	584468	

Rundungsdifferenzen sind möglich

Wollen Sie den Bildschirm drucken (dann DRUCK-Taste drücken) j/n? j

4.6 Hauskauf oder Miete

Entscheidungsfall: Anschaffung oder Herstellung einer selbstgenutzten Wohnung im eigenen Haus
Ein Steuerpflichtiger steht vor der Entscheidung, entweder weiter zur Miete zu wohnen oder ein Einfamilienhaus oder eine Eigentumswohnung anzuschaffen oder herzustellen. Die Förderbedingungen des § 10e EStG (Anschaffungs- oder Herstellungskosten bzw. Fremdkapitalzinsen können z.T. als Sonderausgaben abgesetzt werden) und des § 34f EStG (sog. Baukindergeld) sollen erfüllt sein.

Programmteil Nr. 8: FINANZPLAN

abgefragte Daten: vgl. Übersichtsanzeige

Erläuterungen:
Der Steuerpflichtige ist verheiratet, KiSt-pflichtig und hat zwei Kinder. Z.Zt. bezieht er einen Brutto-Einnahmenüberschuß (z.B. Arbeitslohn) von DM 110.000 p.a. und zahlt DM 18.000 Miete p.a. Der übrige Konsum der Familie soll DM 30.000 p.a. betragen. Für DM 700.000 kann er ein vergleichbares Objekt zur Selbstnutzung herstellen. Er geht von einer vollständigen Fremdfinanzierung aus, die er zu 7 % p.a. realisieren kann. Die Inflationsrate - die bei einer derartigen Investition notwendigerweise zu berücksichtigen ist - wird mit 5 % p.a. prognostiziert. Sie soll in dieser Höhe sowohl auf den Brutto-Einnahmenüberschuß als auch auf den Konsum, die Miete und die Wertsteigerung des Objektes wirken. Es kann aber auch eine differenzierte Inflationsrate berücksichtigt werden.

Da die steuerliche Förderung der §§ 10e, 34f EStG acht Jahre lang läuft, muß die Berechnung über einen Planungszeitraum dieser Länge angestellt werden. Das Programm FINANZPLAN ist nur über fünf Jahre angelegt. Es muß deshalb zweimal eingesetzt werden. Die ersten fünf Jahre werden in einem ersten Finanzplan erfaßt. Das Endvermögen dieser fünf Jahre wird als Anfangsvermögen für die folgenden drei Jahre berücksichtigt. Das Vorteilhaftigkeitskriterium ist das Endvermögen nach acht Jahren.

Als erstes wird das Endvermögen für die derzeitige Situation berechnet. Bei der Abfrage werden 7 % Zinssatz und 5 Jahre Planungszeitraum sowie die KiSt-Sätze mit 8 % bzw. 3 % eingegeben. Die Frage "Ledig" wird verneint, die Kinderzahl beträgt zwei. Wegen der Inflation sind die Jahreswerte nicht gleich.

Für den Brutto-Einnahmenüberschuß ist der Wert von DM 110.000 jedes Jahr um 5 % Inflation zu erhöhen. Der Konsum besteht aus DM 30.000 sowie der Miete von DM 18.000. Der Gesamtbetrag von DM 48.000 ist jedes Jahr um 5 % zu erhöhen. Nach fünf Jahren zeigt der Finanzplan einen Vermögensstand von DM 232.062.

Das Programm FINANZPLAN ist ein zweites Mal aufzurufen. Die Länge des Planungszeitraums wird jetzt mit drei Jahren eingegeben; die Frage nach dem Anfangsvermögen wird mit DM 232.062 beantwortet. Im übrigen werden die Brutto-Einnahmenüberschüsse und die Konsumausgaben weiter um jeweils 5 % erhöht. Nach acht Jahren hat die Familie im Mietfall ein Vermögen von DM 419.918 angesammelt.

Dieser Wert muß mit dem des Kauffalles verglichen werden. Hierzu wird das Programm FINANZPLAN nochmals aufgerufen. Es werden die gleichen Basiswerte eingegeben. Eine zusätzliche Investitionsausgabe liegt nicht vor, weil die Investition von DM 700.000 in voller Höhe fremdfinanziert werden soll - der Investitionsausgabe steht eine Finanzierungseinnahme in gleicher Höhe gegenüber.

Die Brutto-Einnahmenüberschüsse werden wie bisher in jedem Jahr um 5 % erhöht. In der Zeile "Invest-AfA" können die Sonderausgaben nach § 10e EStG eingegeben werden. Es sind hier nach § 10e Abs. 1 EStG in den ersten vier Jahren jeweils DM 19.800 und in den weiteren vier Jahren jeweils DM 16.500 sowie nach § 10e Abs. 5a EStG in den ersten drei Jahren jeweils DM 12.000 Fremdkapitalzinsen. Da die Sonderausgaben teilweise nicht mit Ausgaben verbunden sind, ist die Eingabe in dieser Zeile vorteilhaft. Ansonsten müßten die nicht zahlungswirksamen Teile (das sind hier die Sonderausgaben nach § 10e Abs. 1 EStG) in der Zeile "steuerfreie Einnahmen/Ausgaben/Konsum" neutralisiert werden. Weil im vorliegenden Fall kein Betriebsvermögen existiert, also keine GewSt-Pflicht besteht, führt die Eingabe der Sonderausgabe als AfA nicht zu einem Fehler.

Die Eingabe in der Zeile "stfreieE/A Konsum" muß detailliert hergeleitet werden. Als erstes geht hier der um jeweils 5 % erhöhte Konsum von anfangs DM 30.000 negativ ein. Sodann wird in jedem Jahr DM 2.000 für das sog. Baukindergeld nach § 34f EStG addiert (das Baukindergeld wird hier bei der Berechnung der KiSt vernachlässigt; der Fehler ist gering). Schließlich sind die nicht abzugsfähigen Fremdkapitalzinsen mit DM 49.000 zu subtrahieren (der abzugsfähige Teil ist oben enthalten).

Um einen Vergleich mit der Mietsituation zu haben, wird angenommen, daß die Wohnung nach acht Jahren (steuerfrei) veräußert wird. Gleichzeitig wird die Fremdfinanzierung getilgt. In der Zeile "stfreieE/A Konsum" sind im achten Jahr also weitere DM 700.000 zu subtrahieren und DM 1.034.219 (DM 700.000 über acht Jahre mit 5 % "aufinflationiert") zu addieren.

Für den Kauffall wird der Finanzplan ebenfalls zuerst über fünf Jahre und dann über weitere drei Jahre aufgestellt. Nach fünf Jahren zeigt sich ein Endvermögen von DM 124.205. Dieses ist im zweiten Finanzplan als Anfangsvermögen einzugeben. Das Endvermögen im Kauffall beträgt nach acht Jahren DM 571.988.

Interpretation:
Im Mietfall ist das Endvermögen um etwa DM 152.000 niedriger als im Kauffall. Die Investition ist demnach vorteilhaft. Die Finanzpläne zeigen weiter, daß die Familie auch im Kauffall nicht in Liquiditätsschwierigkeiten kommt. Die Vermögen am Ende jedes Jahres sind positiv.

Die Vermögen sind im Mietfall allerdings in jedem Jahr - mit Ausnahme des achten Jahres - höher als im Kauffall. Die laufenden Fremdkapitalzinsen strapazieren die Liquidität, sie sind mit DM 49.000 erheblich höher als die wegfallenden Mietausgaben mit anfangs DM 18.000. Der Vermögensvorteil zeigt sich erst im letzten Jahr. Das Darlehen wird mit dem Nominalwert von DM 700.000 getilgt. Dagegen steht die inflatorische Erhöhung des Realvermögens - des Einfamilienhauses bzw. der Eigentumswohnung - auf DM 1.034.219.

Der Vorteil des Immobilienkaufs ist augenscheinlich wesentlich abhängig von der Inflationsrate. Je stärker sich diese auf Mieten und Immobilienwert auswirkt, desto eher kann ein Immobilienkauf erwogen werden. Dagegen steht die negative Wirkung des

Zinssatzes. Je höher dieser ist, desto niedriger ist das Endvermögen bei Immobilienkauf - desto höher ist dagegen das Endvermögen im Mietfall.

Anmerkungen:
Interessant wäre eine Untersuchung[20], inwieweit die steuerliche Subventionierung zum Immobilienkauf anreizt. Das Programm FINANZPLAN läßt sich auch hierfür einsetzen. Ohne Subventionierung wären die Sonderausgaben (hier in der Zeile "Invest-AfA") null. In der Zeile "steuerfreie Einnahmen/Ausgaben/Konsum" ist ein Betrag von jährlich DM 2.000 zu subtrahieren, um den Einfluß des sog. Baukindergeldes zu neutralisieren.

Weiterhin könnte untersucht werden, wie sich eine Eigenfinanzierung auswirkt. Bei Fremdfinanzierung sind die Zinsausgaben mit Ausnahme der relativ geringen Förderung in § 10e Abs. 5a EStG nicht steuerlich wirksam. Deshalb sind sie in der Zeile "stfreiE/A Konsum" subtrahiert. Bei Eigenfinanzierung mindern sich die Habenzinsen. Diese unterliegen - vom Sparerfreibetrag abgesehen - der ESt und KiSt. Eine Eigenfinanzierung wird also steuerlich präferenziert gegenüber der Fremdfinanzierung, sie ist "billiger", weil der Netto-Habenzins (nach Steuern) niedriger ist als der Netto-Sollzins (= Brutto-Sollzins). Will man die Eigenfinanzierung untersuchen, dann ist im Mietfall ein entsprechendes Anfangsvermögen einzugeben (hier z.B. DM 700.000). Im Kauffall ist das Anfangsvermögen um die Investition zu mindern (hier wäre also für das Anfangsvermögen null einzugeben).

20 Schult, E., Die steuerliche Förderung eigengenutzten Wohnraums - ein Anreiz?, in SteuerStud 1990, S. 54ff.

HAUSKAUF ODER MIETE/MIETE ERSTE FÜNF JAHRE

```
Schult STEUERBASIC 1993
Finanzplan ESt/1993
Werte bis DM 10 Mio und Zeiten bis fünf Jahre können bearbeitet werden
Brutto-Zwischenzins                                          % =? 7
Zwischenverzinsung im Privatbereich (im Betrieb = n)       j/n? j
Länge des Planungszeitraums                              Jahre =? 5
Hebesatz                                                     % =? 0
Kirchensteuersatz                                            % =? 8
Kappungs-Kirchensteuersatz                                   % =? 3
Ledig (verheiratet = n)                                    j/n? n
Kinderzahl                                                     ? 2
Ergänzungsabgabe-, Solidaritätszuschlagssatz u.ä.             %=? 0
Anfangsvermögen(+), zusätzliche Investitionsausgabe(-)      DM =? 0

Jahreswerte gleich (Jahreswerte nicht gleich = n)          j/n? n

Wollen Sie den Bildschirm drucken (dann DRUCK-Taste drücken) j/n? j
```

Ende des Jahres	#1	#2	#3	#4	#5	Summe
Brutto-Ein-Über	110000	115500	121275	127339	133706	607820
Invest-AfA	0	0	0	0	0	0
Dauerschuldzins	0	0	0	0	0	0
Hinzu/Kürz	0	0	0	0	0	0
andere stpfl Ein	0	0	0	0	0	0
SonderA/agB	0	0	0	0	0	0
stfreiE/A Konsum	-48000	-50400	-52920	-55566	-58344	-265230
ZinsE privat	0	2664	5600	8830	12374	29467
zu verst Einkomm	100062	105424	111051	116955	123513	557006
GewerbeESt	0	0	0	0	0	0
EinkommenSt	22221	23945	25801	27800	30082	129849
KirchenSt	1729	1867	2016	2176	2358	10146
ErgAbg	0	0	0	0	0	0
Gewinn vor Steu	110000	115500	121275	127339	133706	607820
Ein-Überschuß	38050	41952	46138	50627	55296	232062
(End-)Vermögen	38050	80002	126140	176766	232062	

Rundungsdifferenzen sind möglich
Wollen Sie den Bildschirm drucken (dann DRUCK-Taste drücken) j/n? j

```
HAUSKAUF ODER MIETE/MIETE LETZTE DREI JAHRE


Schult STEUERBASIC 1993
Finanzplan ESt/1993
Werte bis DM 10 Mio und Zeiten bis fünf Jahre können bearbeitet werden
Brutto-Zwischenzins                                          % =? 7
Zwischenverzinsung im Privatbereich (im Betrieb = n)       j/n? j
Länge des Planungszeitraums                              Jahre =? 3
Hebesatz                                                     % =? 0
Kirchensteuersatz                                            % =? 8
Kappungs-Kirchensteuersatz                                   % =? 3
Ledig (verheiratet = n)                                    j/n? n
Kinderzahl                                                     ? 2
Ergänzungsabgabe-, Solidaritätszuschlagssatz u.ä.            %=? 0
Anfangsvermögen(+), zusätzliche Investitionsausgabe(-)     DM =? 232062

Jahreswerte gleich (Jahreswerte nicht gleich = n)          j/n? n

Wollen Sie den Bildschirm drucken (dann DRUCK-Taste drücken) j/n? j
```

Ende des Jahres	#1	#2	#3	#4	#5	Summe
Brutto-Ein-Über	140391	147410	154781	0	0	442582
Invest-AfA	0	0	0	0	0	0
Dauerschuldzins	0	0	0	0	0	0
Hinzu/Kürz	0	0	0	0	0	0
andere stpfl Ein	0	0	0	0	0	0
SonderA/agB	0	0	0	0	0	0
stfreiE/A Konsum	-61261	-64325	-67541	0	0	-193127
ZinsE privat	16244	20370	24753	0	0	61367
zu verst Einkomm	133773	144591	155986	0	0	434349
GewerbeESt	0	0	0	0	0	0
EinkommenSt	33784	37861	42348	0	0	113993
KirchenSt	2654	2980	3339	0	0	8973
ErgAbg	0	0	0	0	0	0
Gewinn vor Steu	140391	147410	154781	0	0	442582
Ein-Überschuß	58936	62614	66306	0	0	419918
(End-)Vermögen	290998	353612	419918	0	0	

Rundungsdifferenzen sind möglich
Wollen Sie den Bildschirm drucken (dann DRUCK-Taste drücken) j/n? j

```
HAUSKAUF ODER MIETE/KAUF ERSTE FÜNF JAHRE


Schult STEUERBASIC 1993
Finanzplan ESt/1993
Werte bis DM 10 Mio und Zeiten bis fünf Jahre können bearbeitet werden
Brutto-Zwischenzins                                          % =? 7
Zwischenverzinsung im Privatbereich (im Betrieb = n)        j/n? j
Länge des Planungszeitraums                               Jahre =? 5
Hebesatz                                                     % =? 0
Kirchensteuersatz                                            % =? 8
Kappungs-Kirchensteuersatz                                   % =? 3
Ledig (verheiratet = n)                                     j/n? n
Kinderzahl                                                     ? 2
Ergänzungsabgabe-, Solidaritätszuschlagssatz u.ä.             %=? 0
Anfangsvermögen(+), zusätzliche Investitionsausgabe(-)      DM =? 0

Jahreswerte gleich (Jahreswerte nicht gleich = n)           j/n? n

Wollen Sie den Bildschirm drucken (dann DRUCK-Taste drücken) j/n? j
```

Ende des Jahres	#1	#2	#3	#4	#5	Summe
Brutto-Ein-Über	110000	115500	121275	127339	133706	607820
Invest-AfA	31800	31800	31800	19800	16500	131700
Dauerschuldzins	0	0	0	0	0	0
Hinzu/Kürz	0	0	0	0	0	0
andere stpfl Ein	0	0	0	0	0	0
SonderA/agB	0	0	0	0	0	0
stfreiE/A Konsum	-77000	-78500	-80075	-81729	-85288	-402592
ZinsE privat	0	1324	2908	4777	6685	15694
zu verst Einkomm	68993	74374	80022	97662	107087	428138
GewerbeESt	0	0	0	0	0	0
EinkommenSt	13092	14568	16165	21463	24488	89776
KirchenSt	999	1117	1245	1669	1911	6941
ErgAbg	0	0	0	0	0	0
Gewinn vor Steu	78200	83700	89475	107539	117206	476120
Ein-Überschuß	18909	22639	26698	27255	28704	124205
(End-)Vermögen	18909	41548	68246	95501	124205	

```
Rundungsdifferenzen sind möglich
Wollen Sie den Bildschirm drucken (dann DRUCK-Taste drücken) j/n? j
```

```
HAUSKAUF ODER MIETE/KAUF LETZTE DREI JAHRE


Schult STEUERBASIC 1993
Finanzplan ESt/1993
Werte bis DM 10 Mio und Zeiten bis fünf Jahre können bearbeitet werden
Brutto-Zwischenzins                                            % =? 7
Zwischenverzinsung im Privatbereich (im Betrieb = n)          j/n? j
Länge des Planungszeitraums                                 Jahre =? 3
Hebesatz                                                       % =? 0
Kirchensteuersatz                                              % =? 8
Kappungs-Kirchensteuersatz                                     % =? 3
Ledig (verheiratet = n)                                       j/n? n
Kinderzahl                                                       ? 2
Ergänzungsabgabe-, Solidaritätszuschlagssatz u.ä.               %=? 0
Anfangsvermögen(+), zusätzliche Investitionsausgabe(-)        DM =? 124205

Jahreswerte gleich (Jahreswerte nicht gleich = n)             j/n? n

Wollen Sie den Bildschirm drucken (dann DRUCK-Taste drücken) j/n? j
```

Ende des Jahres	#1	#2	#3	#4	#5	Summe
Brutto-Ein-Über	140391	147410	154781	0	0	442582
Invest-AfA	16500	16500	16500	0	0	49500
Dauerschuldzins	0	0	0	0	0	0
Hinzu/Kürz	0	0	0	0	0	0
andere stpfl Ein	0	0	0	0	0	0
SonderA/agB	0	0	0	0	0	0
stfreiE/A Konsum	-87203	-89213	242895	0	0	66479
ZinsE privat	8694	11014	13670	0	0	33379
zu verst Einkomm	113598	120430	129221	0	0	363249
GewerbeESt	0	0	0	0	0	0
EinkommenSt	26657	29001	32122	0	0	87780
KirchenSt	2084	2272	2521	0	0	6877
ErgAbg	0	0	0	0	0	0
Gewinn vor Steu	123891	130910	138281	0	0	393082
Ein-Überschuß	33141	37938	376703	0	0	571988
(End-)Vermögen	157346	195285	571988	0	0	

Rundungsdifferenzen sind möglich
Wollen Sie den Bildschirm drucken (dann DRUCK-Taste drücken) j/n? j

4.7 Privatleasing

Entscheidungsfall: Kauf oder Leasing eines PKW
Ein Steuerpflichtiger möchte sich privat einen PKW "anschaffen". Er hat die Möglichkeit, ihn zu kaufen und den Preis eigen oder fremd zu finanzieren oder einen Leasingvertrag abzuschließen.

Programmteil Nr. 8: FINANZPLAN

abgefragte Daten: vgl. Übersichtsanzeige

Erläuterungen:
Der Steuerpflichtige ist ledig und kinderlos. Er unterliegt der KiSt mit 9 % bzw. 3,5 %. Eine ErgAbg fällt nicht an. Das zu versteuernde Einkommen beträgt DM 100.000; dabei seien sämtliche Einkünfte und Sonderausgaben u.ä. bereits berücksichtigt. Sein jährlicher Konsum beträgt DM 30.000. Sein Anfangsvermögen beträgt DM 100.000, es verzinst sich wie andere Überschüsse mit 8 % p.a. vor ErSt.

Er plant, den PKW nach drei Jahren wieder abzugeben. Der Anschaffungspreis beträgt DM 20.000 (selbstverständlich mit USt), der Veräußerungserlös nach drei Jahren wird mit DM 10.000 prognostiziert. Mit Ausnahme der Zinseinkünfteminderung bei der Eigenfinanzierung ist keine der Einnahmen oder Ausgaben, die mit der PKW-Anschaffung verbunden sind, steuerlich von Bedeutung. Es handelt sich um einen Vorgang im Privatbereich.

Bei der Eigenfinanzierung mindert die Investitionsausgabe das Anfangsvermögen; es ist ein Betrag von DM 80.000 einzugeben - nicht aber die zusätzliche AfA. Der Konsum des letzten Jahres ist um die Veräußerungseinnahme zu mindern - statt -DM 30.000 wird im dritten Jahr also -DM 20.000 eingegeben.

Bei der Fremdfinanzierung fällt keine Investitionsausgabe an - sie wird durch die Finanzierungseinnahme neutralisiert. Das Anfangsvermögen wird mit DM 100.000 eingegeben. Die Fremdfinanzierung soll mit 11 % p.a. bei Tilgung nach Ablauf von drei Jahren vereinbart sein. Die jährlichen Zinsen betragen DM 2.200. Da sie steuerlich unbeachtlich sind, sind sie als steuerfrei einzugeben. Im ersten und im zweiten Jahr wird als Konsum jeweils -DM 32.200 eingegeben. Im dritten Jahr fällt außerdem die Veräußerungseinnahme mit DM 10.000 und die Tilgungsausgabe mit -DM 20.000 an. Im dritten Jahr ist als Konsum also der Saldo mit -DM 42.200 anzugeben.

Im Fall des privaten Leasing wird eine Sonderzahlung von DM 5.000 unterstellt. Sie mindert das Anfangsvermögen auf DM 95.000. Außerdem fällt die jährliche Leasingrate - hier DM 3.000 - an. Da sie steuerlich unbeachtlich ist, wird sie als steuerfreie Ausgabe eingegeben. Mit dem Konsum ist also in jedem Jahr -DM 33.000 einzugeben.

Interpretation:
Bei Eigenfinanzierung ergibt sich ein Endvermögen von DM 227.497, bei Fremdfinanzierung von DM 223.147 und beim Leasing von DM 225.022. Die Eigenfinanzierung stellt also die vorteilhafte Finanzierung dar - insbesondere weil die Vermö-

gensminderung durch den Wegfall der Habenzinsen steuerlich abgeschwächt wird. Die Leasingalternative ist gegenüber der Fremdfinanzierung günstiger.

Anmerkungen:---

```
KAUF ODER LEASING EINES PKW/KAUF MIT EIGENFINANZIERUNG


Schult STEUERBASIC 1993
Finanzplan ESt/1993
Werte bis DM 10 Mio und Zeiten bis fünf Jahre können bearbeitet werden
Brutto-Zwischenzins                                          % =? 8
Zwischenverzinsung im Privatbereich (im Betrieb = n)       j/n? j
Länge des Planungszeitraums                              Jahre =? 3
Hebesatz                                                     % =? 0
Kirchensteuersatz                                            % =? 9
Kappungs-Kirchensteuersatz                                   % =? 3.5
Ledig (verheiratet = n)                                    j/n? j
Kinderzahl                                                     ? 0
Ergänzungsabgabe-, Solidaritätszuschlagssatz u.ä.            %=? 0
Anfangsvermögen(+), zusätzliche Investitionsausgabe(-)     DM =? 80000

Jahreswerte gleich (Jahreswerte nicht gleich = n)          j/n? n

Wollen Sie den Bildschirm drucken (dann DRUCK-Taste drücken) j/n? j
```

Ende des Jahres	#1	#2	#3	#4	#5	Summe
Brutto-Ein-Über	100000	100000	100000	0	0	300000
Invest-AfA	0	0	0	0	0	0
Dauerschuldzins	0	0	0	0	0	0
Hinzu/Kürz	0	0	0	0	0	0
andere stpfl Ein	0	0	0	0	0	0
SonderA/agB	0	0	0	0	0	0
stfreiE/A Konsum	-30000	-30000	-20000	0	0	-80000
ZinsE privat	6400	9922	13587	0	0	29909
zu verst Einkomm	97726	101106	104620	0	0	303453
GewerbeESt	0	0	0	0	0	0
EinkommenSt	29706	31286	32966	0	0	93958
KirchenSt	2673	2815	2966	0	0	8454
ErgAbg	0	0	0	0	0	0
Gewinn vor Steu	100000	100000	100000	0	0	300000
Ein-Überschuß	44021	45821	57655	0	0	227497
(End-)Vermögen	124021	169842	227497	0	0	

```
Rundungsdifferenzen sind möglich
Wollen Sie den Bildschirm drucken (dann DRUCK-Taste drücken) j/n? j
```

```
KAUF ODER LEASING EINES PKW/KAUF MIT FREMDFINANZIERUNG


Schult STEUERBASIC 1993
Finanzplan ESt/1993
Werte bis DM 10 Mio und Zeiten bis fünf Jahre können bearbeitet werden
Brutto-Zwischenzins                                           % =? 8
Zwischenverzinsung im Privatbereich (im Betrieb = n)        j/n? j
Länge des Planungszeitraums                               Jahre =? 3
Hebesatz                                                      % =? 0
Kirchensteuersatz                                             % =? 9
Kappungs-Kirchensteuersatz                                    % =? 3.5
Ledig (verheiratet = n)                                     j/n? j
Kinderzahl                                                      ? 0
Ergänzungsabgabe-, Solidaritätszuschlagssatz u.ä.              %=? 0
Anfangsvermögen(+), zusätzliche Investitionsausgabe(-)      DM =? 100000

Jahreswerte gleich (Jahreswerte nicht gleich = n)           j/n? n

Wollen Sie den Bildschirm drucken (dann DRUCK-Taste drücken) j/n? j
```

Ende des Jahres	#1	#2	#3	#4	#5	Summe
Brutto-Ein-Über	100000	100000	100000	0	0	300000
Invest-AfA	0	0	0	0	0	0
Dauerschuldzins	0	0	0	0	0	0
Hinzu/Kürz	0	0	0	0	0	0
andere stpfl Ein	0	0	0	0	0	0
SonderA/agB	0	0	0	0	0	0
stfreiE/A Konsum	-32200	-32200	-42200	0	0	-106600
ZinsE privat	8000	11411	14961	0	0	34373
zu verst Einkomm	99262	102535	105937	0	0	307734
GewerbeESt	0	0	0	0	0	0
EinkommenSt	30420	31964	33605	0	0	95989
KirchenSt	2737	2876	3024	0	0	8637
ErgAbg	0	0	0	0	0	0
Gewinn vor Steu	100000	100000	100000	0	0	300000
Ein-Überschuß	42643	44371	36132	0	0	223147
(End-)Vermögen	142643	187014	223147	0	0	

```
Rundungsdifferenzen sind möglich
Wollen Sie den Bildschirm drucken (dann DRUCK-Taste drücken) j/n? j
```

```
KAUF ODER LEASING EINES PKW/LEASING


Schult STEUERBASIC 1993
Finanzplan ESt/1993
Werte bis DM 10 Mio und Zeiten bis fünf Jahre können bearbeitet werden
Brutto-Zwischenzins                                          % =? 8
Zwischenverzinsung im Privatbereich (im Betrieb = n)        j/n? j
Länge des Planungszeitraums                              Jahre =? 3
Hebesatz                                                     % =? 0
Kirchensteuersatz                                            % =? 9
Kappungs-Kirchensteuersatz                                   % =? 3.5
Ledig (verheiratet = n)                                     j/n? j
Kinderzahl                                                     ? 0
Ergänzungsabgabe-, Solidaritätszuschlagssatz u.ä.            %=? 0
Anfangsvermögen(+), zusätzliche Investitionsausgabe(-)     DM =? 95000

Jahreswerte gleich (Jahreswerte nicht gleich = n)           j/n? j

Brutto-Einnahmenüberschuß(+)                              DM =? 100000
zusätzliche Investitions-Abschreibung(+)                  DM =? 0
Dauerschuldzinsen in voller Höhe(+)                       DM =? 0
andere Hinzurechnungen/Kürzungen(+/-)                     DM =? 0
andere steuerpflichtige Einkünfte ohne Zinsen(+/-)        DM =? 0
Sonderausgaben/außergewöhnliche Belastungen(+)            DM =? 0
steuerfreie Einnahmen/Ausgaben/Konsum(+/-)                DM =? -33000
Wollen Sie den Bildschirm drucken (dann DRUCK-Taste drücken) j/n? j
```

Ende des Jahres	#1	#2	#3	#4	#5	Summe
Brutto-Ein-Über	100000	100000	100000	0	0	300000
Invest-AfA	0	0	0	0	0	0
Dauerschuldzins	0	0	0	0	0	0
Hinzu/Kürz	0	0	0	0	0	0
andere stpfl Ein	0	0	0	0	0	0
SonderA/agB	0	0	0	0	0	0
stfreiE/A Konsum	-33000	-33000	-33000	0	0	-99000
ZinsE privat	7600	10931	14397	0	0	32928
zu verst Einkomm	98878	102074	105397	0	0	306349
GewerbeESt	0	0	0	0	0	0
EinkommenSt	30241	31745	33342	0	0	95328
KirchenSt	2721	2857	3000	0	0	8578
ErgAbg	0	0	0	0	0	0
Gewinn vor Steu	100000	100000	100000	0	0	300000
Ein-Überschuß	41638	43329	45055	0	0	225022
(End-)Vermögen	136638	179967	225022	0	0	

```
Rundungsdifferenzen sind möglich
Wollen Sie den Bildschirm drucken (dann DRUCK-Taste drücken) j/n? j
```

4.8 Verlustzuweisungen

Entscheidungsfall: Beteiligung an der "Aufbau Fließtal Dr. Geyer GmbH & Co KG"
Einem Steuerpflichtigen wird ein sog. Verlustzuweisungsmodell angeboten. Dieses sehr einfache Modell sei wie folgt konstruiert: Für eine "Einlage" von DM 20.000 soll er im ersten Jahr DM 18.000 und im zweiten Jahr DM 2.000 "abschreiben" können. Im vierten Jahr wird ein Gewinn von DM 5.000 und im fünften Jahr von DM 15.000 zugesagt. Schließlich wird ihm eine Rücknahme des Anteils nach fünf Jahren für DM 20.000 garantiert (in der Praxis ein äußerst seltener Fall). Aus dem Hochglanzprospekt ergibt sich, daß laufende Zahlungen (Nachschüsse, Entnahmen o.ä.) nicht vorgesehen sind.

Programmteil Nr. 8: FINANZPLAN

abgefragte Daten: vgl. Übersichtsanzeige

Erläuterungen:
Der Steuerpflichtige hat ein Anfangsvermögen von DM 100.000, das er mit 8 % p.a. angelegt hat. Im Fall einer Beteiligung würde er diese aus dem Anfangsvermögen finanzieren - das Anfangsvermögen würde dann auf DM 80.000 sinken. Die Zwischenverzinsung soll im Privatbereich erfolgen. Durch die Beteiligung an der KG erwirbt er zwar Betriebsvermögen; dennoch verbleibt sein restliches Vermögen im Privatbereich.

Die Länge des Planungszeitraums beträgt fünf Jahre. Der Steuerpflichtige unterliegt weder der GewSt noch der KiSt. Er ist ledig und kinderlos. Den jährlichen Brutto-Einnahmenüberschuß gibt er mit DM 80.000, den jährlichen Konsum mit DM 30.000 an.

In der ersten Tabelle wird das Endvermögen berechnet für den Fall, daß er sich nicht an der Gesellschaft beteiligt. Die Jahreswerte sind gleich. Das Anfangsvermögen von DM 100.000 wächst auf ein Endvermögen von DM 292.803.

In der zweiten Tabelle wird das Endvermögen bei Verlustbeteiligung ermittelt. Das Anfangsvermögen beträgt jetzt DM 80.000. Die Verluste und späteren Gewinne können unter "zusätzlicher Investitions-Abschreibung" eingegeben werden. Dann ist zu beachten, daß die späteren Gewinne negativ eingegeben werden, weil die zusätzliche AfA subtrahiert wird; die negativen Gewinnwerte werden dann addiert. Die Veräußerungseinnahme ist - da der Buchwert DM 20.000 beträgt - steuerfrei. Im fünften Jahr erfolgt also eine steuerfreie Einnahme von DM 20.000, so daß bei der Abfrage "steuerfreie Einnahmen/Ausgaben/Konsum" jetzt statt -DM 30.000 ein Wert von -DM 10.000 eingegeben werden muß. Die Jahreswerte sind hier - wegen der Einkommensverschiebung - nicht mehr gleich. Das Endvermögen beträgt DM 287.605.

Interpretation:
Eine Beteiligung an der Verlustzuweisungsgesellschaft lohnt nicht. Sie würde das Endvermögen um etwa DM 5.000 reduzieren. Das hat seinen Grund fast ausschließlich in den ausfallenden Zinsen auf die Einlage von DM 20.000. Dieser Zinsnachteil

wird etwas ausgeglichen durch den Zinsvorteil, der durch die Steuerverschiebung verursacht ist. Dennoch sinkt die Summe der Zinseinnahmen von DM 69.480 auf DM 63.094. Diesem Zinsnachteil steht eine gewisse ESt-Ersparnis gegenüber, die aber bei weitem nicht ausreicht, um den Zinsnachteil zu kompensieren.

Anmerkungen:
Im vorliegenden Fall liegt ein ausreichendes Anfangsvermögen bzw. ausreichende Einnahmenüberschüsse vor. Ist das nicht der Fall, dann kann eine Beteiligung an einer Verlustzuweisungsgesellschaft auch zu Liquiditätsproblemen führen. Wie im Beispielsfall erfolgen in praxi oft über längere Zeit keine Einnahmen. Vielmehr muß der Steuerpflichtige mit laufenden Ausgaben (z.B. für die Bedienung des zusätzlich aufgenommenen und oft relativ hohen Fremdkapitals) rechnen, die seine Liquidität zusätzlich strapazieren. Mit dem Programm FINANZPLAN können derartige Liquiditätsengpässe erfaßt werden - die Vermögen einzelner Jahre sind dann negativ. Nur eine weitere Finanzierung verhindert in diesen Fällen Illiquidität.

In der dritten Übersicht ist ein solcher Fall dargestellt. Das Anfangsvermögen des Interessenten betrage DM 20.000. Nach Beteiligung reduziert es sich also auf null. Die Einnahmenüberschüsse sollen sich auf DM 35.000 p.a. belaufen. Dann tritt schon im zweiten Jahr eine Zahlungsunterdeckung ein, die allerdings bis zum dritten Jahr durch die Steuerersparnis des ersten Jahres ausgeglichen werden kann. Am Ende des vierten Jahres tritt Illiquidität ein, wenn nicht eine Finanzierungsquelle eröffnet wird. Am Ende des Planungszeitraums wäre dann die Liquiditätskrise überwunden.

BETEILIGUNG AN EINER VERLUSTZUWEISUNGSGESELLSCHAFT/OHNE BETEILIGUNG

```
Schult STEUERBASIC 1993
Finanzplan ESt/1993
Werte bis DM 10 Mio und Zeiten bis fünf Jahre können bearbeitet werden
Brutto-Zwischenzins                                         % =? 8
Zwischenverzinsung im Privatbereich (im Betrieb = n)      j/n? j
Länge des Planungszeitraums                             Jahre =? 5
Hebesatz                                                    % =? 0
Kirchensteuersatz                                           % =? 0
Kappungs-Kirchensteuersatz                                  % =? 0
Ledig (verheiratet = n)                                   j/n? j
Kinderzahl                                                   ? 0
Ergänzungsabgabe-, Solidaritätszuschlagssatz u.ä.            %=? 0
Anfangsvermögen(+), zusätzliche Investitionsausgabe(-)     DM =? 100000

Jahreswerte gleich (Jahreswerte nicht gleich = n)         j/n? j

Brutto-Einnahmenüberschuß(+)                              DM =? 80000
zusätzliche Investitions-Abschreibung(+)                  DM =? 0
Dauerschuldzinsen in voller Höhe(+)                       DM =? 0
andere Hinzurechnungen/Kürzungen(+/-)                     DM =? 0
andere steuerpflichtige Einkünfte ohne Zinsen(+/-)        DM =? 0
Sonderausgaben/außergewöhnliche Belastungen(+)            DM =? 0
steuerfreie Einnahmen/Ausgaben/Konsum(+/-)                DM =? -30000
Wollen Sie den Bildschirm drucken (dann DRUCK-Taste drücken) j/n? j
```

Ende des Jahres	#1	#2	#3	#4	#5	Summe
Brutto-Ein-Über	80000	80000	80000	80000	80000	400000
Invest-AfA	0	0	0	0	0	0
Dauerschuldzins	0	0	0	0	0	0
Hinzu/Kürz	0	0	0	0	0	0
andere stpfl Ein	0	0	0	0	0	0
SonderA/agB	0	0	0	0	0	0
stfreiE/A Konsum	-30000	-30000	-30000	-30000	-30000	-150000
ZinsE privat	8000	10815	13761	16842	20062	69480
zu verst Einkomm	82000	84815	87761	90842	94062	439480
GewerbeESt	0	0	0	0	0	0
EinkommenSt	22811	23990	25249	26595	28032	126677
KirchenSt	0	0	0	0	0	0
ErgAbg	0	0	0	0	0	0
Gewinn vor Steu	80000	80000	80000	80000	80000	400000
Ein-Überschuß	35189	36825	38512	40247	42030	292803
(End-)Vermögen	135189	172014	210526	250773	292803	

Rundungsdifferenzen sind möglich
Wollen Sie den Bildschirm drucken (dann DRUCK-Taste drücken) j/n? j

```
BETEILIGUNG AN EINER VERLUSTZUWEISUNGSGESELLSCHAFT/MIT BETEILIGUNG


Schult STEUERBASIC 1993
Finanzplan ESt/1993
Werte bis DM 10 Mio und Zeiten bis fünf Jahre können bearbeitet werden
Brutto-Zwischenzins                                            % =? 8
Zwischenverzinsung im Privatbereich (im Betrieb = n)          j/n? j
Länge des Planungszeitraums                                 Jahre =? 5
Hebesatz                                                       % =? 0
Kirchensteuersatz                                              % =? 0
Kappungs-Kirchensteuersatz                                     % =? 0
Ledig (verheiratet = n)                                       j/n? j
Kinderzahl                                                       ? 0
Ergänzungsabgabe-, Solidaritätszuschlagssatz u.ä.              %=? 0
Anfangsvermögen(+), zusätzliche Investitionsausgabe(-)      DM =? 80000

Jahreswerte gleich (Jahreswerte nicht gleich = n)             j/n? n

Wollen Sie den Bildschirm drucken (dann DRUCK-Taste drücken) j/n? j
```

Ende des Jahres	#1	#2	#3	#4	#5	Summe
Brutto-Ein-Über	80000	80000	80000	80000	80000	400000
Invest-AfA	18000	2000	0	-5000	-15000	0
Dauerschuldzins	0	0	0	0	0	0
Hinzu/Kürz	0	0	0	0	0	0
andere stpfl Ein	0	0	0	0	0	0
SonderA/agB	0	0	0	0	0	0
stfreiE/A Konsum	-30000	-30000	-30000	-30000	-10000	-130000
ZinsE privat	6400	9690	12651	15681	18671	63094
zu verst Einkomm	62400	81690	86651	94681	107671	433094
GewerbeESt	0	0	0	0	0	0
EinkommenSt	15269	22682	24772	28312	34454	125489
KirchenSt	0	0	0	0	0	0
ErgAbg	0	0	0	0	0	0
Gewinn vor Steu	62000	78000	80000	85000	95000	400000
Ein-Überschuß	41131	37008	37879	37369	54217	287605
(End-)Vermögen	121131	158139	196019	233388	287605	

```
Rundungsdifferenzen sind möglich
Wollen Sie den Bildschirm drucken (dann DRUCK-Taste drücken) j/n? j
```

BETEILIGUNG AN EINER VERLUSTZUWEISUNGSGESELLSCHAFT/MIT BETEILIGUNG

```
Schult STEUERBASIC 1993
Finanzplan ESt/1993
Werte bis DM 10 Mio und Zeiten bis fünf Jahre können bearbeitet werden
Brutto-Zwischenzins                                          % =? 8
Zwischenverzinsung im Privatbereich (im Betrieb = n)        j/n? j
Länge des Planungszeitraums                              Jahre =? 5
Hebesatz                                                     % =? 0
Kirchensteuersatz                                            % =? 0
Kappungs-Kirchensteuersatz                                   % =? 0
Ledig (verheiratet = n)                                     j/n? j
Kinderzahl                                                     ? 0
Ergänzungsabgabe-, Solidaritätszuschlagssatz u.ä.            %=? 0
Anfangsvermögen(+), zusätzliche Investitionsausgabe(-)      DM =? 0

Jahreswerte gleich (Jahreswerte nicht gleich = n)           j/n? n

Wollen Sie den Bildschirm drucken (dann DRUCK-Taste drücken) j/n? j
```

Ende des Jahres	#1	#2	#3	#4	#5	Summe
Brutto-Ein-Über	35000	35000	35000	35000	35000	175000
Invest-AfA	18000	2000	0	-5000	-15000	0
Dauerschuldzins	0	0	0	0	0	0
Hinzu/Kürz	0	0	0	0	0	0
andere stpfl Ein	0	0	0	0	0	0
SonderA/agB	0	0	0	0	0	0
stfreiE/A Konsum	-30000	-30000	-30000	-30000	-10000	-130000
ZinsE privat	0	217	143	20	-225	156
zu verst Einkomm	17000	33000	35000	40000	49775	174775
GewerbeESt	0	0	0	0	0	0
EinkommenSt	2283	6145	6682	8079	11029	34218
KirchenSt	0	0	0	0	0	0
ErgAbg	0	0	0	0	0	0
Gewinn vor Steu	17000	33000	35000	40000	50000	175000
Ein-Überschuß	2717	-928	-1539	-3059	13746	10938
(End-)Vermögen	2717	1789	251	-2808	10938	

Rundungsdifferenzen sind möglich
Wollen Sie den Bildschirm drucken (dann DRUCK-Taste drücken) j/n? j

4.9 Zusatzabgaben/Zwangsanleihe

Entscheidungsfall: Erhebung einer ErgAbg
Ein Steuerpflichtiger rechnet damit, daß im nächsten Kalenderjahr eine einmalige ErgAbg erhoben wird. Da er die Möglichkeit hat, durch eine andere Verteilung von Sonderabschreibungen das zu versteuernde Einkommen zu verschieben, interessiert ihn, ob das vorteilhaft ist.

Programmteil Nr. 1: ERTRAGSTEUERN NATÜRLICHE PERSONEN

abgefragte Daten: vgl. Übersichtsanzeige

Erläuterungen:
Da die ErgAbg keine Größe ist, die innerhalb eines Programmteils variiert werden kann, muß die Rechnung zweimal durchgeführt werden. Im ersten Durchlauf wird für den ErgAbg-Satz null eingegeben, im zweiten Durchlauf soll der ErgAbg-Satz 5 % betragen.

Der verheiratete (drei Kinder) Steuerpflichtige unterliegt der KiSt mit 9 % bzw. 4 %. Für beide Jahre erwartet er ein zu versteuerndes Einkommen von DM 200.000. Um die ErgAbg zu mindern, kann er im laufenden Jahr das zu versteuernde Einkommen auf DM 300.000 anheben - im nächsten Jahr beträgt es dann DM 100.000.

Das Programm ERTRAGSTEUERN NATÜRLICHE PERSONEN wird einmal für das laufende Jahr eingesetzt (vgl. obere Tabelle). Die zu versteuernden Einkommen werden mit DM 200.000 und DM 300.000 eingegeben. Der ErgAbg-Satz beträgt null.

Zum anderen wird das Programm für das folgende Jahr eingegeben (vgl. untere Tabelle). Die zu versteuernden Einkommen werden mit DM 200.000 und DM 100.000 eingegeben. Der ErgAbg-Satz beträgt 5 %.

Interpretation:
Wie die obere Tabelle zeigt, führt die Einkommensverschiebung in das laufende Jahr zu einer Steuermehrbelastung von DM 52.567. Dem steht nach der unteren Tabelle eine Steuerentlastung im nächsten Jahr von DM 40.801 gegenüber. Die Einkommensverschiebung lohnt also nicht; sie führt zu einer Mehrbelastung von DM 11.766. Der höheren ErgAbg im folgenden Jahr steht eine erheblich höhere ESt- und KiSt-Belastung im laufenden Jahr gegenüber. Der Differenzsteuersatz im laufenden Jahr liegt - da sich das zu versteuernde Einkommen im wesentlichen im oberen Proportionalbereich befindet - mit 52,57 % weit höher als im nächsten Jahr. Wie der Differenzsteuersatz mit 40,81 % zeigt, liegt das zu versteuernde Einkommen dort mitten im progressiven Bereich der ESt.

Anmerkungen:
Weiterhin ist der Zinsnachteil zu beachten, der sich aus der früheren Steuerzahlung ergibt. Setzt man ihn z.B. mit 5 % p.a. nach Steuern an, dann führt die Einkommensverlagerung zu einem weiteren Nachteil von etwa DM 2.000 - DM 3.000. Eine exakte Berechnung des Zinsnachteils läßt sich mit Hilfe des Programms FINANZPLAN für zwei Jahre durchführen.

ERHEBUNG EINER ERGABG

```
Schult STEUERBASIC 1993
Ertragsteuern natürliche Personen/1993
Gewerbeertrag 1 vor GewSt                                     DM=? 0
Gewerbeertrag 2 vor GewSt                                     DM=? 0
Hebesatz                                                      % =? 0
zu verst Einkommen 1 vor Steuern, Kinder- und Haushaltsfrei   DM=? 200000
zu verst Einkommen 2 vor Steuern, Kinder- und Haushaltsfrei   DM=? 300000
Kirchensteuersatz                                             % =? 9
Kappungs-Kirchensteuersatz                                    % =? 4
Ledig (verheiratet = n)                                       j/n? n
Kinderzahl                                                       ? 3
Ergänzungsabgabe-, Solidaritätszuschlagssatz u.ä.              %=? 0
............................       Vorher       Nachher    Differenz
Gewerbeertragsteuer       DM            0             0           +0
Einkommensteuer           DM        53743        101969       +48226
Kirchensteuer             DM         4755          9096        +4341
Ergänzungsabgabe          DM            0             0           +0
Ertragsteuern             DM        58498        111065       +52567
Differenzsteuersatz in %     52.57
Rundungsdifferenzen sind möglich
Wollen Sie den Bildschirm drucken (dann DRUCK-Taste drücken) j/n? j
```

```
Schult STEUERBASIC 1993
Ertragsteuern natürliche Personen/1993
Gewerbeertrag 1 vor GewSt                                     DM=? 0
Gewerbeertrag 2 vor GewSt                                     DM=? 0
Hebesatz                                                      % =? 0
zu verst Einkommen 1 vor Steuern, Kinder- und Haushaltsfrei   DM=? 200000
zu verst Einkommen 2 vor Steuern, Kinder- und Haushaltsfrei   DM=? 100000
Kirchensteuersatz                                             % =? 9
Kappungs-Kirchensteuersatz                                    % =? 4
Ledig (verheiratet = n)                                       j/n? n
Kinderzahl                                                       ? 3
Ergänzungsabgabe-, Solidaritätszuschlagssatz u.ä.              %=? 5
............................       Vorher       Nachher    Differenz
Gewerbeertragsteuer       DM            0             0           +0
Einkommensteuer           DM        53743         17953       -35790
Kirchensteuer             DM         4755          1534        -3221
Ergänzungsabgabe          DM         2687           897        -1790
Ertragsteuern             DM        61185         20384       -40801
Differenzsteuersatz in %     40.81
Rundungsdifferenzen sind möglich
Wollen Sie den Bildschirm drucken (dann DRUCK-Taste drücken) j/n? j
```

Entscheidungsfall: Zwangsanleihe
Ein Steuerpflichtiger erwartet, daß in den nächsten drei Jahren eine Zwangsanleihe zur Finanzierung außergewöhnlicher staatlicher Maßnahmen erhoben wird. Nach den Ankündigungen der Regierung soll für drei Jahre eine Sonderhilfeabgabe von 20 % der ESt erhoben werden, die nach fünf Jahren in einem Betrag zurückbezahlt wird. Ihn interessiert, wie sehr diese Zwangsanleihe sein Vermögen nach fünf Jahren mindert.

Programmteil Nr. 8: FINANZPLAN

abgefragte Daten: vgl. Übersichtsanzeige

Erläuterungen:
Der Steuerpflichtige kann freiwerdende Beträge wie das Anfangsvermögen von DM 300.000 zu 9 % p.a. im Privatbereich anlegen. Er ist unverheiratet und kinderlos und unterliegt der KiSt mit 9 % bzw. 3 %. Der jährliche Einnahmenüberschuß beläuft sich auf DM 200.000, der Konsum auf DM 80.000.

Die Aufnahme der Zwangsanleihe umfaßt drei Jahre, nach weiteren zwei Jahren soll getilgt werden. Der Planungszeitraum ist demnach fünf Jahre lang.

Als erstes ist für das Ende des Planungszeitraums das Endvermögen ohne die Zwangsanleihe zu berechnen (vgl. die erste Tabelle). Die Jahreswerte sind gleich.

Für den Fall der Erhebung einer Zwangsanleihe ist ein Finanzplan für die Aufnahme und ein Finanzplan für die Tilgung zu erstellen. Der erste Finanzplan (vgl. die zweite Tabelle) umfaßt drei Jahre; in dieser Zeit wird eine ErgAbg von 20 % erhoben. Am Ende hat der Steuerpflichtige ein Endvermögen von DM 397.578 und insgesamt DM 55.410 an ErgAbg bezahlt.

In der dritten Tabelle ist der Finanzplan für die restlichen zwei Jahre aufgestellt. Das Anfangsvermögen entspricht dem Endvermögen des vorhergehenden Finanzplans mit DM 397.578. Die Jahreswerte sind hier nicht gleich, weil nach zwei Jahren die Zwangsanleihe von DM 55.410 getilgt wird. Diese stellt eine steuerfreie Einnahme dar. Sie wird mit dem Konsum saldiert - im zweiten Jahr wird -DM 24.590 eingegeben. Das Endvermögen im Fall der Zwangsanleihe beträgt DM 562.584 (Spitzensteuersatz aus ESt und Kappungs-KiSt).

Interpretation:
Ohne Zwangsanleihe beläuft sich das Endvermögen auf DM 569.699, mit der Zwangsanleihe von insgesamt DM 55.410 reduziert es sich um DM 7.115 auf DM 562.584. Der Vermögensnachteil von DM 7.115 resultiert aus dem Zinsverlust (Differenz der Summen "ZinsE privat") mit brutto DM 15.597. Dieser mindert jedoch die EStKiSt (Differenz der Summen "EinkommenSt" und "KirchenSt") um DM 8.482. Dividiert man die ErSt-Reduktion durch die Zinsreduktion, so erhält man den "Staatsanteil" an der Zwangsanleihe mit 54,38 % (Spitzensteuersatz aus ESt und Kappungs-KiSt).

Anmerkungen:
Wird eine einmalige Zwangsanleihe erhoben, so ist diese im Erhebungsjahr als steuerfreie Ausgabe negativ einzugeben. Analog ist im Tilgungsjahr zu verfahren - der Tilgungsbetrag ist als steuerfreie Einnahme positiv einzugeben. Wird die Zwangsanleihe verzinst und sind die Zinsen steuerfrei, dann sind sie bei den steuerfreien Einnahmen einzugeben. Sind die Zinsen steuerpflichtig, dann muß evtl. der Sparerfreibetrag ab-

gezogen werden (wenn er nicht anderweitig ausgenutzt ist). Der verbleibende Betrag ist unter den anderen steuerpflichtigen Einkünften einzugeben.

```
ZWANGSANLEIHE/OHNE ZWANGSANLEIHE

Schult STEUERBASIC 1993
Finanzplan ESt/1993
Werte bis DM 10 Mio und Zeiten bis fünf Jahre können bearbeitet werden
Brutto-Zwischenzins                                              % =? 9
Zwischenverzinsung im Privatbereich (im Betrieb = n)           j/n? j
Länge des Planungszeitraums                                  Jahre =? 5
Hebesatz                                                         % =? 0
Kirchensteuersatz                                                % =? 9
Kappungs-Kirchensteuersatz                                       % =? 3
Ledig (verheiratet = n)                                        j/n? j
Kinderzahl                                                        ? 0
Ergänzungsabgabe-, Solidaritätszuschlagssatz u.ä.                %=? 0
Anfangsvermögen(+), zusätzliche Investitionsausgabe(-)        DM =? 300000

Jahreswerte gleich (Jahreswerte nicht gleich = n)              j/n? j

Brutto-Einnahmenüberschuß(+)                               DM =? 200000
zusätzliche Investitions-Abschreibung(+)                   DM =? 0
Dauerschuldzinsen in voller Höhe(+)                        DM =? 0
andere Hinzurechnungen/Kürzungen(+/-)                      DM =? 0
andere steuerpflichtige Einkünfte ohne Zinsen(+/-)         DM =? 0
Sonderausgaben/außergewöhnliche Belastungen(+)             DM =? 0
steuerfreie Einnahmen/Ausgaben/Konsum(+/-)                 DM =? -80000
Wollen Sie den Bildschirm drucken (dann DRUCK-Taste drücken) j/n? j
```

Ende des Jahres	#1	#2	#3	#4	#5	Summe
Brutto-Ein-Über	200000	200000	200000	200000	200000	1000000
Invest-AfA	0	0	0	0	0	0
Dauerschuldzins	0	0	0	0	0	0
Hinzu/Kürz	0	0	0	0	0	0
andere stpfl Ein	0	0	0	0	0	0
SonderA/agB	0	0	0	0	0	0
stfreiE/A Konsum	-80000	-80000	-80000	-80000	-80000	-400000
ZinsE privat	27000	31472	36127	40974	46020	181593
zu verst Einkomm	214563	218905	223425	228130	233029	1118052
GewerbeESt	0	0	0	0	0	0
EinkommenSt	90876	93177	95573	98067	100663	478356
KirchenSt	6436	6567	6702	6843	6990	33538
ErgAbg	0	0	0	0	0	0
Gewinn vor Steu	200000	200000	200000	200000	200000	1000000
Ein-Überschuß	49688	51728	53852	56064	58367	569699
(End-)Vermögen	349688	401416	455268	511333	569700	

```
Rundungsdifferenzen sind möglich
Wollen Sie den Bildschirm drucken (dann DRUCK-Taste drücken) j/n? j
```

```
ZWANGSANLEIHE/AUFNAHME


Schult STEUERBASIC 1993
Finanzplan ESt/1993
Werte bis DM 10 Mio und Zeiten bis fünf Jahre können bearbeitet werden
Brutto-Zwischenzins                                          % =? 9
Zwischenverzinsung im Privatbereich (im Betrieb = n)       j/n? j
Länge des Planungszeitraums                               Jahre =? 3
Hebesatz                                                     % =? 0
Kirchensteuersatz                                            % =? 9
Kappungs-Kirchensteuersatz                                   % =? 3
Ledig (verheiratet = n)                                    j/n? j
Kinderzahl                                                     ? 0
Ergänzungsabgabe-, Solidaritätszuschlagssatz u.ä.            %=? 20
Anfangsvermögen(+), zusätzliche Investitionsausgabe(-)     DM =? 300000

Jahreswerte gleich (Jahreswerte nicht gleich = n)          j/n? j

Brutto-Einnahmenüberschuß(+)                              DM =? 200000
zusätzliche Investitions-Abschreibung(+)                  DM =? 0
Dauerschuldzinsen in voller Höhe(+)                       DM =? 0
andere Hinzurechnungen/Kürzungen(+/-)                     DM =? 0
andere steuerpflichtige Einkünfte ohne Zinsen(+/-)        DM =? 0
Sonderausgaben/außergewöhnliche Belastungen(+)            DM =? 0
steuerfreie Einnahmen/Ausgaben/Konsum(+/-)                DM =? -80000
Wollen Sie den Bildschirm drucken (dann DRUCK-Taste drücken) j/n? j


Ende des Jahres      #1        #2        #3        #4        #5     Summe
Brutto-Ein-Über    200000    200000    200000         0         0    600000
Invest-AfA              0         0         0         0         0         0
Dauerschuldzins         0         0         0         0         0         0
Hinzu/Kürz              0         0         0         0         0         0
andere stpfl Ein        0         0         0         0         0         0
SonderA/agB             0         0         0         0         0         0
stfreiE/A Konsum   -80000    -80000    -80000         0         0   -240000
ZinsE privat        27000     29836     32763         0         0     89599
zu verst Einkomm   214563    217317    220158         0         0    652038
GewerbeESt              0         0         0         0         0         0
EinkommenSt         90876     92335     93841         0         0    277052
KirchenSt            6436      6519      6604         0         0     19559
ErgAbg              18175     18467     18768         0         0     55410
Gewinn vor Steu    200000    200000    200000         0         0    600000
Ein-Überschuß       31513     32515     33550         0         0    397578

(End-)Vermögen     331513    364028    397578         0         0
Rundungsdifferenzen sind möglich
Wollen Sie den Bildschirm drucken (dann DRUCK-Taste drücken) j/n? j
```

ZWANGSANLEIHE/TILGUNG

```
Schult STEUERBASIC 1993
Finanzplan ESt/1993
Werte bis DM 10 Mio und Zeiten bis fünf Jahre können bearbeitet werden
Brutto-Zwischenzins                                          % =? 9
Zwischenverzinsung im Privatbereich (im Betrieb = n)          j/n? j
Länge des Planungszeitraums                               Jahre =? 2
Hebesatz                                                     % =? 0
Kirchensteuersatz                                            % =? 9
Kappungs-Kirchensteuersatz                                   % =? 3
Ledig (verheiratet = n)                                       j/n? j
Kinderzahl                                                      ? 0
Ergänzungsabgabe-, Solidaritätszuschlagssatz u.ä.             %=? 0
Anfangsvermögen(+), zusätzliche Investitionsausgabe(-)     DM =? 397578

Jahreswerte gleich (Jahreswerte nicht gleich = n)             j/n? n

Wollen Sie den Bildschirm drucken (dann DRUCK-Taste drücken) j/n? j
```

Ende des Jahres	#1	#2	#3	#4	#5	Summe
Brutto-Ein-Über	200000	200000	0	0	0	400000
Invest-AfA	0	0	0	0	0	0
Dauerschuldzins	0	0	0	0	0	0
Hinzu/Kürz	0	0	0	0	0	0
andere stpfl Ein	0	0	0	0	0	0
SonderA/agB	0	0	0	0	0	0
stfreiE/A Konsum	-80000	-24590	0	0	0	-104590
ZinsE privat	35782	40615	0	0	0	76397
zu verst Einkomm	223089	227781	0	0	0	450870
GewerbeESt	0	0	0	0	0	0
EinkommenSt	95395	97881	0	0	0	193276
KirchenSt	6692	6833	0	0	0	13525
ErgAbg	0	0	0	0	0	0
Gewinn vor Steu	200000	200000	0	0	0	400000
Ein-Überschuß	53695	111311	0	0	0	562584
(End-)Vermögen	451273	562584	0	0	0	

Rundungsdifferenzen sind möglich
Wollen Sie den Bildschirm drucken (dann DRUCK-Taste drücken) j/n? j

5 Steuerplanung im betrieblichen Bereich

5.1 Gewinn-/Gewerbeertragsänderungen

Entscheidungsfall: Lohnerhöhung
In einem Einzelunternehmen stehen Lohnverhandlungen an. Die von den Arbeitnehmern geforderten Lohnerhöhungen würden den Gewinn und den Gewerbeertrag um DM 10.000 mindern. Den Unternehmer interessiert hinsichtlich seines Verhandlungswillens, welcher Nachteil sich für ihn daraus nach Steuerberücksichtigung - also netto - ergibt.

Programmteil Nr. 1: ERTRAGSTEUERN NATÜRLICHE PERSONEN

abgefragte Daten: vgl. Übersichtsanzeige

Erläuterungen:
Der Einzelunternehmer ist verheiratet (ein Kind) und unterliegt der KiSt mit 8 % bzw. 3 %. Der Hebesatz der GewSt beträgt 400 %. Eine ErgAbg wird nicht erhoben.

Der Gewerbeertrag beläuft sich vor der zusätzlichen Betriebsausgabe auf DM 40.000, das zu versteuernde Einkommen auf DM 60.000 (Bruttowerte, also vor Abzug von GewESt und KiSt). Beide Werte mindern sich also um DM 10.000.

Interpretation:
Wie die obere Tabelle zeigt, mindert sich die ErSt-Belastung durch die Erhöhung der Betriebsausgaben um DM 2.562. Die zusätzliche Nettobelastung für den Unternehmer reduziert sich damit auf DM 7.438. Die Steuerminderung kann auch durch den Differenzsteuersatz von 25,62 % fixiert werden - der aber exakt nur bei dieser Gewinn-/Gewerbeertragsänderung gilt.

Anmerkungen:
Der ausgewiesene Differenzsteuersatz enthält ersichtlicherweise nur die ESt und die KiSt unter Berücksichtigung der gesetzlich gegebenen Interdependenzen. Die Gewerbeerträge liegen unter dem Freibetrag.

Interessehalber ist in der unteren Tabelle die Steuerwirkung der Lohnerhöhung für eine Kapitalgesellschaft mit dem Programm ERTRAGSTEUERN KAPITALGESELLSCHAFTEN ermittelt worden. Hier beläuft sich die Steuerentlastung - wenn nur die Gesellschaft betrachtet wird - auf 58,34 %. Der Nettobelastungsanteil für die Gesellschaft beträgt 41,66 %.

LOHNERHÖHUNG

```
Schult STEUERBASIC 1993
Ertragsteuern natürliche Personen/1993
Gewerbeertrag 1 vor GewSt                                  DM=? 40000
Gewerbeertrag 2 vor GewSt                                  DM=? 30000
Hebesatz                                                   % =? 400
zu verst Einkommen 1 vor Steuern, Kinder- und Haushaltsfrei DM=? 60000
zu verst Einkommen 2 vor Steuern, Kinder- und Haushaltsfrei DM=? 50000
Kirchensteuersatz                                          % =? 8
Kappungs-Kirchensteuersatz                                 % =? 3
Ledig (verheiratet = n)                                    j/n? n
Kinderzahl                                                   ? 1
Ergänzungsabgabe-, Solidaritätszuschlagssatz u.ä.          %=? 0
............................      Vorher      Nachher    Differenz
Gewerbeertragsteuer      DM            0            0           +0
Einkommensteuer          DM         9500         7128        -2372
Kirchensteuer            DM          736          546         -190
Ergänzungsabgabe         DM            0            0           +0
Ertragsteuern            DM        10236         7674        -2562
Differenzsteuersatz in %    25.62
Rundungsdifferenzen sind möglich
Wollen Sie den Bildschirm drucken (dann DRUCK-Taste drücken) j/n? j
```

```
Schult STEUERBASIC 1993
Ertragsteuern Kapitalgesellschaften/1993

Ergänzungsabgabe-, Solidaritätszuschlagssatz u.ä.          %=? 0
Gewinn vor Gewerbesteuer 1                                 DM=? 60000
Gewinn vor Gewerbesteuer 2                                 DM=? 50000
Die Nettodividende darf 64 % des Gewinns nach GewSt, VSt und ErgAbg nicht über-
schreiten. Die maximale Nettodividende wird in jedem Fall ausgedruckt.
Nettodividende 1 (KapESt vernachlässigt)                   DM=? 0
Nettodividende 2 (KapESt vernachlässigt)                   DM=? 0
Gewerbeertrag 1 vor GewSt                                  DM=? 40000
Gewerbeertrag 2 vor GewSt                                  DM=? 30000
Hebesatz                                                   % =? 400
............................      Vorher      Nachher    Differenz
Gewerbeertragsteuer      DM         6666         4999        -1667
Körperschaftsteuer       DM        26667        22500        -4167
Ergänzungsabgabe         DM            0            0           +0
Ertragsteuern            DM        33333        27499        -5834
Differenzsteuersatz in % 58.34
Rundungsdifferenzen sind möglich
Die maximalen Nettodividenden betragen    34133  28800
Wollen Sie den Bildschirm drucken (dann DRUCK-Taste drücken) j/n? j
```

Entscheidungsfall: Erhöhung des Gewerbeertrags
Bei einer Außenprüfung soll der Gewerbeertrag durch eine bisher nicht vorgenommene Hinzurechnung von DM 50.000 erhöht werden. Der Unternehmer will die Intensität seiner Gegenmaßnahmen (die nicht zuletzt mit zusätzlichen Ausgaben verbunden sind) davon abhängig machen, wie groß der steuerliche Effekt dieser Maßnahme des Außenprüfers ist.

Programmteil Nr. 3 und 7: ERTRAGSTEUERN KAPITALGESELLSCHAFTEN und BRUTTOBEDARF

abgefragte Daten: vgl. Datenteil der Tabelle

Erläuterungen:
Bei dem Gewerbebetrieb handelt es sich um eine GmbH. Der Hebesatz der GewSt beträgt 395 %. Der durch die Hinzurechnung unveränderte Gewinn (vor GewESt-Abzug) beläuft sich auf DM 100.000, der Gewerbeertrag würde von DM 120.000 auf DM 170.000 steigen. Der Vollständigkeit halber wird die Nettodividende mit DM 30.000 berücksichtigt, obwohl sie hier keinen Einfluß auf die Differenzsteuer oder den Differenzsteuersatz hat.

Interpretation:
Durch die Hinzurechnung von DM 50.000 steigt die ErSt-Belastung um DM 4.123 oder um 8,24 %. Die GewESt steigt um DM 8.246 (das entspricht einem effektiven GewESt-Satz von 16,49 % bei einem nominalen GewESt-Satz von 19,75 %). Durch die Erhöhung der Betriebsausgabe GewESt mindert sich aber die KSt um DM 4.123, so daß die zusätzliche Steuerbelastung tatsächlich nur 8,24 % beträgt.

Da die KSt eine proportionale Steuer ist, decken sich Differenz- und Grenzsteuersatz. Jegliches Bemühen des Unternehmers, die Hinzurechnung zu mindern, führt deshalb zu der gleichen relativen Steuerersparnis von 8,24 % (tatsächlicher GewESt-Satz).

Anmerkungen:
Die Frage, wie hoch die zusätzlichen Planungsausgaben maximal sein dürfen, um gerade identisch mit den Steuervorteil zu sein, läßt sich mit der Bruttobedarfsrechnung ermitteln. Der Steuervorteil ist ein Netto-Vorteil; er wird nicht mehr um weitere ErSt gemindert. Die Planungsausgaben stellen dagegen Betriebsausgaben dar; der Nettowert kann erst festgestellt werden, wenn die zusätzliche Steuerminderung subtrahiert ist[21].

Die Hinzurechnung wirkt sich nach Abschn. 22 Abs. 3 EStR in dem Jahr aus, in dem mit der GewESt-Nachforderung zu rechnen ist. Deshalb sind in beiden Rechnungen die Werte dieses "Zahlungs-Jahres" anzusetzen. Wird beantragt, daß die GewESt zu Lasten des "Verursachungsjahres" gebucht wird, dann ist in der ersten Tabelle mit den Werten dieses Jahres, in der zweiten Tabelle mit den Werten des Zahlungsjahres zu rechnen. Die zusätzliche GewESt wird vorteilhafterweise in dem Jahr mit dem höheren Differenzsteuersatz abgesetzt. Hier wird der erste Fall angenommen: Der Nachteil durch den Planungsaufwand beträgt DM 9.870 und ist gerade indifferent mit dem Steuernachteil von DM 4.121 (kleiner Rundungsfehler). Solange der Planungsaufwand niedriger ist als DM 9.870, ist die Gegenmaßnahme vorteilhaft (wenn sie erfolgreich ist).

21 Planungsaktivitäten im steuerlichen Bereich sind durch die sog. Eigenwirkung der Besteuerung präferenziert. Der Steuervorteil (z.B. Endvermögensdifferenz) wird durch Steuern nicht weiter gemindert, wohl aber der Planungsaufwand; vgl. hierzu Schult, E., Die Steuern des Betriebes - Entscheidungshilfen für Unternehmer, a.a.O., S. 12f.

Zumindest bei personenbezogenen Kapitalgesellschaften kann eine Steuererhöhung auch zu einer Änderung der Ausschüttung führen. Dann ist die KSt-Entlastung nur als durchlaufende Entlastung zu sehen. Die endgültige Entlastung berechnet sich aus der ESt und ggf. der KiSt. Bei einer Änderung der Dividende ist der Programmteil ERTRAGSTEUERN KAPITALGESELLSCHAFTEN UND NATÜRLICHE PERSONEN anzuwenden.

ERHÖHUNG DES GEWERBEERTRAGS

```
Schult STEUERBASIC 1993
Ertragsteuern Kapitalgesellschaften/1993

Ergänzungsabgabe-, Solidaritätszuschlagssatz u.ä.                  %=? 0
Gewinn vor Gewerbesteuer 1                                         DM=? 100000
Gewinn vor Gewerbesteuer 2                                         DM=? 100000
Die Nettodividende darf 64 % des Gewinns nach GewSt, VSt und ErgAbg nicht über-
schreiten. Die maximale Nettodividende wird in jedem Fall ausgedruckt.
Nettodividende 1 (KapESt vernachlässigt)                           DM=? 30000
Nettodividende 2 (KapESt vernachlässigt)                           DM=? 30000
Gewerbeertrag 1 vor GewSt                                          DM=? 120000
Gewerbeertrag 2 vor GewSt                                          DM=? 170000
Hebesatz                                                           % =? 395
..........................         Vorher       Nachher     Differenz
Gewerbeertragsteuer       DM        19791         28037         +8246
Körperschaftsteuer        DM        33542         29419         -4123
Ergänzungsabgabe          DM            0             0            +0
Ertragsteuern             DM        53333         57456         +4123
Differenzsteuersatz in % 8.24
Rundungsdifferenzen sind möglich
Die maximalen Nettodividenden betragen   51333  46056
Wollen Sie den Bildschirm drucken (dann DRUCK-Taste drücken) j/n? j
```

```
Schult STEUERBASIC 1993
Bruttobedarf/1993
Nettobedarf                                                        DM=? 4123
Berechnung für natürliche Person (Kapitalgesellschaft = n)        j/n? n
bisheriger Gewerbeertrag vor Gewerbesteuer                         DM=? 120000
Hebesatz                                                           % =? 395
bisheriges zu versteuerndes Einkommen vor Steuern                  DM=? 100000
Ergänzungsabgabe-, Solidaritätszuschlagssatz u.ä.                  %=? 0
..........................         Vorher       Nachher     Differenz
Gewerbeertrag vor GewSt DM         120000        129870         +9870
zvE vor GewSt             DM       100000        109870         +9870
Gewerbeertragsteuer       DM        19791         21419         +1628
Dividende konstant, hier null
Körperschaftsteuer        DM        40104         44225         +4121
Ergänzungsabgabe          DM            0             0            +0
Bruttobedarfssatz in %     239.39
Bruttobedarf in DM = Differenz in Zeile -zvE vor GewSt-
Rundungsdifferenzen sind möglich
Wollen Sie den Bildschirm drucken (dann DRUCK-Taste drücken) j/n? j
```

Entscheidungsfall: Ausschüttungsbemessung
Der Gesellschafter einer Ein-Mann-GmbH möchte eine zusätzliche Netto-Ausschüttung von DM 10.000 beschließen. Er ist dazu aber nur bereit, wenn sich die gesamte steuerliche Situation hierdurch nur geringfügig ändert.

Programmteil Nr. 5: ERTRAGSTEUERN KAPITALGESELLSCHAFTEN UND NATÜRLICHE PERSONEN

abgefragte Daten: vgl. Datenteil der Tabelle

Erläuterungen:
Als erstes werden die persönlichen Daten des Gesellschafters abgefragt. Er verfügt über ein anderes zu versteuerndes Einkommen in Höhe von DM 30.000 (z.B. das Gesellschafter-Geschäftsführer-Gehalt durch die GmbH), ist ledig und kinderlos und unterliegt der KiSt mit 9 % bzw. 4 %. Der Sparerfreibetrag beläuft sich hier auf DM 6.000; er ist bei dem anderen zu versteuernden Einkommen abzusetzen: Es ist also DM 24.000 einzugeben. Eine ErgAbg wird nicht berücksichtigt.

Der Gewinn der Kapitalgesellschaft (Steuerbilanzgewinn vor Abzug der GewESt) beträgt DM 150.000, der Gewerbeertrag (ebenfalls vor GewESt) beläuft sich auf DM 170.000; der Hebesatz der GewSt ist mit 290 % angesetzt. Die Nettodividende soll von DM 50.000 auf DM 60.000 erhöht werden. Wie aus dem Datenteil der Tabelle leicht ersichtlich, ändert sich problemgemäß nur die Nettodividende.

Interpretation:
Durch die zusätzliche Nettodividende erhöht sich die ErSt bei Gesellschaft und Gesellschafter um DM 182. Die GewESt bleibt - da sich der Gewerbeertrag nicht ändert - konstant. Die KSt wird um den Minderungsbetrag geringer. Durch die Erhöhung des zu versteuernden Einkommens des Gesellschafters um die Bruttodividende (DM 15.625) erhöht sich aber die ESt (unter Anrechnung der KSt) und die KiSt.

Anmerkungen:
Ein Differenzsteuersatz wird in diesem Programmteil nicht berechnet und ausgedruckt, da es häufig an geeigneten Bemessungsgrundlagenteilen fehlt, denen die Steueränderungen gegenüber gestellt werden können. Er ist hier ohnehin nur von sekundärer Bedeutung, weil die Steueränderung, die ansonsten mit Hilfe des Differenzsteuersatzes ermittelt wird, durch die Veranlagungssimulation schon bekannt ist.

Die Steuererhöhung läßt einen Rückschluß auf die Höhe des Differenzsteuersatzes des Gesellschafters (also den Teilsteuersatz aus ESt und KiSt) zu. Er ist augenscheinlich höher als der KSt-Satz von 50 %, da bei Berücksichtigung von Gesellschaft und Gesellschafter (ohne VSt der Gesellschaft) die KSt unter wirtschaftlichem Aspekt ein durchlaufender Posten ist. Der Unterschied der Differenzsteuersätze läßt sich ebenfalls ermitteln. Er beträgt DM 182 auf die Bruttodividendenänderung von DM 15.625, also etwa 1,2 %.

AUSSCHÜTTUNGSBEMESSUNG

```
Schult STEUERBASIC 1993
Ertragsteuern Kapitalgesellschaften und natürliche Personen/1993

Anderes zu versteuerndes Einkommen ohne Dividende 1          DM=? 24000
Anderes zu versteuerndes Einkommen ohne Dividende 2          DM=? 24000
Kirchensteuersatz                                            % =? 9
Kappungs-Kirchensteuersatz                                   % =? 4
Ledig (verheiratet = n)                                      j/n? j
Kinderzahl                                                      ? 0
Ergänzungsabgabe-, Solidaritätszuschlagssatz u.ä.             %=? 0
Wollen Sie den Bildschirm drucken (dann DRUCK-Taste drücken) j/n? j
```

```
Gewinn vor Gewerbesteuer 1                                   DM=? 150000
Gewinn vor Gewerbesteuer 2                                   DM=? 150000
Die Nettodividende darf 64 % des Gewinns nach GewSt, VSt und ErgAbg nicht über-
schreiten. Die maximale Nettodividende wird in jedem Fall ausgedruckt.
Nettodividende 1 (KapESt vernachlässigt)                     DM=? 50000
Nettodividende 2 (KapESt vernachlässigt)                     DM=? 60000
Gewerbeertrag 1 vor GewSt                                    DM=? 170000
Gewerbeertrag 2 vor GewSt                                    DM=? 170000
Hebesatz                                                     % =? 290
..........................          Vorher       Nachher    Differenz
Ertragsteuern natürliche Person
Einkommensteuer           DM           2351          4060        +1709
Kirchensteuer             DM           2742          3402         +660
Ergänzungsabgabe          DM              0             0           +0
ErtragSt natür Person     DM           5093          7462        +2369
Ertragsteuern Kapitalgesellschaft
Gewerbeertragsteuer       DM          21528         21528           +0
Körperschaftsteuer        DM          53298         51111        -2187
Ergänzungsabgabe          DM              0             0           +0
ErtragSt Kapitalgesell    DM          74826         72639        -2187
ErtragSt KapGes+nat PersDM            79919         80101         +182
Rundungsdifferenzen sind möglich
Die maximalen Nettodividenden betragen   82222  82222
Wollen Sie den Bildschirm drucken (dann DRUCK-Taste drücken) j/n? j
```

Entscheidungsfall: Programmkontrolle
In der betrieblichen Praxis wird nicht selten die Frage nach Steuer**sätzen** - insbesondere nach Grenzsteuersätzen - gestellt. Die Geschäftsführer einer GmbH möchten den Grenzsteuersatz der Normal-KSt (der bekanntlich 50 % beträgt) und der GewESt (der bei einem Hebesatz der GewSt von 300 % ebenfalls mit nominal 15 % bzw. effektiv 13,04 % bekannt ist) berechnet haben. Da diese Steuersätze wegen der Proportionalität der beiden ErSt bei Kapitalgesellschaften einfach zu ermitteln sind, kann es sich hier sinnvollerweise nur um eine Frage zur Kontrolle des Programms handeln.

Programmteil Nr. 3: ERTRAGSTEUERN KAPITALGESELLSCHAFTEN

abgefragte Daten: vgl. Datenteil der Tabelle

Erläuterungen:
Bei proportionalen Steuerarten - wie den hier zu untersuchenden - decken sich durchschnittlicher, Differenz- und Grenzsteuersatz. Anders als etwa bei der ESt kommt es also auf die gewählte Differenz der zu versteuernden Einkommen bzw. der Gewerbeerträge zur Ermittlung der Grenzsteuersätze nicht an.

Der Grenzsteuersatz ausschließlich der KSt wird berechnet, indem die GewESt eliminiert wird. Das kann einfacherweise dadurch geschehen, daß der Hebesatz der GewSt null gesetzt wird. Im Beispiel wird das zu versteuernde Einkommen einmal mit DM 100.000, einmal mit DM 200.000 angesetzt. Die Höhe der konstanten Nettodividende ist irrelevant - hier ist sie mit DM 50.000 gewählt (vgl. obere Tabelle).

Der Grenzsteuersatz ausschließlich der GewESt wird berechnet, indem die KSt eliminiert wird. Gewinn vor GewSt und Nettodividende werden mit null eingegeben. Der Gewerbeertrag wird von DM 100.000 auf DM 200.000 erhöht. Der Hebesatz der GewSt soll 300 % betragen (vgl. untere Tabelle).

Interpretation:
Die Berechnung des KSt-Durchschnitts-, Differenz- oder Grenzsteuersatzes ergibt den erwarteten Wert von 50 %. Die Höhe der Dividende hat - da sie konstant ist - keinen Einfluß auf den KSt-Satz (vgl. obere Tabelle). Für den GewESt-Satz ergibt sich ein Wert von 13,04 %. Bei dem berechneten Wert handelt es sich um den effektiven GewESt-Satz, bei dem der Abzug der GewESt als Betriebsausgabe zur Ermittlung des Gewerbeertrags bereits berücksichtigt ist. Die durch die GewESt verursachte Minderung der KSt ist hier nicht in die Steuersatzberechnung eingegangen. Es sollten die isolierten Werte für den KSt-Satz und den GewESt-Satz berechnet werden.

Anmerkungen:
Der Teilsteuersatz aus KSt und GewESt (auch hier sind durchschnittlicher, Differenz- und Grenzsteuersatz identisch) ergibt sich selbstverständlich nicht aus der Addition der beiden Einzelsteuersätze. Vielmehr muß die Betriebsausgabe GewESt noch bei der Ermittlung des zu versteuernden Einkommens abgesetzt werden; aus dem Multifaktor aus GewESt und KSt ergibt sich ein Teilsteuersatz[22] von 56,52 %. Er kann auch mit dem Programm ERTRAGSTEUERN KAPITALGESELLSCHAFTEN berechnet werden, wenn Gewinn vor GewSt und Gewerbeertrag vor GewSt um den gleichen Betrag erhöht/gemindert werden.

---

22 Vgl. zu den Werten etwa Rose, G., Die Steuerreform im Spiegel der Teilsteuerrechnung, in DB 1989, S. 1ff.

PROGRAMMKONTROLLE

```
Schult STEUERBASIC 1993
Ertragsteuern Kapitalgesellschaften/1993

Ergänzungsabgabe-, Solidaritätszuschlagssatz u.ä.              %=? 0
Gewinn vor Gewerbesteuer 1                                     DM=? 100000
Gewinn vor Gewerbesteuer 2                                     DM=? 200000
Die Nettodividende darf 64 % des Gewinns nach GewSt, VSt und ErgAbg nicht über-
schreiten. Die maximale Nettodividende wird in jedem Fall ausgedruckt.
Nettodividende 1 (KapESt vernachlässigt)                       DM=? 50000
Nettodividende 2 (KapESt vernachlässigt)                       DM=? 50000
Gewerbeertrag 1 vor GewSt                                      DM=? 0
Gewerbeertrag 2 vor GewSt                                      DM=? 0
Hebesatz                                                       % =? 0
...........................          Vorher      Nachher    Differenz
Gewerbeertragsteuer      DM               0            0           +0
Körperschaftsteuer       DM           39062        89062       +50000
Ergänzungsabgabe         DM               0            0           +0
Ertragsteuern            DM           39062        89062       +50000
Differenzsteuersatz in % 50
Rundungsdifferenzen sind möglich
Die maximalen Nettodividenden betragen   64000  128000
Wollen Sie den Bildschirm drucken (dann DRUCK-Taste drücken) j/n? j
```

```
Schult STEUERBASIC 1993
Ertragsteuern Kapitalgesellschaften/1993

Ergänzungsabgabe-, Solidaritätszuschlagssatz u.ä.              %=? 0
Gewinn vor Gewerbesteuer 1                                     DM=? 0
Gewinn vor Gewerbesteuer 2                                     DM=? 0
Die Nettodividende darf 64 % des Gewinns nach GewSt, VSt und ErgAbg nicht über-
schreiten. Die maximale Nettodividende wird in jedem Fall ausgedruckt.
Nettodividende 1 (KapESt vernachlässigt)                       DM=? 0
Nettodividende 2 (KapESt vernachlässigt)                       DM=? 0
Gewerbeertrag 1 vor GewSt                                      DM=? 100000
Gewerbeertrag 2 vor GewSt                                      DM=? 200000
Hebesatz                                                       % =? 300
...........................          Vorher      Nachher    Differenz
Gewerbeertragsteuer      DM           13043        26086       +13043
Körperschaftsteuer       DM               0            0           +0
Ergänzungsabgabe         DM               0            0           +0
Ertragsteuern            DM           13043        26086       +13043
Differenzsteuersatz in % 13.04
Rundungsdifferenzen sind möglich
Die maximalen Nettodividenden betragen   0  0
Wollen Sie den Bildschirm drucken (dann DRUCK-Taste drücken) j/n? j
```

5.2 Vermögensänderungen

Entscheidungsfall: Minderung des Einheitswerts des Betriebsvermögens

Mit erheblichen Durchsetzungsanstrengungen könnte ein Einzelunternehmer bei einer Außenprüfung erreichen, daß der Einheitswert des Betriebsvermögens um DM 1 Mio gemindert werden kann. Ihn interessiert die sich daraus ergebende SubSt-Ersparnis. Falls sich ErSt-Änderungen ergeben, so möchte er auch deren Höhe wissen.

Programmteil Nr. 2: ERTRAG- UND SUBSTANZSTEUERN NATÜRLICHE PERSONEN

abgefragte Daten: vgl. Übersichtsanzeige

Erläuterungen:

Der Gewerbeertrag soll mit DM 1 Mio und das zu versteuernde Einkommen mit DM 1,5 Mio konstant bleiben (jeweils Bruttoerträge). Der Hebesatz der GewSt soll 400 % betragen. Es besteht KiSt-Pflicht mit 8 % bzw. 3 %. Das andere Vermögen des kinderlosen und ledigen Unternehmers wird auf DM 100.000 beziffert.

Der Einheitswert des Betriebsvermögens kann von DM 5 Mio auf DM 4 Mio gemindert werden. Entsprechend würde das Gewerbekapital von vorher DM 6 Mio auf DM 5 Mio sinken. Diese beiden Werte sind entsprechend der Entscheidungssituation die einzigen sich direkt ändernden Bemessungsgrundlagen.

Interpretation:

Durch die Minderung des Einheitswerts des Betriebsvermögens ergibt sich eine SubSt-Minderung von DM 11.750. Davon betrifft ein Teil von DM 8.000 die GewKSt - eine abzugsfähige Betriebsausgabe. Daraus folgt eine Erhöhung des Gewinns aus Gewerbebetrieb bzw. des Gewerbeertrags.

Der SubSt-Minderung von DM 11.750 steht aus diesem Grund eine Erhöhung der ErSt von DM 4.958 gegenüber. Die Bemühungen um die Minderung des Einheitswerts des Betriebsvermögens führen insgesamt also zu einer Steuerersparnis von DM 6.792.

Anmerkungen:

Eine Veränderung des Einheitswerts des Betriebsvermögens hat im Regelfall eine entsprechende Änderung des Gewinns/Gewerbeertrags zur Folge[23]. Die vorliegende Minderung des Einheitswerts würde zu einer Gewinnminderung (des Vorjahres) von DM 1 Mio führen. Wegen der Zweischneidigkeit der Steuerbilanz liegt hier allerdings nur eine Gewinnverschiebung vor. Die sich daraus ergebenden Steuer- und Zinseffekte können mit dem Programm FINANZPLAN erfaßt werden.

---

23 Sog. verlängerte Maßgeblichkeit, Herzig, N., Verlängerte Maßgeblichkeit und Bilanzpolitik, in DB 1992, S. 1053f.; vgl. auch Schult, E., Optimale Steuerbilanzpolitik nach der verlängerten Maßgeblichkeit, in DB 1992, S. 2152ff.

MINDERUNG DES EINHEITSWERTS DES BETRIEBSVERMÖGENS

```
Schult STEUERBASIC 1993
Ertrag- und Substanzsteuern natürliche Personen/1993

Gewerbeertrag 1 vor GewSt                                         DM=? 1000000
Gewerbeertrag 2 vor GewSt                                         DM=? 1000000
Hebesatz                                                          % =? 400
zu verst Einkommen 1 vor Steuern, Kinder- und Haushaltsfrei       DM=? 1500000
zu verst Einkommen 2 vor Steuern, Kinder- und Haushaltsfrei       DM=? 1500000
Kirchensteuersatz                                                 % =? 8
Kappungs-Kirchensteuersatz                                        % =? 3
Ledig (verheiratet = n)                                           j/n? j
Kinderzahl                                                           ? 0
Ergänzungsabgabe-, Solidaritätszuschlagssatz u.ä.                  %=? 0
Einheitswert des Betriebsvermögens 1                              DM=? 5000000
Einheitswert des Betriebsvermögens 2                              DM=? 4000000
Gewerbekapital 1                                                  DM=? 5000000
Gewerbekapital 2                                                  DM=? 4000000
Anderes Vermögen 1                                                DM=? 100000
Anderes Vermögen 2                                                DM=? 100000
Wollen Sie den Bildschirm drucken (dann DRUCK-Taste drücken) j/n? j
```

```
............................        Vorher      Nachher    Differenz
Gewerbekapitalsteuer     DM          39040        31040        -8000
Vermögensteuer           DM          17025        13275        -3750
Substanzsteuern          DM          56065        44315       -11750
Gewerbeertragsteuer      DM         144159       145493        +1334
Einkommensteuer          DM         654735       658165        +3430
Kirchensteuer            DM          38353        38547         +194
Ergänzungsabgabe         DM              0            0           +0
Ertragsteuern            DM         837247       842205        +4958
Ertrag-+Substanzsteuern DM          893312       886520        -6792
Rundungsdifferenzen sind möglich
Wollen Sie den Bildschirm drucken (dann DRUCK-Taste drücken) j/n? j
```

5.3 Rechtsformwahl

Entscheidungsfall: Einzelunternehmen oder Ein-Mann-GmbH
Anläßlich einer Betriebsgründung stellt sich die Frage nach der Rechtsform[24]. Der Steuerpflichtige wird alleiniger Inhaber des zu gründenden Betriebs sein. Unter Beachtung sämtlicher nichtsteuerlicher Entscheidungsvariablen sollen die Rechtsformen des Einzelunternehmens und der Ein-Mann-GmbH hier indifferent sein. Der Gründer will seine Entscheidung deshalb von den steuerlichen Wirkungen abhängig machen.

Programmteil Nr. 2 und 6: ERTRAG- UND SUBSTANZSTEUERN NATÜRLICHE PERSONEN und ERTRAG- UND SUBSTANZSTEUERN KAPITALGESELLSCHAFTEN UND NATÜRLICHE PERSONEN

abgefragte Daten: vgl. Datenteil der Tabelle

Erläuterungen:
Der Gründer erwartet für die nächsten Jahre, daß der Gewerbeertrag vor Abzug von Steuern und das zu versteuernde Einkommen weitgehend identisch sind und wenigstens DM 100.000, höchstens aber DM 150.000 betragen werden. Der Hebesatz der GewSt beträgt am Standort des zu gründenden Betriebs 500 %. Es wird nicht erwartet, daß eine ErgAbg eingeführt wird.

Der Gründer ist verheiratet (zwei Kinder) und mit 9 % KiSt-pflichtig. Die KiSt wird nicht gekappt. Der Einheitswert des Betriebsvermögens wird wie das Gewerbekapital mit wenigstens DM 500.000, höchstens DM 700.000 prognostiziert; das andere Vermögen des Unternehmers wird mit DM 200.000 geschätzt.

Weil zwei Rechtsformen verglichen werden sollen, müssen die Werte einmal in den Programmteil ERTRAG- UND SUBSTANZSTEUERN NATÜRLICHE PERSONEN für das Einzelunternehmen und zum anderen in den Programmteil ERTRAG- UND SUBSTANZSTEUERN KAPITALGESELLSCHAFTEN UND NATÜRLICHE PERSONEN für die Kapitalgesellschaft und den Gesellschafter eingegeben werden. Da die Differenzsteuerprogramme einen zweimaligen Durchlauf vorsehen, können in jedem Rechengang zwei Situationen hinsichtlich ihrer steuerlichen Wirkung untersucht werden (im Beispielsfall also die beiden prognostizierten Grenzsituationen). Die Differenzspalte ist hier weitgehend ohne Aussagekraft: Sie kann allenfalls herangezogen werden, um die Steuermehrbelastung aufzuzeigen, die sich ergibt, wenn sich nicht die pessimistische Prognose, sondern die optimistische Prognose als richtig herausstellt.

Wegen der Irrelevanz von Geschäftsführergehältern bei Einzelunternehmen und Personengesellschaften (wenn ein Gesellschafter Geschäftsführer ist) werden diese im ersten Programm nicht abgefragt. Bei Kapitalgesellschaften sind dagegen Verträge zwischen der Gesellschaft und den Gesellschaftern auch steuerlich wirksam. Deshalb

24 Vgl. hierzu ausführlich etwa Wöhe, G., Betriebswirtschaftliche Steuerlehre II/1, 5.Aufl. München 1990, Jacobs, O.H., Unternehmensbesteuerung und Rechtsform, München 1988 sowie Beranek, Personengesellschaft oder Kapitalgesellschaft?, in SteuerStud 1992, S. 165ff., ders., Ein steuerlicher Rechtsformvergleich unter Berücksichtigung des Steueränderungsgesetzes 1992 - zugleich eine Ergänzung zum Beitrag SteuerStud 5/1992, in SteuerStud 1992, S. 165ff.

wird hier nach der Höhe des Geschäftsführergehalts gefragt. Es soll im pessimistischen Fall DM 20.000, im optimistischen Fall DM 30.000 betragen. Diese Gehälter - und andere Leistungsentgelte - werden bei der Abfrage der anderen zu versteuernden Einkommen (mit Ausnahme der Dividende) eingegeben. Da die Gehälter Betriebsausgaben darstellen, sind die (wirtschaftlichen) Gewinne zu mindern. Gewinn und Gewerbeertrag betragen jetzt nicht mehr DM 100.000/DM 150.000, sondern nur noch DM 80.000/DM 120.000.

Bei der Frage nach dem anderen zu versteuernden Einkommen ist außerdem ein eventueller Sparerfreibetrag zu subtrahieren. Im vorliegenden Fall existieren Einkünfte aus Kapitalvermögen in Höhe der Bruttodividenden. Multipliziert man die Nettodividenden mit 0,64, so ergeben sich die Bruttodividenden mit DM 19.200 bzw. DM 62.500. Diese Einkünfte überschreiten den maximalen Sparerfreibetrag von DM 12.000, so daß er sich in voller Höhe auswirkt. Bei den anderen zu versteuernden Einkommen ist demnach DM 8.000 bzw. DM 18.000 einzugeben. Außerdem kann an dieser Stelle der Pauschbetrag für Werbungskosten bei Einkünften aus nichtselbständiger Arbeit nach § 9 Nr. 1 EStG mit DM 2.000 abgesetzt werden, so daß letztlich DM 6.000 bzw. DM 16.000 einzugeben sind.

Auch nach der Höhe der Ausschüttung wird nur bei der Kapitalgesellschaft gefragt (bei einem Einzelunternehmen bzw. einer Personengesellschaft sind die Entnahmen steuerlich irrelevant). Im Programm wird die Nettodividende abgefragt (hier DM 30.000 bei der Prognose eher pessimistischer Werte bzw. DM 40.000 im optimistischen Fall). Ist nur die Bruttodividende bekannt, so muß sie in eine Nettodividende umgerechnet werden. Die Nettodividende beträgt 64 % der Bruttodividende.

Interpretation:
Die erste Tabelle zeigt das steuerliche Ergebnis des Einzelunternehmens (jeweils für den optimistischen und den pessimistischen Fall). Die gesamte Steuerbelastung beträgt DM 25.664 bzw. DM 48.841. Die Differenzspalte hat nur eine geringe Aussagekraft; das gilt dementsprechend auch für die Differenzsteuersätze.

Die zweite Tabelle zeigt das steuerliche Ergebnis der Ein-Mann-GmbH. Die gesamte Steuerbelastung beträgt hier DM 35.315 bzw. DM 60.759. Sie liegt also in beiden Fällen erheblich höher als bei dem Einzelunternehmen.

Der Grund für die höhere steuerliche Belastung der GmbH liegt im wesentlichen bei der GewESt. Sie ist bei der GmbH erheblich höher als bei dem Einzelunternehmen. Der Grund ist leicht ersichtlich: Die (fiktiven) GewEStlichen Freibeträge bei natürlichen Personen sind höher als die hier als Betriebsausgabe angesetzten Gesellschafter-Geschäftsführer-Gehälter (vgl. die Programmzeilen 920 und 940).

Die GewKSt ist rechtformunabhängig. Die VSt ist wegen der zweifachen Belastung von Gesellschaft und Gesellschafter wesentlich höher als bei dem Einzelunternehmen. Wegen der relativ hohen Thesaurierung ist auch die KSt- und ESt-Belastung bei der GmbH vergleichsweise hoch. Ein großer Teil des Gewinns unterliegt der KSt. Der Differenzsteuersatz der ESt ist hier augenscheinlich niedriger als 50 %.

Anmerkungen:---

```
EINZELUNTERNEHMEN ODER EIN-MANN-GMBH/EINZELUNTERNEHMEN


Schult STEUERBASIC 1993
Ertrag- und Substanzsteuern natürliche Personen/1993

Gewerbeertrag 1 vor GewSt                                         DM=? 100000
Gewerbeertrag 2 vor GewSt                                         DM=? 150000
Hebesatz                                                          % =? 500
zu verst Einkommen 1 vor Steuern, Kinder- und Haushaltsfrei       DM=? 100000
zu verst Einkommen 2 vor Steuern, Kinder- und Haushaltsfrei       DM=? 150000
Kirchensteuersatz                                                 % =? 9
Kappungs-Kirchensteuersatz                                        % =? 0
Ledig (verheiratet = n)                                           j/n? n
Kinderzahl                                                           ? 2
Ergänzungsabgabe-, Solidaritätszuschlagssatz u.ä.                  %=? 0
Einheitswert des Betriebsvermögens 1                              DM=? 500000
Einheitswert des Betriebsvermögens 2                              DM=? 700000
Gewerbekapital 1                                                  DM=? 500000
Gewerbekapital 2                                                  DM=? 700000
Anderes Vermögen 1                                                DM=? 200000
Anderes Vermögen 2                                                DM=? 200000
Wollen Sie den Bildschirm drucken (dann DRUCK-Taste drücken) j/n? j
```

```
...........................         Vorher       Nachher     Differenz
Gewerbekapitalsteuer      DM          3800          5800         +2000
Vermögensteuer            DM             0           350          +350
Substanzsteuern           DM          3800          6150         +2350
Gewerbeertragsteuer       DM          3290         10033         +6743
Einkommensteuer           DM         17090         30011        +12921
Kirchensteuer             DM          1484          2647         +1163
Ergänzungsabgabe          DM             0             0            +0
Ertragsteuern             DM         21864         42691        +20827
Ertrag-+Substanzsteuern DM           25664         48841        +23177
Substanzsteuer-Differenzsteuersatz in %      4.70
Ertragsteuer-Differenzsteuersatz   in %     41.65
Differenzsteuersatz insgesamt      in %     46.35
Beachte: auch die Substanzsteuersätze sind auf Gewinndifferenzen bezogen,
deshalb nur geringe Aussagekraft.
Rundungsdifferenzen sind möglich
Wollen Sie den Bildschirm drucken (dann DRUCK-Taste drücken) j/n? j
```

```
EINZELUNTERNEHMEN ODER EIN-MANN-GMBH/EIN-MANN-GMBH


Ertrag- und Substanzsteuern Kapitalgesellschaften und natürliche Personen/1993
Kirchensteuersatz                                            % =? 9
Kappungs-Kirchensteuersatz                                   % =? 0
Ledig (verheiratet = n)                                      j/n? n
Kinderzahl                                                      ? 2
Ergänzungsabgabe-, Solidaritätszuschlagssatz u.ä.            %=? 0
Anderes Vermögen 1                                           DM=? 200000
Anderes Vermögen 2                                           DM=? 200000
Anderes zu versteuerndes Einkommen ohne Dividende 1          DM=? 6000
Anderes zu versteuerndes Einkommen ohne Dividende 2          DM=? 16000
Gewinn vor Gewerbesteuer 1                                   DM=? 80000
Gewinn vor Gewerbesteuer 2                                   DM=? 120000
Die Nettodividende darf 64 % des Gewinns nach GewSt, VSt und ErgAbg nicht über-
schreiten. Die maximale Nettodividende wird in jedem Fall ausgedruckt.
Nettodividende 1 (KapESt vernachlässigt)                     DM=? 30000
Nettodividende 2 (KapESt vernachlässigt)                     DM=? 40000
Gewerbeertrag 1 vor GewSt                                    DM=? 80000
Gewerbeertrag 2 vor GewSt                                    DM=? 120000
Hebesatz                                                     % =? 500
Einheitswert des Betriebsvermögens 1                         DM=? 500000
Einheitswert des Betriebsvermögens 2                         DM=? 700000
Gewerbekapital 1                                             DM=? 500000
Gewerbekapital 2                                             DM=? 700000
Wollen Sie den Bildschirm drucken (dann DRUCK-Taste drücken) j/n? j


.............................         Vorher      Nachher    Differenz
Steuern natürliche Person
Einkommensteuer          DM           -10037        -9362         +675
Kirchensteuer            DM              561         1128         +567
Ergänzungsabgabe         DM                0            0           +0
ErtragSt natürl Person   DM            -9476        -8234        +1242
VermöSt  natür Person    DM             1834         2523         +689
ErSt+VSt natür Person    DM            -7642        -5711        +1931
Steuern Kapitalgesellschaft
Gewerbekapitalsteuer     DM             3800         5800        +2000
Vermögensteuer KapGes    DM                0          900         +900
Substanzsteuern KapGes   DM             3800         6700        +2900
Gewerbeertragsteuer      DM            15240        22840        +7600
Körperschaftsteuer       DM            23917        36930       +13013
Ergänzungsabgabe         DM                0            0           +0
Ertragsteuern KapGes     DM            39157        59770       +20613
Ertrag- + SubSt KapGes   DM            42957        66470       +23513
Sämtliche SubstanzsteuerDM              5634         9223        +3589
Sämtliche Ertragsteuern DM             29681        51536       +21855
Sämtliche Steuern        DM            35315        60759       +25444
Rundungsdifferenzen sind möglich
Wert Anteile geschätzt  DM           446852       584687
Die maximalen Nettodividenden betragen    39014  57318
Wollen Sie den Bildschirm drucken (dann DRUCK-Taste drücken) j/n? j
```

Entscheidungsfall: Erhöhung des Gesellschafter-Geschäftsführer-Gehalts
Im vorgenannten Beispielsfall möchte der Gründer wissen, wie sich im Fall der Gründung einer GmbH eine Erhöhung des Gesellschafter-Geschäftsführer-Gehalts auf die gesamte Steuerbelastung auswirkt.

Programmteil Nr. 6: ERTRAG-UND SUBSTANZSTEUERN KAPITALGESELLSCHAFTEN UND NATÜRLICHE PERSONEN

abgefragte Daten: vgl. Datenteil der Tabelle

Erläuterungen:
Die persönlichen und wirtschaftlichen Daten sind die gleichen wie im vorangegangenen Beispiel - nur das Geschäftsführergehalt soll auf DM 35.000 bzw. auf DM 50.000 erhöht werden. Nach Abzug der Frei- und Pauschbeträge sind also DM 21.000 bzw. DM 36.000 bei dem anderen zu versteuernden Einkommen anzugeben. Die Betriebsausgaben erhöhen sich wegen der Gehaltserhöhung um DM 15.000 bzw. um DM 20.000. Die einzugebenden Gewinne bzw. Gewerbeerträge mindern sich auf DM 65.000 bzw. auf DM 100.000.

Interpretation:
Die gesamte steuerliche Belastung der Gesellschaft und der Gesellschafter beträgt jetzt DM 30.065 bzw. DM 54.662 (einschließlich der privaten VSt). Sie hat sich durch die Erhöhung des Gesellschafter-Geschäftsführer-Gehalts also verringert. Allerdings ist die Steuerbelastung in beiden Fällen immer noch höher als bei dem Einzelunternehmen. Es ist demnach weiterhin steuerlich vorteilhaft, ein Einzelunternehmen zu gründen.

Anmerkungen:---

```
ERHÖHUNG DES GESELLSCHAFTER-GESCHÄFTSFÜHRER-GEHALTS


Ertrag- und Substanzsteuern Kapitalgesellschaften und natürliche Personen/1993
Kirchensteuersatz                                              % =? 9
Kappungs-Kirchensteuersatz                                     % =? 0
Ledig (verheiratet = n)                                        j/n? n
Kinderzahl                                                        ? 2
Ergänzungsabgabe-, Solidaritätszuschlagssatz u.ä.              %=? 0
Anderes Vermögen 1                                             DM=? 200000
Anderes Vermögen 2                                             DM=? 200000
Anderes zu versteuerndes Einkommen ohne Dividende 1            DM=? 21000
Anderes zu versteuerndes Einkommen ohne Dividende 2            DM=? 36000
Gewinn vor Gewerbesteuer 1                                     DM=? 65000
Gewinn vor Gewerbesteuer 2                                     DM=? 100000
Die Nettodividende darf 64 % des Gewinns nach GewSt, VSt und ErgAbg nicht über-
schreiten. Die maximale Nettodividende wird in jedem Fall ausgedruckt.
Nettodividende 1 (KapESt vernachlässigt)                       DM=? 30000
Nettodividende 2 (KapESt vernachlässigt)                       DM=? 40000
Gewerbeertrag 1 vor GewSt                                      DM=? 65000
Gewerbeertrag 2 vor GewSt                                      DM=? 100000
Hebesatz                                                       % =? 500
Einheitswert des Betriebsvermögens 1                           DM=? 500000
Einheitswert des Betriebsvermögens 2                           DM=? 700000
Gewerbekapital 1                                               DM=? 500000
Gewerbekapital 2                                               DM=? 700000
Wollen Sie den Bildschirm drucken (dann DRUCK-Taste drücken) j/n? j


............................      Vorher       Nachher      Differenz
Steuern natürliche Person
Einkommensteuer           DM       -6462         -3799          +2663
Kirchensteuer             DM         883          1629           +746
Ergänzungsabgabe          DM           0             0             +0
ErtragSt natürl Person    DM       -5579         -2170          +3409
VermöSt  natür Person     DM        1687          2362           +675
ErSt+VSt natür Person     DM       -3892           192          +4084
Steuern Kapitalgesellschaft
Gewerbekapitalsteuer      DM        3800          5800          +2000
Vermögensteuer KapGes     DM           0           900           +900
Substanzsteuern KapGes    DM        3800          6700          +2900
Gewerbeertragsteuer       DM       12240         18840          +6600
Körperschaftsteuer        DM       17917         28930         +11013
Ergänzungsabgabe          DM           0             0             +0
Ertragsteuern KapGes      DM       30157         47770         +17613
Ertrag- + SubSt KapGes    DM       33957         54470         +20513
Sämtliche SubstanzsteuerDM          5487          9062          +3575
Sämtliche Ertragsteuern DM         24578         45600         +21022
Sämtliche Steuern         DM       30065         54662         +24597
Rundungsdifferenzen sind möglich
Wert Anteile geschätzt  DM       417452        552501
Die maximalen Nettodividenden betragen   31334  47078
Wollen Sie den Bildschirm drucken (dann DRUCK-Taste drücken) j/n? j
```

Entscheidungsfall: Maximales Gesellschafter-Geschäftsführer-Gehalt
Im vorgenannten Beispielsfall hat der Gründer festgestellt, daß durch eine Erhöhung des Gesellschafter-Geschäftsführer-Gehalts die gesamte Steuerbelastung gemindert werden kann. Er möchte wissen, wie hoch die Steuerbelastung ist, wenn das Gehalt maximiert wird - wenn also keinerlei Dividende ausgeschüttet wird und auch kein Gewinnanteil thesauriert wird. Der ausschüttungsfähige Gewinn soll sich mit dem Gehalt decken.

Programmteil Nr. 6: ERTRAG- UND SUBSTANZSTEUERN KAPITALGESELLSCHAFTEN UND NATÜRLICHE PERSONEN

abgefragte Daten: vgl. Datenteil der Tabelle

Erläuterungen:
Um das maximale Gehalt aus den Gewinnen von DM 100.000/DM 150.000 schätzen zu können, müssen sämtliche noch nicht berücksichtigte Steuern subtrahiert werden. Das ist einmal die GewKSt mit DM 3.800/DM 5.800 und zum anderen die VSt mit DM 900 im optimistischen Fall. Die GewKSt ist eine abzugsfähige Betriebsausgabe - nicht aber die VSt. Da diese als thesaurierter Gewinn behandelt wird, muß auch noch die auf die VSt entfallende GewESt und "Definitiv-"KSt ermittelt und subtrahiert werden. Bekanntlich wird diese "Schattenwirkung" mit Hilfe der Bruttobedarfssätze erfaßt. Es ist möglich, die Bruttobedarfssätze mit dem Programm BRUTTOBEDARF für den Nettobedarf in Höhe der VSt berechnen zu lassen. Der Bruttobedarfssatz beträgt hier 250 % (einschließlich VSt) oder 150 % (für die zusätzliche KSt und GewESt). Die Schattensteuer beträgt damit DM 1.350. Zieht man diese Steuern vom Gewinn ab, dann ergibt sich für das maximale Gehalt DM 96.200/DM 141.950. Hiervon ist der Werbungskosten-Pauschbetrag von DM 2.000 zu subtrahieren. Der Sparerfreibetrag ist hier null, weil keinerlei Dividende anfällt. Als anderes zu versteuerndes Einkommen ist also DM 94.200 bzw. DM 139.950 einzugeben. Die Nettodividende ist null, da der gesamte Gewinn für die Gehaltszahlung verwendet werden soll.

Interpretation:
Durch die Maximierung des Gesellschafter-Geschäftsführer-Gehalts (und selbstverständlich unter der Prämisse, daß dieses Gehalt angemessen sei) sinkt die gesamte Steuerbelastung auf DM 23.862 bzw. auf DM 44.561. Die sich durch diese Gehaltsfestsetzung ergebende weitgehende Minderung der GewESt führt dazu, daß die Steuerbelastung der GmbH jetzt niedriger ist als bei dem Einzelunternehmen. Der GewESt- und der KiSt-Vorteil reichen aus, um den Nachteil aus VSt und KSt/ESt mehr als zu kompensieren. Vermutlich wird aber schon eine geringe Reduktion des Gehalts den steuerlichen Vorteil der GmbH zunichte machen.

Anmerkungen:
Für die Entscheidungsfindung ist es nicht uninteressant, das kritische Gesellschafter-Geschäftsführer-Gehalt zu ermitteln. Das ist der Wert, bei dem die Steuerbelastung des Einzelunternehmens und der GmbH identisch sind. Ist der Unternehmer der Auffassung, dieser kritische Wert wird überschritten, dann sollte er sich für die GmbH entscheiden. Anderenfalls wäre das Einzelunternehmen steuerlich vorteilhaft.

Die Höhe der Gesellschafter-Geschäftsführer-Gehälter hat auch einen Einfluß auf die Höhe der gemeinen Werte der Kapitalanteile. Nach dem Stuttgarter Verfahren ist der gemeine Wert tendenziell umso niedriger, je niedriger die Gewinne sind. Hier ergibt sich also ein weiterer Vorteil für die Umschichtung von Gewinnanteilen in die Gehaltssphäre.

Bei Maximierung der Gesellschafter-Geschäftsführer-Gehälter wird möglicherweise auf die Ausnutzung des Sparerfreibetrags verzichtet (wie im vorliegenden Beispiel). Dies kann durch Ansatz einer entsprechenden Mindestdividende verhindert werden. Allerdings steht dann dem EStKiSt-Vorteil durch den Sparerfreibetrag eine höhere GewESt gegenüber. Auch diese Situation kann mit dem vorliegenden Programm leicht erfaßt werden.

```
MAXIMALES GESELLSCHAFTER-GESCHÄFTSFÜHRER-GEHALT


Ertrag- und Substanzsteuern Kapitalgesellschaften und natürliche Personen/1993
Kirchensteuersatz                                               % =? 9
Kappungs-Kirchensteuersatz                                      % =? 0
Ledig (verheiratet = n)                                         j/n? n
Kinderzahl                                                         ? 2
Ergänzungsabgabe-, Solidaritätszuschlagssatz u.ä.                %=? 0
Anderes Vermögen 1                                              DM=? 200000
Anderes Vermögen 2                                              DM=? 200000
Anderes zu versteuerndes Einkommen ohne Dividende 1             DM=? 94200
Anderes zu versteuerndes Einkommen ohne Dividende 2             DM=? 139950
Gewinn vor Gewerbesteuer 1                                      DM=? 3800
Gewinn vor Gewerbesteuer 2                                      DM=? 8050
Die Nettodividende darf 64 % des Gewinns nach GewSt, VSt und ErgAbg nicht über-
schreiten. Die maximale Nettodividende wird in jedem Fall ausgedruckt.
Nettodividende 1 (KapESt vernachlässigt)                        DM=? 0
Nettodividende 2 (KapESt vernachlässigt)                        DM=? 0
Gewerbeertrag 1 vor GewSt                                       DM=? 3800
Gewerbeertrag 2 vor GewSt                                       DM=? 8050
Hebesatz                                                        % =? 500
Einheitswert des Betriebsvermögens 1                            DM=? 500000
Einheitswert des Betriebsvermögens 2                            DM=? 700000
Gewerbekapital 1                                                DM=? 500000
Gewerbekapital 2                                                DM=? 700000
Wollen Sie den Bildschirm drucken (dann DRUCK-Taste drücken) j/n? j
```

```
...........................          Vorher       Nachher    Differenz
Steuern natürliche Person
Einkommensteuer            DM          17458         32012       +14554
Kirchensteuer              DM           1517          2827        +1310
Ergänzungsabgabe           DM              0             0           +0
ErtragSt natürl Person     DM          18975         34839       +15864
VermöSt  natür Person      DM           1087          1672         +585
ErSt+VSt natür Person      DM          20062         36511       +16449
Steuern Kapitalgesellschaft
Gewerbekapitalsteuer       DM           3800          5800        +2000
Vermögensteuer KapGes      DM              0           900         +900
Substanzsteuern KapGes     DM           3800          6700        +2900
Gewerbeertragsteuer        DM              0           450         +450
Körperschaftsteuer         DM              0           900         +900
Ergänzungsabgabe           DM              0             0           +0
Ertragsteuern KapGes       DM              0          1350        +1350
Ertrag- + SubSt KapGes     DM           3800          8050        +4250
Sämtliche SubstanzsteuerDM              4887          8372        +3485
Sämtliche Ertragsteuern DM             18975         36189       +17214
Sämtliche Steuern          DM          23862         44561       +20699
Rundungsdifferenzen sind möglich
Wert Anteile geschätzt  DM            297500        414419
Die maximalen Nettodividenden betragen   0  0
Wollen Sie den Bildschirm drucken (dann DRUCK-Taste drücken) j/n? j
```

Entscheidungsfall: Aufnahme von Angehörigen in ein Einzelunternehmen
Ein Unternehmer plant, seine volljährige Tochter in sein Einzelunternehmen aufzunehmen und eine Personengesellschaft zu gründen. Der Anteil der Tochter soll (sei er nun als Gehalt oder als Gewinnanteil deklariert) 30 %, der des Vaters 70 % des Gesamtgewinns betragen. Der Unternehmer möchte die Aufnahme seiner Tochter davon abhängig machen, daß sich hierdurch ein nicht unerheblicher positiver Steuersparеffekt ergibt.

Programmteil Nr. 1: ERTRAGSTEUERN NATÜRLICHE PERSONEN

abgefragte Daten: vgl. Übersichtsanzeige

Erläuterungen:
Zur Ermittlung der Differenzsteuer muß vorab (vgl. die obere Tabelle) die derzeitige Steuerbelastung des Vaters ermittelt werden. Der Gewerbeertrag und das zu versteuernde Einkommen sollen mit DM 200.000 identisch sein. Der Hebesatz der GewSt beträgt 400 %. Der Vater ist ledig und (steuerlich) kinderlos. Es besteht KiSt-Pflicht mit 9 % bzw. 3,5 % (das soll auch für die Tochter gelten). Da keine Differenzsteuer berechnet werden soll, können Gewerbeertrag bzw. Gewinn z.B. nur für die Situation 2 eingegeben werden (für die Situation 1 werden sie null gesetzt).

Sodann muß eine zweite Rechnung für die Gesellschaft angestellt werden. Dabei kann nicht ohne weiteres für die Situation 1 die des Vaters mit DM 140.000 und für die Situation 2 die der Tochter mit DM 60.000 eingegeben werden, weil das Programm davon ausgeht, daß es sich um zwei Situationen handelt. Es wird insbesondere angenommen, daß zwei Gewerbeerträge existieren, auf die jeweils der Stufentarif angesetzt wird. Das wäre falsch. Deshalb ist die GewESt vorab zu berechnen - das ist im ersten Durchlauf bereits mit DM 17.333 geschehen - und vom Bruttogewinn zu subtrahieren. Der restliche Gewinn nach GewESt von DM 182.667 wird zu 70 % dem Vater mit DM 127.867 und zu 30 % der Tochter mit DM 54.800 zugerechnet. Dann wird eine zweite Rechnung (vgl. die untere Tabelle) ausschließlich für die ESt und KiSt angestellt. Gewerbeerträge und/oder Hebesatz der GewSt werden mit null eingegeben.

Interpretation:
Wie die obere Tabelle zeigt, beträgt die ErSt-Belastung des Einzelunternehmers DM 94.207 p.a. Nimmt er die Tochter als Gesellschafterin auf, dann bleibt die GewESt mit DM 17.333 unverändert. Die EStKiSt wird faktisch gesplittet: Die Belastung des Vaters (Situation "Vorher") beträgt DM 46.741, die der Tochter (Situation "Nachher") beträgt DM 13.399. Die gesamte ErSt-Belastung reduziert sich also durch das faktische Splitting des zu versteuernden Einkommens um DM 16.734 auf DM 77.473 p.a.

Anmerkungen:
Wenn private steuerlich relevante Daten der Gesellschafter nicht identisch sind, vom Programm aber nicht getrennt abgefragt werden (z.B. KiSt-Pflicht oder -Sätze, Kinderzahl oder Familienstand), dann muß die Rechnung für die Gesellschaft für jeden Gesellschafter gesondert durchgeführt werden. Bei gleichen Daten gilt das auch, wenn mehr als zwei Gesellschafter existieren.

Die vorgeführte Methodik zur Erfassung der steuerlichen Belastung mehrerer Gesellschafter kann analog auch auf Kapitalgesellschaften übertragen werden, indem das Programm ERTRAGSTEUERN KAPITALGESELLSCHAFTEN UND NATÜR-

LICHE PERSONEN eingesetzt wird. Eine Modifikation des Gewerbeertrags ist mangels Stufentarifs dort nicht erforderlich.

AUFNAHME VON ANGEHÖRIGEN IN EIN EINZELUNTERNEHMEN

```
Schult STEUERBASIC 1993
Ertragsteuern natürliche Personen/1993
Gewerbeertrag 1 vor GewSt                                        DM=? 0
Gewerbeertrag 2 vor GewSt                                        DM=? 200000
Hebesatz                                                         % =? 400
zu verst Einkommen 1 vor Steuern, Kinder- und Haushaltsfrei      DM=? 0
zu verst Einkommen 2 vor Steuern, Kinder- und Haushaltsfrei      DM=? 200000
Kirchensteuersatz                                                % =? 9
Kappungs-Kirchensteuersatz                                       % =? 3.5
Ledig (verheiratet = n)                                          j/n? j
Kinderzahl                                                          ? 0
Ergänzungsabgabe-, Solidaritätszuschlagssatz u.ä.                 %=? 0
..........................         Vorher      Nachher     Differenz
Gewerbeertragsteuer       DM            0        17333        +17333
Einkommensteuer           DM            0        70697        +70697
Kirchensteuer             DM            0         6177         +6177
Ergänzungsabgabe          DM            0            0            +0
Ertragsteuern             DM            0        94207        +94207
Differenzsteuersatz in %      47.11
Rundungsdifferenzen sind möglich
Wollen Sie den Bildschirm drucken (dann DRUCK-Taste drücken) j/n? j
```

```
Schult STEUERBASIC 1993
Ertragsteuern natürliche Personen/1993
Gewerbeertrag 1 vor GewSt                                        DM=? 0
Gewerbeertrag 2 vor GewSt                                        DM=? 0
Hebesatz                                                         % =? 0
zu verst Einkommen 1 vor Steuern, Kinder- und Haushaltsfrei      DM=? 127867
zu verst Einkommen 2 vor Steuern, Kinder- und Haushaltsfrei      DM=? 54800
Kirchensteuersatz                                                % =? 9
Kappungs-Kirchensteuersatz                                       % =? 3.5
Ledig (verheiratet = n)                                          j/n? j
Kinderzahl                                                          ? 0
Ergänzungsabgabe-, Solidaritätszuschlagssatz u.ä.                 %=? 0
..........................         Vorher      Nachher     Differenz
Gewerbeertragsteuer       DM            0            0            +0
Einkommensteuer           DM        42882        12293        -30589
Kirchensteuer             DM         3859         1106         -2753
Ergänzungsabgabe          DM            0            0            +0
Ertragsteuern             DM        46741        13399        -33342
Differenzsteuersatz in %      45.64
Rundungsdifferenzen sind möglich
Wollen Sie den Bildschirm drucken (dann DRUCK-Taste drücken) j/n? j
```

5.4 Standortwahl

Entscheidungsfall: Umzug aufgrund persönlicher Präferenzen
Ein alternativer Unternehmer strebt weniger Gewinnmaximierung als Bedürfnisbefriedigung an. Hierfür benötigt er für sich und seine Familie jährlich DM 100.000. Er plant eine Verlegung seines Ladengeschäfts in eine andere Stadt und möchte wissen, wieviel er dort verdienen müsse, um seinen Lebensstandard halten zu können - um also ebenfalls DM 100.000 zur Verfügung zu haben.

Programmteil Nr. 7: BRUTTOBEDARF

abgefragte Daten: vgl. Datenteil der Tabelle

Erläuterungen:
Der Bruttobedarf soll für eine natürliche Person berechnet werden; Gewinnänderungen sollen die Einkünfte aus Gewerbebetrieb betreffen. Der Unternehmer ist verheiratet (fünf Kinder) und KiSt-pflichtig (mit 9 % bzw. 3 %).

Der einzige standortabhängige Steuereinfluß soll hier von der Höhe der Hebesätze der GewSt ausgehen (möglich ist auch eine unterschiedliche KiSt-Belastung). Der Hebesatz der GewSt soll am jetzigen Standort 250 % betragen, bei einer Standortverlegung würde er auf 490 % steigen. Die Bruttobedarfsrechnung wird also zweimal mit den alternativen Hebesätzen durchgeführt.

Interpretation:
Am derzeitigen Standort (vgl. obere Tabelle) muß der Unternehmer zur Deckung seiner Bedürfnisse einen Gewinn (hier gleich Gewerbeertrag) von DM 129.015 erzielen. Dann verbleibt ihm nach Abzug der ErSt die geforderte Summe von DM 100.000. Verlegt er den Standort, dann steigt die GewESt. Der Gewinn muß um etwa DM 4.000 auf DM 132.943 angehoben werden, um die erhöhte GewESt zu decken. Der relativ große Unterschied der Hebesätze wirkt sich hier nicht so sehr aus, weil die Gewerbeerträge noch im Stufenbereich des GewESt-Tarifs liegen.

Die ESt und die KiSt bleiben hier unverändert. Da der Gewinn vor GewESt um die erhöhte GewESt angehoben wird und dann die erhöhte GewESt wieder subtrahiert wird, bleibt die Bemessungsgrundlage für die ESt (und damit auch für die KiSt) unverändert.

Anmerkungen:
Das hier untersuchte Beispiel ist von der Fragestellung her etwas ungewöhnlich. Üblicherweise wird von Bruttobeträgen ausgegangen und die standortabhängige Steuerbelastung ermittelt und verglichen[25] (vgl. auch die Standortentscheidungen im privaten Bereich, Abschnitt 4.5). Bei einperiodigen Untersuchungen kann also - je nach Rechtsform - etwa das Programm ERTRAGSTEUERN NATÜRLICHE PERSONEN herangezogen werden, bei mehrperiodigen Untersuchungen kann das Programm FINANZPLAN Anwendung finden.

25 Vgl. dazu etwa Haberstock, L., Der Einfluß der Besteuerung auf Rechtsform und Standort, 2.Aufl. Hamburg 1984, S. 248ff.

UMZUG AUFGRUND PERSÖNLICHER PRÄFERENZEN

```
Schult STEUERBASIC 1993
Bruttobedarf/1993
Nettobedarf                                                    DM=? 100000
Berechnung für natürliche Person (Kapitalgesellschaft = n)    j/n? j
Einkommenserhöhung im Betrieb (im Privatbereich = n)          j/n? j
bisheriger Gewerbeertrag vor Gewerbesteuer                    DM=? 0
Hebesatz                                                       % =? 250
bisheriges zu versteuerndes Einkommen vor Steuern             DM=? 0
Kirchensteuersatz                                              % =? 9
Kappungs-Kirchensteuersatz                                     % =? 3
Ledig (verheiratet = n)                                        j/n? n
Kinderzahl                                                        ? 5
Ergänzungsabgabe-, Solidaritätszuschlagssatz u.ä.               %=? 0
..........................       Vorher       Nachher    Differenz
Gewerbeertrag vor GewStDM              0        129015      +129015
zvE vor GewSt           DM             0        129015      +129015
Gewerbeertragsteuer     DM             0          4092        +4092
Einkommensteuer         DM             0         22989       +22989
Kirchensteuer           DM             0          1934        +1934
Ergänzungsabgabe        DM             0             0           +0
Bruttobedarfssatz in %     129.01
Bruttobedarf in DM = Differenz in Zeile -zvE vor GewSt-
Rundungsdifferenzen sind möglich
Wollen Sie den Bildschirm drucken (dann DRUCK-Taste drücken) j/n? j
```

```
Schult STEUERBASIC 1993
Bruttobedarf/1993
Nettobedarf                                                    DM=? 100000
Berechnung für natürliche Person (Kapitalgesellschaft = n)    j/n? j
Einkommenserhöhung im Betrieb (im Privatbereich = n)          j/n? j
bisheriger Gewerbeertrag vor Gewerbesteuer                    DM=? 0
Hebesatz                                                       % =? 490
bisheriges zu versteuerndes Einkommen vor Steuern             DM=? 0
Kirchensteuersatz                                              % =? 9
Kappungs-Kirchensteuersatz                                     % =? 3
Ledig (verheiratet = n)                                        j/n? n
Kinderzahl                                                        ? 5
Ergänzungsabgabe-, Solidaritätszuschlagssatz u.ä.               %=? 0
..........................       Vorher       Nachher    Differenz
Gewerbeertrag vor GewStDM              0        132943      +132943
zvE vor GewSt           DM             0        132943      +132943
Gewerbeertragsteuer     DM             0          8020        +8020
Einkommensteuer         DM             0         22989       +22989
Kirchensteuer           DM             0          1934        +1934
Ergänzungsabgabe        DM             0             0           +0
Bruttobedarfssatz in %     132.94
Bruttobedarf in DM = Differenz in Zeile -zvE vor GewSt-
Rundungsdifferenzen sind möglich
Wollen Sie den Bildschirm drucken (dann DRUCK-Taste drücken) j/n? j
```

5.5 Investitionsentscheidungen[26]

Entscheidungsfall: Erweiterungsinvestition bei Eigenfinanzierung
Ein Einzelunternehmer plant eine betriebliche Investition. Er möchte wissen, ob die Investition wirtschaftlich ist oder ob er darauf verzichten soll.

Programmteil Nr. 8: FINANZPLAN

abgefragte Daten: vgl. Übersichtsanzeige

Erläuterungen:
Als Entscheidungskriterium für die relative Vorteilhaftigkeit einer Investition wird das betriebswirtschaftlich weitgehend akzeptierte Endvermögen herangezogen. Eine Investition ist dann wirtschaftlich, wenn das Endvermögen dadurch höher ist als ohne die Investition.

Der Unternehmer ist verheiratet (zwei Kinder) und mit 9 % bzw. 3 % KiSt-pflichtig. Eine ErgAbg wird nicht erhoben; der Hebesatz der GewSt beträgt 420 %. Er erwartet jährliche Einnahmenüberschüsse (ohne Investition) von DM 90.000. Er hat andere steuerpflichtige Einkünfte von DM 10.000, Sonderausgaben von DM 8.000 und einen Konsum von DM 50.000.

Das im Privatvermögen befindliche Anfangsvermögen beläuft sich auf DM 300.000. Es verzinst sich mit 11 % p.a. Die Investition von DM 100.000 soll eigenfinanziert werden. Das Anfangsvermögen sinkt dadurch auf DM 200.000. Die Nutzungsdauer der Investition wird mit drei Jahren angegeben. Die Investition soll zu einer Erhöhung der Einnahmenüberschüsse um jährlich DM 45.000 führen. Nach drei Jahren ist sie abgenutzt.

Interpretation:
In der ersten Tabelle wird die wirtschaftliche Situation ohne Investition betrachtet. Das Anfangsvermögen von DM 300.000 steigt auf ein Endvermögen von DM 455.784.

Die zweite Tabelle erfaßt die Investition. Das Anfangsvermögen ist um DM 100.000 auf DM 200.000 gemindert. Die Einnahmenüberschüsse betragen jetzt DM 135.000. Die Investition soll linear abgesetzt werden - die Investitions-Abschreibung ist also mit DM 33.333 einzugeben. Die Jahreswerte sind gleich. Das Endvermögen beläuft sich mit Investition auf DM 462.353. Die Investition ist vorteilhaft. Allerdings muß der Unternehmer selbst entscheiden, ob die Erhöhung des Endvermögens um DM 6.569 oder um 1,44 % ausreicht.

Möglicherweise läßt sich das Endvermögen erhöhen, wenn die Sonderabschreibung nach § 7g EStG in Anspruch genommen wird. Dann wird im ersten Jahr z.B. DM 53.333, im zweiten Jahr DM 33.333 und im dritten Jahr DM 13.334 abgesetzt. Die Jahreswerte sind jetzt nicht mehr gleich. Die dritte Tabelle zeigt, daß das Endver-

---

26 Vgl. hierzu etwa Mellwig, W., Investition und Besteuerung, Wiesbaden 1985, ders., Die Erfassung von Steuern in der Investitionsrechnung - Grundprobleme und Modellvarianten, in WISU 1989, S. 35ff., ders., Besteuerung und Investitionsentscheidung - Steuerlast und Vorteilhaftigkeit von Investitionen, in WISU 1989, S. 231ff.

mögen dadurch sogar geringfügig sinkt, wenn die Investition möglichst schnell abgeschrieben wird.

Anmerkungen:
Eine möglichst schnelle Abschreibung ist also nicht immer vorteilhaft. Vielmehr muß neben dem Zinseffekt auch der Effekt beachtet werden, daß dadurch die ErSt steigen können. Für die SubSt existiert ein solcher Steuereffekt nicht, hier ist eine möglichst schnelle Abschreibung (eine möglichst große Minderung des Einheitswerts des Betriebsvermögens) vorteilhaft.

```
ERWEITERUNGSINVESTITION BEI EIGENFINANZIERUNG/VERZICHT AUF DIE INVESTITION


Schult STEUERBASIC 1993
Finanzplan ESt/1993
Werte bis DM 10 Mio und Zeiten bis fünf Jahre können bearbeitet werden
Brutto-Zwischenzins                                          % =? 11
Zwischenverzinsung im Privatbereich (im Betrieb = n)        j/n? j
Länge des Planungszeitraums                              Jahre =? 3
Hebesatz                                                     % =? 420
Kirchensteuersatz                                            % =? 9
Kappungs-Kirchensteuersatz                                   % =? 3
Ledig (verheiratet = n)                                     j/n? n
Kinderzahl                                                     ? 2
Ergänzungsabgabe-, Solidaritätszuschlagssatz u.ä.            %=? 0
Anfangsvermögen(+), zusätzliche Investitionsausgabe(-)    DM =? 300000

Jahreswerte gleich (Jahreswerte nicht gleich = n)           j/n? j

Brutto-Einnahmenüberschuß(+)                             DM =? 90000
zusätzliche Investitions-Abschreibung(+)                 DM =? 0
Dauerschuldzinsen in voller Höhe(+)                      DM =? 0
andere Hinzurechnungen/Kürzungen(+/-)                    DM =? 0
andere steuerpflichtige Einkünfte ohne Zinsen(+/-)       DM =? 10000
Sonderausgaben/außergewöhnliche Belastungen(+)           DM =? 8000
steuerfreie Einnahmen/Ausgaben/Konsum(+/-)               DM =? -50000
Wollen Sie den Bildschirm drucken (dann DRUCK-Taste drücken) j/n? j
```

Ende des Jahres	#1	#2	#3	#4	#5	Summe
Brutto-Ein-Über	90000	90000	90000	0	0	270000
Invest-AfA	0	0	0	0	0	0
Dauerschuldzins	0	0	0	0	0	0
Hinzu/Kürz	0	0	0	0	0	0
andere stpfl Ein	10000	10000	10000	0	0	30000
SonderA/agB	8000	8000	8000	0	0	24000
stfreiE/A Konsum	-50000	-50000	-50000	0	0	-150000
ZinsE privat	33000	38319	44024	0	0	115343
zu verst Einkomm	100509	105679	111218	0	0	317406
GewerbeESt	2324	2324	2324	0	0	6972
EinkommenSt	22363	24028	25857	0	0	72248
KirchenSt	1958	2108	2273	0	0	6339
ErgAbg	0	0	0	0	0	0
Gewinn vor Steu	90000	90000	90000	0	0	270000
Ein-Überschuß	48355	51859	55570	0	0	455784
(End-)Vermögen	348355	400214	455784	0	0	

```
Rundungsdifferenzen sind möglich
Wollen Sie den Bildschirm drucken (dann DRUCK-Taste drücken) j/n? j
```

ERWEITERUNGSINVESTITION BEI EIGENFINANZIERUNG/LINEARE AFA

```
Schult STEUERBASIC 1993
Finanzplan ESt/1993
Werte bis DM 10 Mio und Zeiten bis fünf Jahre können bearbeitet werden
Brutto-Zwischenzins                                          % =? 11
Zwischenverzinsung im Privatbereich (im Betrieb = n)        j/n? j
Länge des Planungszeitraums                               Jahre =? 3
Hebesatz                                                     % =? 420
Kirchensteuersatz                                            % =? 9
Kappungs-Kirchensteuersatz                                   % =? 3
Ledig (verheiratet = n)                                     j/n? n
Kinderzahl                                                     ? 2
Ergänzungsabgabe-, Solidaritätszuschlagssatz u.ä.           %=? 0
Anfangsvermögen(+), zusätzliche Investitionsausgabe(-)     DM =? 200000

Jahreswerte gleich (Jahreswerte nicht gleich = n)           j/n? j

Brutto-Einnahmenüberschuß(+)                              DM =? 135000
zusätzliche Investitions-Abschreibung(+)                  DM =? 33333
Dauerschuldzinsen in voller Höhe(+)                       DM =? 0
andere Hinzurechnungen/Kürzungen(+/-)                     DM =? 0
andere steuerpflichtige Einkünfte ohne Zinsen(+/-)        DM =? 10000
Sonderausgaben/außergewöhnliche Belastungen(+)            DM =? 8000
steuerfreie Einnahmen/Ausgaben/Konsum(+/-)                DM =? -50000
Wollen Sie den Bildschirm drucken (dann DRUCK-Taste drücken) j/n? j
```

Ende des Jahres	#1	#2	#3	#4	#5	Summe
Brutto-Ein-Über	135000	135000	135000	0	0	405000
Invest-AfA	33333	33333	33333	0	0	99999
Dauerschuldzins	0	0	0	0	0	0
Hinzu/Kürz	0	0	0	0	0	0
andere stpfl Ein	10000	10000	10000	0	0	30000
SonderA/agB	8000	8000	8000	0	0	24000
stfreiE/A Konsum	-50000	-50000	-50000	0	0	-150000
ZinsE privat	22000	30962	40571	0	0	93532
zu verst Einkomm	100190	108898	118223	0	0	327312
GewerbeESt	3319	3319	3319	0	0	9957
EinkommenSt	22262	25085	28236	0	0	75583
KirchenSt	1949	2203	2487	0	0	6639
ErgAbg	0	0	0	0	0	0
Gewinn vor Steu	101667	101667	101667	0	0	305001
Ein-Überschuß	81470	87355	93529	0	0	462353
(End-)Vermögen	281470	368825	462353	0	0	

```
Rundungsdifferenzen sind möglich
Wollen Sie den Bildschirm drucken (dann DRUCK-Taste drücken) j/n? j
```

ERWEITERUNGSINVESTITION BEI EIGENFINANZIERUNG/SONDERABSCHREIBUNG

```
Schult STEUERBASIC 1993
Finanzplan ESt/1993
Werte bis DM 10 Mio und Zeiten bis fünf Jahre können bearbeitet werden
Brutto-Zwischenzins                                          % =? 11
Zwischenverzinsung im Privatbereich (im Betrieb = n)       j/n? j
Länge des Planungszeitraums                              Jahre =? 3
Hebesatz                                                     % =? 420
Kirchensteuersatz                                            % =? 9
Kappungs-Kirchensteuersatz                                   % =? 3
Ledig (verheiratet = n)                                    j/n? n
Kinderzahl                                                     ? 2
Ergänzungsabgabe-, Solidaritätszuschlagssatz u.ä.            %=? 0
Anfangsvermögen(+), zusätzliche Investitionsausgabe(-)    DM =? 200000

Jahreswerte gleich (Jahreswerte nicht gleich = n)          j/n? n

Wollen Sie den Bildschirm drucken (dann DRUCK-Taste drücken) j/n? j
```

Ende des Jahres	#1	#2	#3	#4	#5	Summe
Brutto-Ein-Über	135000	135000	135000	0	0	405000
Invest-AfA	53333	33333	13334	0	0	100000
Dauerschuldzins	0	0	0	0	0	0
Hinzu/Kürz	0	0	0	0	0	0
andere stpfl Ein	10000	10000	10000	0	0	30000
SonderA/agB	8000	8000	8000	0	0	24000
stfreiE/A Konsum	-50000	-50000	-50000	0	0	-150000
ZinsE privat	22000	31794	41462	0	0	95256
zu verst Einkomm	82320	109706	136292	0	0	328319
GewerbeESt	1678	3319	5557	0	0	10554
EinkommenSt	16828	25353	34718	0	0	76899
KirchenSt	1460	2227	3070	0	0	6757
ErgAbg	0	0	0	0	0	0
Gewinn vor Steu	81667	101667	121666	0	0	305000
Ein-Überschuß	89034	87895	85117	0	0	462046
(End-)Vermögen	289034	376929	462046	0	0	

Rundungsdifferenzen sind möglich

Wollen Sie den Bildschirm drucken (dann DRUCK-Taste drücken) j/n? j

Entscheidungsfall: Erweiterungsinvestition bei Fremdfinanzierung
Der Unternehmer überlegt im vorangehenden Fall, ob er statt einer Eigenfinanzierung aus dem Privatvermögen mit Verzicht auf 11 % Zinsen p.a. eine betriebliche Fremdfinanzierung mit 11,5 % p.a. präferieren soll.

Programmteil Nr. 8: FINANZPLAN

abgefragte Daten: vgl. Übersichtsanzeige

Erläuterungen:
Bei Fremdfinanzierung ändert sich das Anfangsvermögen nicht, weil der Investitionsausgabe eine Fremdfinanzierungseinnahme gegenübersteht. Wird unterstellt, daß die Tilgung nach drei Jahren erfolgt, dann liegt im dritten Jahr eine zusätzliche steuerfreie Ausgabe vor - statt -DM 50.000 ist im dritten Jahr -DM 150.000 einzugeben. Die laufenden Zinsen mindern den Brutto-Einnahmenüberschuß auf DM 123.500. Da zu befürchten ist, daß sie Dauerschuldzinsen darstellen, sind sie mit DM 11.500 an dieser Stelle einzugeben.

Interpretation:
Ohne den steuerlichen Einfluß zu berücksichtigen, ist eine Fremdfinanzierung mit 11,5 % gegenüber einer Eigenfinanzierung mit 11 % nicht von Vorteil. Nur wenn die Zinsen steuerlich unterschiedlich behandelt werden (z.B. unterschiedliche Steuerpflicht oder unterschiedliche Freibeträge), kann eine solche Fremdfinanzierung möglicherweise vorteilhaft sein.

Im vorliegenden Fall unterliegen die 11%igen Habenzinsen nur der ESt und KiSt, während die 11,5%igen Sollzinsen auch die GewESt mindern. Werden die Zinsen allerdings als Dauerschuldzinsen teilweise hinzugerechnet, dann mindert sich dieser GewESt-Vorteil. Bei vollständiger Hinzurechnung würde der GewESt-Vorteil völlig entfallen.

Wie die Tabelle zeigt, steigt das Endvermögen von DM 462.353 (Tabelle Eigenfinanzierung bei linearer AfA) auf DM 462.430. Der GewESt-Vorteil wird also durch den Zinsspannennachteil weitgehend neutralisiert. Die beiden Finanzierungen sind indifferent.

Anmerkungen:
Gelingt es, den Dauerschuldcharakter der Fremdfinanzierung zu vermeiden, dann würden die Dauerschuldzinsen von DM 11.500 entfallen, das Endvermögen bei Fremdfinanzierung würde steigen (auf DM 463.361).

Die Finanzierungsneutralität vollständiger Hinzurechnung läßt sich mit dem Programm FINANZPLAN leicht nachprüfen, indem auch der Sollzins mit 11 % angesetzt wird und als Hinzurechnung DM 22.000 eingegeben wird (dieser Betrag wird vom Programm halbiert). Dann ergibt sich wie bei der Eigenfinanzierung ein Endvermögen von DM 462.353.

ERWEITERUNGSINVESTITION BEI FREMDFINANZIERUNG

```
Schult STEUERBASIC 1993
Finanzplan ESt/1993
Werte bis DM 10 Mio und Zeiten bis fünf Jahre können bearbeitet werden
Brutto-Zwischenzins                                        % =? 11
Zwischenverzinsung im Privatbereich (im Betrieb = n)       j/n? j
Länge des Planungszeitraums                              Jahre =? 3
Hebesatz                                                   % =? 420
Kirchensteuersatz                                          % =? 9
Kappungs-Kirchensteuersatz                                 % =? 3
Ledig (verheiratet = n)                                    j/n? n
Kinderzahl                                                   ? 2
Ergänzungsabgabe-, Solidaritätszuschlagssatz u.ä.          %=? 0
Anfangsvermögen(+), zusätzliche Investitionsausgabe(-)    DM =? 300000

Jahreswerte gleich (Jahreswerte nicht gleich = n)          j/n? n

Wollen Sie den Bildschirm drucken (dann DRUCK-Taste drücken) j/n? j
```

Ende des Jahres	#1	#2	#3	#4	#5	Summe
Brutto-Ein-Über	123500	123500	123500	0	0	370500
Invest-AfA	33333	33333	33333	0	0	99999
Dauerschuldzins	11500	11500	11500	0	0	34500
Hinzu/Kürz	0	0	0	0	0	0
andere stpfl Ein	10000	10000	10000	0	0	30000
SonderA/agB	8000	8000	8000	0	0	24000
stfreiE/A Konsum	-50000	-50000	-150000	0	0	-250000
ZinsE privat	33000	41964	51576	0	0	126541
zu verst Einkomm	100225	108936	118264	0	0	327425
GewerbeESt	2783	2783	2783	0	0	8349
EinkommenSt	22273	25097	28250	0	0	75620
KirchenSt	1950	2204	2488	0	0	6642
ErgAbg	0	0	0	0	0	0
Gewinn vor Steu	90167	90167	90167	0	0	270501
Ein-Überschuß	81494	87380	-6445	0	0	462430
(End-)Vermögen	381494	468874	462430	0	0	

Rundungsdifferenzen sind möglich

Wollen Sie den Bildschirm drucken (dann DRUCK-Taste drücken) j/n? j

Entscheidungsfall: Investition bei einer Kapitalgesellschaft
Eine Kapitalgesellschaft möchte eine Investition in Höhe von DM 1 Mio vornehmen. Sie möchte wissen, ob die Investition vorteilhaft ist. Dies soll mit Hilfe des Programmteils FINANZPLAN ermittelt werden, obwohl dieser für natürliche Personen konzipiert ist.

Programmteil Nr. 8: FINANZPLAN

abgefragte Daten: vgl. Übersichtsanzeige

Erläuterungen:
Bei Kapitalgesellschaften ist es gleichgültig, wie hoch das Anfangsvermögen ist: Die Steuertarife sind proportional. Im vorliegenden Fall soll eine Investition von DM 1 Mio geplant sein. Die Investition führt zu einer jährlichen Einnahmenerhöhung von DM 300.000. Der Zinssatz soll 10 % p.a. betragen. Da der Privatbereich der Kapitaleigner nicht betrachtet werden soll (firmeneigene Zielsetzung), findet die Zwischenverzinsung im Betrieb statt. Die Investition soll vier Jahre genutzt werden, dann wird sie verschrottet. Der Hebesatz der GewSt betrage 500 %.

In der ersten Tabelle wird die Situation ohne Investition berechnet. Bei der Frage nach dem ErgAbg-Satz ist der Korrekturfaktor zur Umrechnung des ESt-Satzes von 53 % auf den KSt-Satz von 50 % mit -5.66 einzugeben. Das Anfangsvermögen sei null. Die Höhe des Brutto-Einnahmenüberschusses soll sicherstellen, daß die zu versteuernden Einkommen sich im Bereich der 53%igen ESt befinden. Hier sind DM 2 Mio gewählt worden. Bei den Hinzurechnungen und Kürzungen wird der Stufentarif der GewESt neutralisiert, indem der fiktive maximale Freibetrag von DM 96.000 addiert wird. Der Steuerabzugsbetrag der ESt für den oberen Einkommensbereich (DM 43.100) wird bei den anderen steuerpflichtigen Einkünften positiv und zur Neutralisierung der Zahlungswirksamkeit bei den steuerfreien Einnahmen/Ausgaben/Konsum negativ eingegeben.

In der zweiten Tabelle wird das Endvermögen mit Investition bei linearer AfA berechnet. Als zusätzliche Investitionsausgabe wird -DM 1 Mio eingegeben. Der Brutto-Einnahmenüberschuß beträgt jetzt DM 2,3 Mio. Die Investitions-Abschreibung beläuft sich auf jährlich DM 250.000.

In der dritten Tabelle schließlich soll eine Sonderabschreibung von DM 500.000 im ersten Jahr neben der AfA möglich sein. Als Investitions-Abschreibung wird im ersten Jahr also DM 750.000 und im zweiten Jahr DM 250.000 eingegeben. Dann ist die Investition abgeschreiben.

Interpretation:
Ohne Investition beträgt das Vergleichs-Endvermögen DM 3.397.158. Wird die Investition durchgeführt, dann sinkt das Endvermögen auf DM 3.373.844 - zumindest bei linearer AfA lohnt die Investition nicht.

Da proportionale Steuertarife vorliegen, wird bei einer Gewinnverschiebung der positive Zinseffekt nicht durch einen negativen Steuereffekt gemindert. Eine Sonderabschreibung erhöht also in jedem Fall das Endvermögen. Nach der dritten Tabelle steigt das Endvermögen durch den Zinseffekt auf DM 3.405.304. Die Investition ist also - wenn eine 50%ige Sonderabschreibung möglich ist - vorteilhaft. Allerdings steigt das Endvermögen nur sehr geringfügig gegenüber der Situation ohne Investition.

Anmerkungen:
Die Endvermögen können wegen der proportionalen ErSt bei Kapitalgesellschaften einfacherweise auch mit Hilfe finanzmathematischer Formeln berechnet werden. Der Teilsteuersatz aus KSt und GewESt beträgt im Beispielsfall 60 % (s = 0,6). Dadurch reduziert sich der Zins nach Steuern auf 4 % p.a. (d_S = 0,04). Setzt man diese Werte etwa in die Formel für das Endvermögen ohne Investition ein:

$$\text{Endvermögen} = 2.000.000*(1-0,6)*(1,04^4-1)/0,04$$

dann ergibt sich ein Wert von DM 3.397.000 (in den anderen Abschreibungsfällen ergeben sich DM 3.373.800 bzw. DM 3.405.300). Die Modifikation des Programms FINANZPLAN führt also zu den richtigen Endvermögen bei Kapitalgesellschaften.

```
INVESTITION BEI EINER KAPITALGESELLSCHAFT/OHNE INVESTITION


Schult STEUERBASIC 1993
Finanzplan ESt/1993
Werte bis DM 10 Mio und Zeiten bis fünf Jahre können bearbeitet werden
Brutto-Zwischenzins                                           % =? 10
Zwischenverzinsung im Privatbereich (im Betrieb = n)         j/n? n
Länge des Planungszeitraums                                Jahre =? 4
Hebesatz                                                      % =? 500
Kirchensteuersatz                                             % =? 0
Kappungs-Kirchensteuersatz                                    % =? 0
Ledig (verheiratet = n)                                      j/n? j
Kinderzahl                                                      ? 0
Ergänzungsabgabe-, Solidaritätszuschlagssatz u.ä.             %=? -5.66
Anfangsvermögen(+), zusätzliche Investitionsausgabe(-)       DM =? 0

Jahreswerte gleich (Jahreswerte nicht gleich = n)            j/n? j

Brutto-Einnahmenüberschuß(+)                                DM =? 2000000
zusätzliche Investitions-Abschreibung(+)                    DM =? 0
Dauerschuldzinsen in voller Höhe(+)                         DM =? 0
andere Hinzurechnungen/Kürzungen(+/-)                       DM =? 96000
andere steuerpflichtige Einkünfte ohne Zinsen(+/-)          DM =? 43100
Sonderausgaben/außergewöhnliche Belastungen(+)              DM =? 0
steuerfreie Einnahmen/Ausgaben/Konsum(+/-)                  DM =? -43100
Wollen Sie den Bildschirm drucken (dann DRUCK-Taste drücken) j/n?


Ende des Jahres     #1        #2        #3        #4        #5      Summe
Brutto-Ein-Über  2000000   2000000   2000000   2000000         0   8000000
Invest-AfA             0         0         0         0         0         0
Dauerschuldzins        0         0         0         0         0         0
Hinzu/Kürz         96000     96000     96000     96000         0    384000
andere stpfl Ein   43100     43100     43100     43100         0    172400
SonderA/agB            0         0         0         0         0         0
stfreiE/A Konsum  -43100    -43100    -43100    -43100         0   -172400
ZinsE betrieblich      0     80000    163199    249727         0    492926
zu verst Einkomm 1643100   1707101   1773660   1842882         0   6966743
GewerbeESt        400000    415999    432639    449945         0   1698583
EinkommenSt       848000    881921    917197    953885         0   3601003
KirchenSt              0         0         0         0         0         0
ErgAbg            -47997    -49917    -51914    -53990         0   -203818
Gewinn vor Steu  2000000   2080000   2163200   2249727         0   8492926
Ein-Überschuß     799997    831997    865278    899887         0   3397158

(End-)Vermögen    799997   1631994   2497271   3397158         0
Rundungsdifferenzen sind möglich
Wollen Sie den Bildschirm drucken (dann DRUCK-Taste drücken) j/n?
```

```
INVESTITION BEI EINER KAPITALGESELLSCHAFT/LINEARE AFA


Schult STEUERBASIC 1993
Finanzplan ESt/1993
Werte bis DM 10 Mio und Zeiten bis fünf Jahre können bearbeitet werden
Brutto-Zwischenzins                                          % =? 10
Zwischenverzinsung im Privatbereich (im Betrieb = n)        j/n? n
Länge des Planungszeitraums                               Jahre =? 4
Hebesatz                                                     % =? 500
Kirchensteuersatz                                            % =? 0
Kappungs-Kirchensteuersatz                                   % =? 0
Ledig (verheiratet = n)                                     j/n? j
Kinderzahl                                                     ? 0
Ergänzungsabgabe-, Solidaritätszuschlagssatz u.ä.            %=? -5.66
Anfangsvermögen(+), zusätzliche Investitionsausgabe(-)      DM =? -1000000

Jahreswerte gleich (Jahreswerte nicht gleich = n)           j/n? j

Brutto-Einnahmenüberschuß(+)                              DM =? 2300000
zusätzliche Investitions-Abschreibung(+)                  DM =? 250000
Dauerschuldzinsen in voller Höhe(+)                       DM =? 0
andere Hinzurechnungen/Kürzungen(+/-)                     DM =? 96000
andere steuerpflichtige Einkünfte ohne Zinsen(+/-)        DM =? 43100
Sonderausgaben/außergewöhnliche Belastungen(+)            DM =? 0
steuerfreie Einnahmen/Ausgaben/Konsum(+/-)                DM =? -43100
Wollen Sie den Bildschirm drucken (dann DRUCK-Taste drücken) j/n? j
```

Ende des Jahres	#1	#2	#3	#4	#5	Summe
Brutto-Ein-Über	2300000	2300000	2300000	2300000	0	9200000
Invest-AfA	250000	250000	250000	250000	0	1000000
Dauerschuldzins	0	0	0	0	0	0
Hinzu/Kürz	96000	96000	96000	96000	0	384000
andere stpfl Ein	43100	43100	43100	43100	0	172400
SonderA/agB	0	0	0	0	0	0
stfreiE/A Konsum	-43100	-43100	-43100	-43100	0	-172400
ZinsE betrieblich	-100000	3000	110119	221524	0	234643
zu verst Einkomm	1603100	1685501	1771196	1860320	0	6920117
GewerbeESt	390000	410599	432023	454304	0	1686926
EinkommenSt	826800	870473	915892	963127	0	3576292
KirchenSt	0	0	0	0	0	0
ErgAbg	-46797	-49269	-51840	-54513	0	-202419
Gewinn vor Steu	1950000	2053000	2160120	2271524	0	8434643
Ein-Überschuß	1029997	1071197	1114045	1158606	0	3373844
(End-)Vermögen	29997	1101194	2215238	3373844	0	

```
Rundungsdifferenzen sind möglich
Wollen Sie den Bildschirm drucken (dann DRUCK-Taste drücken) j/n? j
```

INVESTITION BEI EINER KAPITALGESELLSCHAFT/SONDERABSCHREIBUNG

```
Schult STEUERBASIC 1993
Finanzplan ESt/1993
Werte bis DM 10 Mio und Zeiten bis fünf Jahre können bearbeitet werden
Brutto-Zwischenzins                                        % =? 10
Zwischenverzinsung im Privatbereich (im Betrieb = n)      j/n? n
Länge des Planungszeitraums                            Jahre =? 4
Hebesatz                                                   % =? 500
Kirchensteuersatz                                          % =? 0
Kappungs-Kirchensteuersatz                                 % =? 0
Ledig (verheiratet = n)                                   j/n? j
Kinderzahl                                                   ? 0
Ergänzungsabgabe-, Solidaritätszuschlagssatz u.ä.          %=? -5.66
Anfangsvermögen(+), zusätzliche Investitionsausgabe(-)  DM =? -1000000

Jahreswerte gleich (Jahreswerte nicht gleich = n)         j/n? n

Wollen Sie den Bildschirm drucken (dann DRUCK-Taste drücken) j/n? j
```

Ende des Jahres	#1	#2	#3	#4	#5	Summe
Brutto-Ein-Über	2300000	2300000	2300000	2300000	0	9200000
Invest-AfA	750000	250000	0	0	0	1000000
Dauerschuldzins	0	0	0	0	0	0
Hinzu/Kürz	96000	96000	96000	96000	0	384000
andere stpfl Ein	43100	43100	43100	43100	0	172400
SonderA/agB	0	0	0	0	0	0
stfreiE/A Konsum	-43100	-43100	-43100	-43100	0	-172400
ZinsE betrieblich	-100000	33000	141319	238972	0	313291
zu verst Einkomm	1203100	1709501	1996157	2074278	0	6983035
GewerbeESt	290000	416599	488263	507794	0	1702656
EinkommenSt	614800	883193	1035120	1076525	0	3609638
KirchenSt	0	0	0	0	0	0
ErgAbg	-34798	-49989	-58588	-60932	0	-204307
Gewinn vor Steu	1450000	2083000	2441320	2538972	0	8513291
Ein-Überschuß	1329998	1083197	976525	1015585	0	3405304
(End-)Vermögen	329998	1413195	2389719	3405304	0	

Rundungsdifferenzen sind möglich
Wollen Sie den Bildschirm drucken (dann DRUCK-Taste drücken) j/n? j

5.6 Finanzierungsentscheidungen

Entscheidungsfall: Fremdfinanzierung einer Kapitalanlage
Der Geschäftsführer einer GmbH kann einen Betrag von DM 1 Mio zu 10 % in festverzinslichen Wertpapieren anlegen. Seine Hausbank bietet ihm hierfür ein Sonderdarlehen mit 9,5 % Zins p.a. Die Investition soll relativ langfristig sein.

Der Geschäftsführer möchte wissen, ob besondere ErStliche Regelungen dazu führen, daß dieses Angebot nachteilig ist.

Programmteil Nr. 3: ERTRAGSTEUERN KAPITALGESELLSCHAFTEN

abgefragte Daten: vgl. Übersichtsanzeige

Erläuterungen:
Vor der fremdfinanzierten Kapitalanlage im Betriebsvermögen der GmbH erwirtschaftet diese einen Gewinn bzw. Gewerbeertrag von DM 1 Mio. Der Hebesatz der GewSt soll 500 % betragen. Diese Werte werden als Situation 1 bei der Abfrage eingegeben.

Die fremdfinanzierte Kapitalanlage führt zu einer Gewinnerhöhung von 0,5 % von DM 1 Mio, also von DM 5.000 auf DM 1.005.000. Beim Gewerbeertrag ist weiterhin die Hälfte der Sollzinsen von DM 95.000 hinzuzurechnen, so daß dieser sich auf DM 1.052.500 erhöht. Diese Werte werden als Situation 2 eingegeben.

Interpretation:
Die obere Tabelle zeigt, daß die Bruttogewinnerhöhung von DM 5.000 verbunden ist mit einer ErSt-Erhöhung von DM 7.750. Durch die hälftige Hinzurechnung der Sollzinsen (und durch die Erhöhung des Gewinns) steigt die GewESt um DM 10.500. Damit ist zwar eine Reduktion der KSt um DM 2.750 verbunden. Dennoch ist der saldierte ErStliche Nachteil größer als der Bruttovorteil. Diese Kapitalanlage lohnt wegen der Hinzurechnungsvorschriften nicht.

Anmerkungen:
Um den Nachteil der GewEStlichen Hinzurechnung auszugleichen, muß die Zinsspanne höher als im o.a. Beispiel sein. Deshalb ist in der unteren Tabelle angenommen, daß das Darlehen zu 9 % p.a. angeboten wird. Dann beträgt der Bruttovorteil DM 10.000, die ErSt steigen um DM 10.500. Bruttovorteil und ErSt-Nachteil sind etwa gleich groß. Der kritische Darlehenszins liegt also etwas unter 9 % p.a. (8,89 % p.a.). Dann ist der Brutto-Zinsvorteil gerade so groß wie der GewESt-Nachteil, die KSt-Änderung ist dann gerade null.

FREMDFINANZIERUNG EINER KAPITALANLAGE

```
Schult STEUERBASIC 1993
Ertragsteuern Kapitalgesellschaften/1993

Ergänzungsabgabe-, Solidaritätszuschlagssatz u.ä.                  %=? 0
Gewinn vor Gewerbesteuer 1                                         DM=? 1000000
Gewinn vor Gewerbesteuer 2                                         DM=? 1005000
Die Nettodividende darf 64 % des Gewinns nach GewSt, VSt und ErgAbg nicht über-
schreiten. Die maximale Nettodividende wird in jedem Fall ausgedruckt.
Nettodividende 1 (KapESt vernachlässigt)                           DM=? 0
Nettodividende 2 (KapESt vernachlässigt)                           DM=? 0
Gewerbeertrag 1 vor GewSt                                          DM=? 1000000
Gewerbeertrag 2 vor GewSt                                          DM=? 1052500
Hebesatz                                                           % =? 500
...........................            Vorher        Nachher    Differenz
Gewerbeertragsteuer       DM           200000         210500       +10500
Körperschaftsteuer        DM           400000         397250        -2750
Ergänzungsabgabe          DM                0              0           +0
Ertragsteuern             DM           600000         607750        +7750
Rundungsdifferenzen sind möglich
Die maximalen Nettodividenden betragen    512000  508480
Wollen Sie den Bildschirm drucken (dann DRUCK-Taste drücken) j/n? j
```

```
Schult STEUERBASIC 1993
Ertragsteuern Kapitalgesellschaften/1993

Ergänzungsabgabe-, Solidaritätszuschlagssatz u.ä.                  %=? 0
Gewinn vor Gewerbesteuer 1                                         DM=? 1000000
Gewinn vor Gewerbesteuer 2                                         DM=? 1010000
Die Nettodividende darf 64 % des Gewinns nach GewSt, VSt und ErgAbg nicht über-
schreiten. Die maximale Nettodividende wird in jedem Fall ausgedruckt.
Nettodividende 1 (KapESt vernachlässigt)                           DM=? 0
Nettodividende 2 (KapESt vernachlässigt)                           DM=? 0
Gewerbeertrag 1 vor GewSt                                          DM=? 1000000
Gewerbeertrag 2 vor GewSt                                          DM=? 1055000
Hebesatz                                                           % =? 500
...........................            Vorher        Nachher    Differenz
Gewerbeertragsteuer       DM           200000         211000       +11000
Körperschaftsteuer        DM           400000         399500         -500
Ergänzungsabgabe          DM                0              0           +0
Ertragsteuern             DM           600000         610500       +10500
Rundungsdifferenzen sind möglich
Die maximalen Nettodividenden betragen    512000  511360
Wollen Sie den Bildschirm drucken (dann DRUCK-Taste drücken) j/n? j
```

Entscheidungsfall: Fremdfinanzierung einer Kapitalanlage und SubSt
Die Situation entspricht dem vorhergehenden Beispiel. Der Geschäftsführer vermutet, daß durch die Hinzurechnung der Dauerschulden zum Einheitswert des Betriebsvermögens der Steuernachteil größer ist als bisher berechnet.

Programmteil Nr. 4: ERTRAG- UND SUBSTANZSTEUERN KAPITALGESELLSCHAFTEN

abgefragte Daten: vgl. Übersichtsanzeige

Erläuterungen:
Der Geschäftsführer geht von dem Darlehensangebot zu 9 % p.a. aus. Gewinn und Gewerbeertrag erhöhen sich wie bisher. Der Einheitswert des Betriebsvermögens beträgt DM 9 Mio. Er verändert sich nicht, weil der Rohbetriebsvermögenserhöhung eine entsprechende Erhöhung der Betriebsschulden gegenübersteht. Das Gewerbekapital soll ebenfalls DM 9 Mio betragen. Nach dem Freibetrag von DM 50.000 werden DM 475.000 hinzugerechnet, so daß das Gewerbekapital auf DM 9.475.000 steigt.

Interpretation:
Wie die Ergebnisübersicht zeigt, erhöht sich auch die GewKSt (um DM 4.750). Die VSt verändert sich erwartungsgemäß nicht. Wegen der erhöhten GewKSt steigt die GewESt nicht so stark wie im vorhergehenden Fall. Die Erhöhung der GewSt insgesamt führt zu einer Minderung der KSt. Per saldo verbleibt ein Steuernachteil von DM 12.400. Dem steht ein Finanzierungsvorteil von DM 10.000 gegenüber. Der kritische Darlehenszins liegt damit nicht nur geringfügig unter 9 % p.a., sondern eher in der Größenordnung von 8,5 % p.a. (8,49 % p.a.).

Anmerkungen:---

```
FREMDFINANZIERUNG EINER KAPITALANLAGE UND SUBST


Schult STEUERBASIC 1993
Ertrag- und Substanzsteuern Kapitalgesellschaften/1993

Ergänzungsabgabe-, Solidaritätszuschlagssatz u.ä.              %=? 0
Gewinn vor Gewerbesteuer 1                                      DM=? 1000000
Gewinn vor Gewerbesteuer 2                                      DM=? 1010000
Die Nettodividende darf 64 % des Gewinns nach GewSt, VSt und ErgAbg nicht über-
schreiten. Die maximale Nettodividende wird in jedem Fall ausgedruckt.
Nettodividende 1 (KapESt vernachlässigt)                        DM=? 0
Nettodividende 2 (KapESt vernachlässigt)                        DM=? 0
Gewerbeertrag 1 vor GewSt                                       DM=? 1000000
Gewerbeertrag 2 vor GewSt                                       DM=? 1055000
Hebesatz                                                        % =? 500
Einheitswert des Betriebsvermögens 1                            DM=? 9000000
Einheitswert des Betriebsvermögens 2                            DM=? 9000000
Gewerbekapital 1                                                DM=? 9000000
Gewerbekapital 2                                                DM=? 9475000
Wollen Sie den Bildschirm drucken (dann DRUCK-Taste drücken) j/n? j
```

```
...........................          Vorher      Nachher    Differenz
Gewerbekapitalsteuer     DM           88800        93550        +4750
Vermögensteuer KapGes    DM           38250        38250           +0
Substanzsteuern KapGes   DM          127050       131800        +4750
Gewerbeertragsteuer      DM          182240       192290       +10050
Körperschaftsteuer       DM          364480       362080        -2400
Ergänzungsabgabe         DM               0            0           +0
Ertragsteuern KapGes     DM          546720       554370        +7650
Ertrag- + SubSt KapGes   DM          673770       686170       +12400
Rundungsdifferenzen sind möglich
Die maximalen Nettodividenden betragen    417574  414502
Wollen Sie den Bildschirm drucken (dann DRUCK-Taste drücken) j/n? j
```

Entscheidungsfall: Zuführung von Gesellschafterkapital
Der Gesellschafter einer GmbH will der Gesellschaft einen Betrag von DM 1 Mio zuführen. Er hat die Möglichkeit, dies über eine Kapitalerhöhung als Eigenfinanzierung oder über einen Darlehensvertrag als Fremdfinanzierung zu tun. In beiden Fällen möchte er eine Verzinsung von 10 % p.a. erhalten - entweder DM 64.000 als Nettodividende oder DM 100.000 als Darlehenszins. Er möchte seine Entscheidung von den ErStlichen Wirkungen abhängig machen. Andere Einkünfte hat er nicht.

Programmteil Nr. 5: ERTRAGSTEUERN KAPITALGESELLSCHAFTEN UND NATÜRLICHE PERSONEN

abgefragte Daten: vgl. Übersichtsanzeige

Erläuterungen:
Die Eigenfinanzierung wird als Situation 1, die Fremdfinanzierung als Situation 2 eingegeben. Bei Eigenfinanzierung ist als "Anderes zu versteuerndes Einkommen ohne Dividende" null, bei Fremdfinanzierung sind hier die Zinsen mit DM 100.000 einzugeben. Der Sparerfreibetrag wirkt sich in beiden Situationen gleich aus, so daß er vernachlässigt werden kann. Soll er berücksichtigt werden, dann wäre in der Situation 1 als "Anderes zu versteuerndes Einkommen" -DM 6.000, in der Situation 2 DM 94.000 einzugeben.

Der Gesellschafter ist ledig, kinderlos und nicht KiSt-pflichtig. Eine ErgAbg wird nicht erhoben. Bei der Zuführung als Eigenkapital soll der bisherige Gewinn von DM 1 Mio auf DM 1,1 Mio steigen. Bei Fremdfinanzierung bleibt er unverändert, weil die Gewinnerhöhung identisch ist mit den Zinsaufwendungen. Die Nettodividende beträgt bei der Situation 1 (Eigenfinanzierung) DM 64.000, bei Fremdfinanzierung entsprechend null. Der Gewerbeertrag ist bei Eigenfinanzierung identisch mit dem Gewinn, bei Fremdfinanzierung ist die Hälfte der Zinsen hinzuzurechnen, der Gewerbeertrag beläuft sich auf DM 1.050.000. Der Hebesatz der GewSt wird schließlich mit 500 % angenommen.

Interpretation:
Die Ergebnisübersicht zeigt in der Spalte "Vorher" die ErSt-Belastung von Gesellschaft und Gesellschafter bei Eigenfinanzierung, in der Spalte "Nachher" bei Fremdfinanzierung. Die ESt ist gleich - das Programm subtrahiert allerdings die Anrechnungs-KSt (vgl. letzte Spalte).

Die GewESt ist bei der Fremdfinanzierung um DM 10.000 niedriger als bei Eigenfinanzierung. Der Gewerbeertrag hat sich nämlich wegen der nur hälftigen Hinzurechnung der Dauerschuldzinsen bei der Fremdfinanzierung weniger stark erhöht als bei der Eigenfinanzierung. Dieser Vorteil bei der Fremdfinanzierung wird allerdings durch die KSt-Erhöhung halbiert. Die KSt sinkt um DM 36.000 wegen der Ausschüttung und steigt um DM 5.000 wegen der niedrigeren GewESt, saldiert sinkt sie also um DM 31.000. Insgesamt wird durch die Fremdfinanzierung DM 5.000 p.a. an ErSt gespart.

Anmerkungen:
Bezieht man die ErSt-Differenz auf die Änderung der Bemessungsgrundlage, so ergibt sich ein Differenzsteuersatz von 5 %. Hierbei handelt es sich um die Hälfte des tatsächlichen GewESt-Satzes. Der nominale GewESt-Satz beträgt hier 25 %, der effektive GewESt-Satz 20 %. Mindert man diesen um die KSt-Entlastung, so verbleibt tatsächlich eine GewESt in Höhe von 10 %. Da die Dauerschuldzinsen nur hälftig hinzugerechnet werden, beträgt die gesamte ErSt-Entlastung bei Fremd- gegenüber der

Eigenfinanzierung bei einem Hebesatz der GewSt von 500 % bei Kapitalgesellschaften 5 %.

Wie im vorhergehenden Beispiel ergibt sich auch hier ein weiterer Vorteil für die Fremdfinanzierung, weil auch das Finanzierungsvolumen selbst das Gewerbekapital nur hälftig erhöht. Die Zuführung von Gesellschaftermitteln als Fremdkapital ist regelmäßig vorteilhaft.

```
ZUFÜHRUNG VON GESELLSCHAFTERKAPITAL


Schult STEUERBASIC 1993
Ertragsteuern Kapitalgesellschaften und natürliche Personen/1993

Anderes zu versteuerndes Einkommen ohne Dividende 1          DM=? 0
Anderes zu versteuerndes Einkommen ohne Dividende 2          DM=? 100000
Kirchensteuersatz                                            % =? 0
Kappungs-Kirchensteuersatz                                   % =? 0
Ledig (verheiratet = n)                                      j/n? j
Kinderzahl                                                     ? 0
Ergänzungsabgabe-, Solidaritätszuschlagssatz u.ä.             %=? 0
Wollen Sie den Bildschirm drucken (dann DRUCK-Taste drücken) j/n? j
```

```
Gewinn vor Gewerbesteuer 1                                   DM=? 1100000
Gewinn vor Gewerbesteuer 2                                   DM=? 1000000
Die Nettodividende darf 64 % des Gewinns nach GewSt, VSt und ErgAbg nicht über-
schreiten. Die maximale Nettodividende wird in jedem Fall ausgedruckt.
Nettodividende 1 (KapESt vernachlässigt)                     DM=? 64000
Nettodividende 2 (KapESt vernachlässigt)                     DM=? 0
Gewerbeertrag 1 vor GewSt                                    DM=? 1100000
Gewerbeertrag 2 vor GewSt                                    DM=? 1050000
Hebesatz                                                     % =? 500
...........................       Vorher       Nachher    Differenz
Ertragsteuern natürliche Person
Einkommensteuer            DM      -5235         30765       +36000
Kirchensteuer              DM          0             0           +0
Ergänzungsabgabe           DM          0             0           +0
ErtragSt natür Person      DM      -5235         30765       +36000
Ertragsteuern Kapitalgesellschaft
Gewerbeertragsteuer        DM     220000        210000       -10000
Körperschaftsteuer         DM     426000        395000       -31000
Ergänzungsabgabe           DM          0             0           +0
ErtragSt Kapitalgesell     DM     646000        605000       -41000
ErtragSt KapGes+nat PersDM        640765        635765        -5000
Rundungsdifferenzen sind möglich
Die maximalen Nettodividenden betragen    563200  505600
Wollen Sie den Bildschirm drucken (dann DRUCK-Taste drücken) j/n? j
```

Entscheidungsfall: Selbstfinanzierung
Der Gesellschafter einer GmbH möchte in der Gesellschaft eine Investition von DM 10.000 durch Zurückbehaltung von Gewinnen finanzieren (Selbstfinanzierung). Er möchte wissen, wie hoch die notwendige Gewinnsteigerung ist, um diesen Betrag nach ErSt finanzieren zu können.

Da er wegen der hohen ErSt-Belastung der GmbH vermutet, daß die Gewinnsteigerung ebenfalls relativ hoch ist, möchte er außerdem wissen, wie hoch der Bruttobedarf wäre, wenn er seinen Betrieb in Form eines Einzelunternehmens führen würde.

Programmteil Nr. 7: BRUTTOBEDARF

abgefragte Daten: vgl. Übersichtsanzeige

Erläuterungen:
Das Programm (vgl. die obere Tabelle) erfragt als erstes den Nettobedarf von DM 10.000; weiterhin soll die Rechnung für eine Kapitalgesellschaft erfolgen. Der Hebesatz der GewSt wird mit 300 % angenommen, das bisherige zu versteuernde Einkommen der Gesellschaft mit DM 40.000. Eine ErgAbg wird nicht erhoben (sie würde den Bruttobedarf weiter erhöhen).

Soll die Rechnung für ein Einzelunternehmen durchgeführt werden (vgl. die untere Tabelle), dann ist die Frage "Berechnung für natürliche Person" mit "j" zu beantworten. Statt der KSt fällt jetzt ESt und KiSt mit Sätzen von 9 % bzw. 4 % an. Der Einzelunternehmer soll weiterhin ledig und kinderlos sein.

Interpretation:
Die obere Ergebnisübersicht zeigt für die Kapitalgesellschaft einen Bruttobedarfssatz von 230 %. Der Gewinn muß auf DM 23.001 steigen, damit die zusätzliche GewESt mit DM 3.000 und die zusätzliche KSt mit DM 10.001 bezahlt werden kann; danach verbleibt der Betrag von DM 10.000 zur Finanzierung der Investition.

Für ein Einzelunternehmen zeigt die untere Tabelle nur einen Bruttobedarfssatz von etwa 150 %. Der zusätzlich erforderliche Gewinn beträgt hier nur DM 15.028. Daraus wird die zusätzliche GewESt von DM 204, die zusätzliche ESt von DM 4.425 und die zusätzliche KiSt von DM 399 finanziert - es verbleiben DM 10.000.

Im vorliegenden Fall sind bei dem Einzelunternehmen sämtliche ErSt niedriger als bei der GmbH. Für die GewESt liegt der Grund im Freibetrag bzw. im Stufentarif bei natürlichen Personen und Personengesellschaften. Die EStKiSt ist hier erheblich niedriger als die KSt, weil das zu versteuernde Einkommen der natürlichen Person in der unteren Hälfte des progressiven Bereichs liegt. Die EStKiSt kann selbstverständlich auch höher sein als die KSt, weil der maximale Differenzsteuersatz mit etwa 55 % über dem der KSt mit 50 % liegt.

Anmerkungen:---

SELBSTFINANZIERUNG

```
Schult STEUERBASIC 1993
Bruttobedarf/1993
Nettobedarf                                                     DM=? 10000
Berechnung für natürliche Person (Kapitalgesellschaft = n)    j/n? n
bisheriger Gewerbeertrag vor Gewerbesteuer                      DM=? 40000
Hebesatz                                                        % =? 300
bisheriges zu versteuerndes Einkommen vor Steuern               DM=? 40000
Ergänzungsabgabe-, Solidaritätszuschlagssatz u.ä.                %=? 0
...........................      Vorher       Nachher     Differenz
Gewerbeertrag vor GewSt DM        40000         63001        +23001
zvE vor GewSt           DM        40000         63001        +23001
Gewerbeertragsteuer     DM         5217          8217         +3000
Dividende konstant, hier Null
Körperschaftsteuer      DM        17391         27392        +10001
Ergänzungsabgabe        DM            0             0            +0
Bruttobedarfssatz in %     230.01
Bruttobedarf in DM = Differenz in Zeile -zvE vor GewSt-
Rundungsdifferenzen sind möglich
Wollen Sie den Bildschirm drucken (dann DRUCK-Taste drücken) j/n? j
```

```
Schult STEUERBASIC 1993
Bruttobedarf/1993
Nettobedarf                                                     DM=? 10000
Berechnung für natürliche Person (Kapitalgesellschaft = n)    j/n? j
Einkommenserhöhung im Betrieb (im Privatbereich = n)          j/n? j
bisheriger Gewerbeertrag vor Gewerbesteuer                      DM=? 40000
Hebesatz                                                        % =? 300
bisheriges zu versteuerndes Einkommen vor Steuern               DM=? 40000
Kirchensteuersatz                                               % =? 9
Kappungs-Kirchensteuersatz                                      % =? 4
Ledig (verheiratet = n)                                        j/n? j
Kinderzahl                                                        ? 0
Ergänzungsabgabe-, Solidaritätszuschlagssatz u.ä.                %=? 0
...........................      Vorher       Nachher     Differenz
Gewerbeertrag vor GewStDM         40000         55028        +15028
zvE vor GewSt           DM        40000         55028        +15028
Gewerbeertragsteuer     DM            0           204          +204
Einkommensteuer         DM         7876         12301         +4425
Kirchensteuer           DM          708          1107          +399
Ergänzungsabgabe        DM            0             0            +0
Bruttobedarfssatz in %     150.28
Bruttobedarf in DM = Differenz in Zeile -zvE vor GewSt-
Rundungsdifferenzen sind möglich
Wollen Sie den Bildschirm drucken (dann DRUCK-Taste drücken) j/n? j
```

Entscheidungsfall: Schütt-aus-Hol-zurück-Finanzierung
Im vorhergehenden Entscheidungsfall sucht der Geschäftsführer, durch den vergleichsweise niedrigen Bruttobedarf bei einem Einzelunternehmen angeregt, auch bei der Kapitalgesellschaft nach einer Möglichkeit, die niedrigere Besteuerung zu nutzen. Er schlägt deshalb vor, den Gewinn auszuschütten und nach EStKiSt-Abzug wieder als Darlehen der Gesellschaft zuzuführen[27]. Als Alternative könnte er sich auch vorstellen, das Gesellschafter-Geschäftsführer-Gehalt zu erhöhen und den Nettobetrag als Darlehen zurückzuholen. Er möchte wissen, ob das vorteilhaft ist.

Programmteil Nr. 5: ERTRAGSTEUERN KAPITALGESELLSCHAFTEN UND NATÜRLICHE PERSONEN

abgefragte Daten: vgl. Übersichtsanzeige

Erläuterungen:
In beiden Fällen wird von der gleichen Gewinnsteigerung wie bisher - also von +DM 15.028 - ausgegangen. Ist die ErSt-Belastung geringer bzw. der Nettobetrag größer, dann lohnt das Schütt-aus-Hol-zurück-Verfahren.

Bei einer Gewinnausschüttung wird eine Bruttodividende in Höhe der Gewinnsteigerung angesetzt, also DM 15.028; die Nettodividende beträgt hiervon 64 % oder DM 9.618. Das entsprechende Gehalt beträgt DM 15.028.

In der ersten Tabelle ist der Fall der Gewinnausschüttung erfaßt. Da das andere zu versteuernde Einkommen die Dividende nicht enthalten soll, beträgt es null. Allerdings ist im Ausschüttungsfall der Sparerfreibetrag mit DM 6.000 zu berücksichtigen. Für die Situation 2 ist das "Andere zu versteuernde Einkommen ohne Dividende 2" mit -DM 6.000 einzugeben. Der Gewinn und der Gewerbeertrag erhöhen sich von DM 40.000 auf DM 55.028, die Nettodividende von null auf DM 9.618. Im Ergebnisteil ist die zusätzliche ErSt mit DM 979 berechnet. ESt fällt nicht an, die gesamte KSt wird erstattet. Die Mehrbelastung resultiert aus der gestiegenen GewESt abzüglich der daraus folgenden KSt-Reduktion.

In der zweiten Tabelle ist der Fall der Gehaltszahlung erfaßt. Das andere zu versteuernde Einkommen erhöht sich jetzt auf DM 15.028. Hier muß der Werbungskosten-Pauschbetrag von DM 2.000 subtrahiert werden - es ist also DM 13.028 einzugeben. Da das Gehalt eine Betriebsausgabe darstellt, ändern sich weder die Gewinne noch die Gewerbeerträge - sie betragen DM 40.000. Eine Dividende ist hier nicht vorgesehen. Im Ergebnisteil ist die zusätzliche ErSt mit DM 655 berechnet.

Interpretation:
In beiden Fällen ist die zusätzliche ErSt-Belastung niedriger als bei Thesaurierung in der GmbH. Das hat seinen Grund im Fall der Gewinnausschüttung (erste Tabelle) darin, daß keine EStKiSt anfällt. Die GewESt wird durch die Ausschüttung nicht beeinflußt.

Im Fall der Gehaltszahlung wird auch die GewESt gespart. Diesem zusätzlichen Vorteil steht hier aber der Nachteil einer höheren EStKiSt gegenüber, weil der Sparerfreibetrag höher ist als der Werbungskosten-Pauschbetrag. Die Gewinnthesaurierung ist immer von Nachteil - dort beträgt die zusätzliche ErSt DM 13.001.

---

27 Vgl. hierzu etwa Wagner, F.W., Dirrigl, H., Die Steuerplanung der Unternehmung, a.a.O., S. 130ff.

Anmerkungen:
Solange der Grenzsteuersatz im privaten Bereich kleiner ist als der KSt-Satz mit 50 %, ist das Schütt-aus-Hol-zurück-Verfahren vorteilhaft[28].

Der Geschäftsführer plant, nicht nur den zusätzlichen Gewinn als Gehalt zu deklarieren, sondern den gesamten Gewinn. Er möchte wissen, ob sich dadurch die ErSt-Belastung weiter reduzieren läßt. In der dritten Tabelle ist diese Situation erfaßt. Die anderen zu versteuernden Einkommen betragen dann (nach Abzug von DM 2.000) DM 38.000 bzw. DM 53.028. Gewinne und Gewerbeerträge sind null. Die beiden Spalten "Vorher" und "Nachher" weisen die ErSt aus. Im ersten Fall sinkt die ErSt von vorher DM ...... (Summe aus GewESt und KSt bei Thesaurierung, vgl. obere Tabelle des vorhergehenden Beispiels) auf DM 7.986, im zweiten Fall von DM 35.609 auf DM 12.787. In beiden Fällen sinkt die GewESt auf null und die KSt auf die hier erheblich niedrigere EStKiSt.

```
SCHÜTT-AUS-HOL-ZURÜCK-FINANZIERUNG/DIVIDENDE


Schult STEUERBASIC 1993
Ertragsteuern Kapitalgesellschaften und natürliche Personen/1993

Anderes zu versteuerndes Einkommen ohne Dividende 1          DM=? 0
Anderes zu versteuerndes Einkommen ohne Dividende 2          DM=? -6000
Kirchensteuersatz                                            % =? 9
Kappungs-Kirchensteuersatz                                   % =? 4
Ledig (verheiratet = n)                                      j/n? j
Kinderzahl                                                      ? 0
Ergänzungsabgabe-, Solidaritätszuschlagssatz u.ä.            %=? 0
Wollen Sie den Bildschirm drucken (dann DRUCK-Taste drücken) j/n? j



Gewinn vor Gewerbesteuer 1                                   DM=? 40000
Gewinn vor Gewerbesteuer 2                                   DM=? 55028
Die Nettodividende darf 64 % des Gewinns nach GewSt, VSt und ErgAbg nicht über-
schreiten. Die maximale Nettodividende wird in jedem Fall ausgedruckt.
Nettodividende 1 (KapESt vernachlässigt)                     DM=? 0
Nettodividende 2 (KapESt vernachlässigt)                     DM=? 9618
Gewerbeertrag 1 vor GewSt                                    DM=? 40000
Gewerbeertrag 2 vor GewSt                                    DM=? 55028
Hebesatz                                                     % =? 300
..........................             Vorher      Nachher     Differenz
Ertragsteuern natürliche Person
Einkommensteuer           DM                0        -5411         -5411
Kirchensteuer             DM                0            0            +0
Ergänzungsabgabe          DM                0            0            +0
ErtragSt natür Person     DM                0        -5411         -5411
Ertragsteuern Kapitalgesellschaft
Gewerbeertragsteuer       DM             5217         7177         +1960
Körperschaftsteuer        DM            17391        21821         +4430
Ergänzungsabgabe          DM                0            0            +0
ErtragSt Kapitalgesell    DM            22608        28998         +6390
ErtragSt KapGes+nat PersDM              22608        23587          +979
Rundungsdifferenzen sind möglich
Die maximalen Nettodividenden betragen    22261   30624
Wollen Sie den Bildschirm drucken (dann DRUCK-Taste drücken) j/n? j
```

28 Vgl. hierzu etwa Schult, E., Schütt-aus-hol-zurück-Politik bei mehreren Anteilseignern, in DB 1992, S. 2456ff.

SCHÜTT-AUS-HOL-ZURÜCK-FINANZIERUNG/GEHALT:

```
Schult STEUERBASIC 1993
Ertragsteuern Kapitalgesellschaften und natürliche Personen/1993

Anderes zu versteuerndes Einkommen ohne Dividende 1          DM=? 0
Anderes zu versteuerndes Einkommen ohne Dividende 2          DM=? 13028
Kirchensteuersatz                                            % =? 9
Kappungs-Kirchensteuersatz                                   % =? 4
Ledig (verheiratet = n)                                      j/n? j
Kinderzahl                                                      ? 0
Ergänzungsabgabe-, Solidaritätszuschlagssatz u.ä.             %=? 0
Wollen Sie den Bildschirm drucken (dann DRUCK-Taste drücken) j/n? j
```

```
Gewinn vor Gewerbesteuer 1                                    DM=? 40000
Gewinn vor Gewerbesteuer 2                                    DM=? 40000
Die Nettodividende darf 64 % des Gewinns nach GewSt, VSt und ErgAbg nicht über-
schreiten. Die maximale Nettodividende wird in jedem Fall ausgedruckt.
Nettodividende 1 (KapESt vernachlässigt)                      DM=? 0
Nettodividende 2 (KapESt vernachlässigt)                      DM=? 0
Gewerbeertrag 1 vor GewSt                                     DM=? 40000
Gewerbeertrag 2 vor GewSt                                     DM=? 40000
Hebesatz                                                      % =? 300
..........................      Vorher      Nachher      Differenz
Ertragsteuern natürliche Person
Einkommensteuer         DM           0          601           +601
Kirchensteuer           DM           0           54            +54
Ergänzungsabgabe        DM           0            0             +0
ErtragSt natür Person   DM           0          655           +655
Ertragsteuern Kapitalgesellschaft
Gewerbeertragsteuer     DM        5217         5217             +0
Körperschaftsteuer      DM       17391        17391             +0
Ergänzungsabgabe        DM           0            0             +0
ErtragSt Kapitalgesell  DM       22608        22608             +0
ErtragSt KapGes+nat PersDM       22608        23263           +655
Rundungsdifferenzen sind möglich
Die maximalen Nettodividenden betragen    22261  22261
Wollen Sie den Bildschirm drucken (dann DRUCK-Taste drücken) j/n? j
```

```
SCHÜTT-AUS-HOL-ZURÜCK-FINANZIERUNG/MAXIMALES GEHALT


Schult STEUERBASIC 1993
Ertragsteuern Kapitalgesellschaften und natürliche Personen/1993

Anderes zu versteuerndes Einkommen ohne Dividende 1         DM=? 38000
Anderes zu versteuerndes Einkommen ohne Dividende 2         DM=? 53028
Kirchensteuersatz                                           % =? 9
Kappungs-Kirchensteuersatz                                  % =? 4
Ledig (verheiratet = n)                                     j/n? j
Kinderzahl                                                    ? 0
Ergänzungsabgabe-, Solidaritätszuschlagssatz u.ä.           %=? 0
Wollen Sie den Bildschirm drucken (dann DRUCK-Taste drücken) j/n? j
```

```
Gewinn vor Gewerbesteuer 1                                  DM=? 0
Gewinn vor Gewerbesteuer 2                                  DM=? 0
Die Nettodividende darf 64 % des Gewinns nach GewSt, VSt und ErgAbg nicht über-
schreiten. Die maximale Nettodividende wird in jedem Fall ausgedruckt.
Nettodividende 1 (KapESt vernachlässigt)                    DM=? 0
Nettodividende 2 (KapESt vernachlässigt)                    DM=? 0
Gewerbeertrag 1 vor GewSt                                   DM=? 0
Gewerbeertrag 2 vor GewSt                                   DM=? 0
Hebesatz                                                    % =? 300
...........................      Vorher       Nachher    Differenz
Ertragsteuern natürliche Person
Einkommensteuer          DM        7327         11732        +4405
Kirchensteuer            DM         659          1055         +396
Ergänzungsabgabe         DM           0             0           +0
ErtragSt natür Person    DM        7986         12787        +4801
Ertragsteuern Kapitalgesellschaft
Gewerbeertragsteuer      DM           0             0           +0
Körperschaftsteuer       DM           0             0           +0
Ergänzungsabgabe         DM           0             0           +0
ErtragSt Kapitalgesell   DM           0             0           +0
ErtragSt KapGes+nat PersDM         7986         12787        +4801
Rundungsdifferenzen sind möglich
Die maximalen Nettodividenden betragen   0  0
Wollen Sie den Bildschirm drucken (dann DRUCK-Taste drücken) j/n? j
```

Entscheidungsfall: Finanzierungsleasing[29]

Als Entscheidung wird die gleiche Situation gewählt wie bei der Darstellung des privaten Leasing, damit die steuerlichen Unterschiede deutlich werden. Allerdings soll es sich hier um den Betrag nach USt handeln. Es besteht also die Möglichkeit, einen Betriebs-PKW eigen oder fremd zu finanzieren oder zu leasen. Die vorteilhafte Finanzierungsalternative soll ermittelt werden.

Programmteil Nr. 8: FINANZPLAN

abgefragte Daten: vgl. Übersichtsanzeige

Erläuterungen:

Der Betriebs-PKW soll DM 20.000 ohne USt kosten. Er soll in jedem Fall nur drei Jahre genutzt werden. Wird er gekauft, dann kann er nach drei Jahren für DM 10.000 abgegeben werden. Die betriebsgewöhnliche Nutzungsdauer beträgt vier Jahre - der AfA-Betrag also DM 5.000 p.a.

Der ledige und kinderlose Einzelunternehmer unterliegt der KiSt mit 9 % bzw. 3,5 %. Der Hebesatz der GewSt beträgt 450 %. Freiwerdende Beträge kann der Steuerpflichtige außerhalb des Betriebsvermögens mit 8 % anlegen. Die Brutto-Einnahmenüberschüsse sollen mit DM 100.000 wie der Konsum mit DM 30.000 konstant sein. Das Anfangsvermögen soll DM 100.000 betragen.

Im Fall der Eigenfinanzierung (erste Tabelle) reduziert sich das Anfangsvermögen durch den Kauf auf DM 80.000. Im dritten Jahr wird der Brutto-Einnahmenüberschuß um die Veräußerungseinnahme von DM 10.000 auf DM 110.000 erhöht. Die AfA beträgt DM 5.000; im dritten Jahr wird dazu der Restbuchwert abgesetzt - die "zusätzliche Investitions-Abschreibung" erhöht sich auf DM 10.000.

Die Fremdfinanzierung soll mit 11 % p.a. möglich sein. Das Anfangsvermögen wird nicht geändert, weil der Investitionsausgabe eine entsprechende Finanzierungseinnahme gegenüber steht. Die Brutto-Einnahmenüberschüsse reduzieren sich durch die Zinsen um DM 2.200, im dritten Jahr kommt die Veräußerungseinnahme hinzu. Die AfA ist finanzierungsformunabhängig. Weiterhin wird angenommen, daß die Fremdfinanzierung eine Dauerschuld darstelle - bei der Frage nach den Dauerschuldzinsen ist also +DM 2.200 einzugeben. Schließlich ist die Tilgung im dritten Jahr als steuerfreie Ausgabe zu berücksichtigen. Statt -DM 30.000 ist dort -DM 50.000 einzugeben.

Im Leasingfall (der PKW soll dem Leasinggeber zugerechnet werden) ist eine Sonderzahlung von DM 5.000 vereinbart. Diese mindert das Anfangsvermögen auf DM 95.000. Die Sonderzahlung wird gleichmäßig als "zusätzliche Investitions-AfA" auf die drei Jahre verteilt. Die Leasingrate von DM 3.000 p.a. mindert die Brutto-Einnahmenüberschüsse auf DM 97.000.

Interpretation:

Vorteilhaft ist die Finanzierung, bei der das Endvermögen maximal ist. Bei Eigenfinanzierung beträgt es DM 227.694, bei Fremdfinanzierung 226.872 und bei Leasing DM 227.424. Die Endvermögen liegen ziemlich nah beieinander, so daß eine Finanzierungsempfehlung kaum gegeben werden kann. Die Eigenfinanzierung ist augenscheinlich deshalb vorteilhaft, weil sie nur Zinskosten mit 8 % p.a. verursacht. Diese

29 Vgl. hierzu etwa Kruschwitz, L., Leasing und Steuern, in ZfbF 1991, S. 99ff., ders., Der Einfluß von Steuern auf Leasingraten, in DStR 1992, S. 82ff.

mindern allerdings nur die EStKiSt. Falls die Zinsminderung von DM 1.600 p.a. den Sparerfreibetrag berührt, ist die Steuerentlastung noch geringer - u.U. beträgt sie null. Die Fremdfinanzierung ist durch den hohen Sollzins von 11 % p.a. benachteiligt - auch wenn die Hälfte der Zinsen zusätzlich die GewESt reduziert. Die Leasingraten sind ebenfalls in der Größenordnung von 11 % p.a. kalkuliert (einschl. Sonderzahlung). Die Leasingalternative wird aber dadurch begünstigt, daß die Zinsanteile in den Leasingraten nicht hinzugerechnet werden.

Anmerkungen:
Beim Privatleasing war die Eigenfinanzierung gegenüber den anderen beiden Finanzierungsformen vorteilhaft, weil nur dort eine steuerliche Wirkung auftrat. Die Minderung der Habenzinsen bei der Eigenfinanzierung führte zu einer EStKiSt-Reduktion. Beim betrieblichen Leasing treten bei allen drei Finanzierungsalternativen steuerliche Wirkungen auf, so daß sich die Endvermögen angleichen.

```
FINANZIERUNGSLEASING/KAUF MIT EIGENFINANZIERUNG


Schult STEUERBASIC 1993
Finanzplan ESt/1993
Werte bis DM 10 Mio und Zeiten bis fünf Jahre können bearbeitet werden
Brutto-Zwischenzins                                          % =? 8
Zwischenverzinsung im Privatbereich (im Betrieb = n)        j/n? j
Länge des Planungszeitraums                              Jahre =? 3
Hebesatz                                                     % =? 450
Kirchensteuersatz                                            % =? 9
Kappungs-Kirchensteuersatz                                   % =? 3.5
Ledig (verheiratet = n)                                     j/n? j
Kinderzahl                                                     ? 0
Ergänzungsabgabe-, Solidaritätszuschlagssatz u.ä.            %=? 0
Anfangsvermögen(+), zusätzliche Investitionsausgabe(-)    DM =? 80000

Jahreswerte gleich (Jahreswerte nicht gleich = n)           j/n? n

Wollen Sie den Bildschirm drucken (dann DRUCK-Taste drücken) j/n? j
```

Ende des Jahres	#1	#2	#3	#4	#5	Summe
Brutto-Ein-Über	100000	100000	110000	0	0	310000
Invest-AfA	5000	5000	10000	0	0	20000
Dauerschuldzins	0	0	0	0	0	0
Hinzu/Kürz	0	0	0	0	0	0
andere stpfl Ein	0	0	0	0	0	0
SonderA/agB	0	0	0	0	0	0
stfreiE/A Konsum	-30000	-30000	-30000	0	0	-90000
ZinsE privat	6400	9989	13731	0	0	30119
zu verst Einkomm	90145	93596	101565	0	0	285306
GewerbeESt	2889	2889	3330	0	0	9108
EinkommenSt	26288	27822	31503	0	0	85613
KirchenSt	2365	2504	2835	0	0	7704
ErgAbg	0	0	0	0	0	0
Gewinn vor Steu	95000	95000	100000	0	0	290000
Ein-Überschuß	44858	46774	56063	0	0	227694
(End-)Vermögen	124858	171632	227694	0	0	

```
Rundungsdifferenzen sind möglich
Wollen Sie den Bildschirm drucken (dann DRUCK-Taste drücken) j/n? j
```

```
FINANZIERUNGSLEASING/KAUF MIT FREMDFINANZIERUNG


Schult STEUERBASIC 1993
Finanzplan ESt/1993
Werte bis DM 10 Mio und Zeiten bis fünf Jahre können bearbeitet werden
Brutto-Zwischenzins                                           % =? 8
Zwischenverzinsung im Privatbereich (im Betrieb = n)        j/n? j
Länge des Planungszeitraums                               Jahre =? 3
Hebesatz                                                      % =? 450
Kirchensteuersatz                                             % =? 9
Kappungs-Kirchensteuersatz                                    % =? 3.5
Ledig (verheiratet = n)                                     j/n? j
Kinderzahl                                                      ? 0
Ergänzungsabgabe-, Solidaritätszuschlagssatz u.ä.             %=? 0
Anfangsvermögen(+), zusätzliche Investitionsausgabe(-)     DM =? 100000

Jahreswerte gleich (Jahreswerte nicht gleich = n)           j/n? n

Wollen Sie den Bildschirm drucken (dann DRUCK-Taste drücken) j/n? j
```

Ende des Jahres	#1	#2	#3	#4	#5	Summe
Brutto-Ein-Über	97800	97800	107800	0	0	303400
Invest-AfA	5000	5000	10000	0	0	20000
Dauerschuldzins	2200	2200	2200	0	0	6600
Hinzu/Kürz	0	0	0	0	0	0
andere stpfl Ein	0	0	0	0	0	0
SonderA/agB	0	0	0	0	0	0
stfreiE/A Konsum	-30000	-30000	-50000	0	0	-110000
ZinsE privat	8000	11567	15286	0	0	34853
zu verst Einkomm	89654	93084	101061	0	0	283800
GewerbeESt	2799	2799	3211	0	0	8809
EinkommenSt	26073	27592	31265	0	0	84930
KirchenSt	2346	2483	2813	0	0	7642
ErgAbg	0	0	0	0	0	0
Gewinn vor Steu	92800	92800	97800	0	0	283400
Ein-Überschuß	44582	46493	35797	0	0	226872
(End-)Vermögen	144582	191075	226872	0	0	

Rundungsdifferenzen sind möglich
Wollen Sie den Bildschirm drucken (dann DRUCK-Taste drücken) j/n? j

```
FINANZIERUNGSLEASING/LEASING


Schult STEUERBASIC 1993
Finanzplan ESt/1993
Werte bis DM 10 Mio und Zeiten bis fünf Jahre können bearbeitet werden
Brutto-Zwischenzins                                         % =? 8
Zwischenverzinsung im Privatbereich (im Betrieb = n)       j/n? j
Länge des Planungszeitraums                              Jahre =? 3
Hebesatz                                                    % =? 450
Kirchensteuersatz                                           % =? 9
Kappungs-Kirchensteuersatz                                  % =? 3.5
Ledig (verheiratet = n)                                    j/n? j
Kinderzahl                                                    ? 0
Ergänzungsabgabe-, Solidaritätszuschlagssatz u.ä.            %=? 0
Anfangsvermögen(+), zusätzliche Investitionsausgabe(-)      DM =? 95000

Jahreswerte gleich (Jahreswerte nicht gleich = n)          j/n? j

Brutto-Einnahmenüberschuß(+)                           DM =? 97000
zusätzliche Investitions-Abschreibung(+)               DM =? 1667
Dauerschuldzinsen in voller Höhe(+)                    DM =?
andere Hinzurechnungen/Kürzungen(+/-)                  DM =?
andere steuerpflichtige Einkünfte ohne Zinsen(+/-)     DM =?
Sonderausgaben/außergewöhnliche Belastungen(+)         DM =?
steuerfreie Einnahmen/Ausgaben/Konsum(+/-)             DM =? -30000
Wollen Sie den Bildschirm drucken (dann DRUCK-Taste drücken) j/n? j


Ende des Jahres      #1       #2       #3       #4       #5      Summe
Brutto-Ein-Über    97000    97000    97000        0        0    291000
Invest-AfA          1667     1667     1667        0        0      5001
Dauerschuldzins        0        0        0        0        0         0
Hinzu/Kürz             0        0        0        0        0         0
andere stpfl Ein       0        0        0        0        0         0
SonderA/agB            0        0        0        0        0         0
stfreiE/A Konsum  -30000   -30000   -30000        0        0    -90000
ZinsE privat        7600    10987    14517        0        0     33103
zu verst Einkomm   91593    94848    98238        0        0    284678
GewerbeESt          2917     2917     2917        0        0      8751
EinkommenSt        26927    28388    29943        0        0     85258
KirchenSt           2423     2554     2694        0        0      7671
ErgAbg                 0        0        0        0        0         0
Gewinn vor Steu    95333    95333    95333        0        0    285999
Ein-Überschuß      42333    44128    45963        0        0    227424

(End-)Vermögen    137333   181461   227424        0        0
Rundungsdifferenzen sind möglich
Wollen Sie den Bildschirm drucken (dann DRUCK-Taste drücken) j/n? j
```

5.7 Steuerbilanzpolitik

Entscheidungsfall: Abschreibungsmethoden
Ein Einzelunternehmer hat im letzten Jahr eine Investition von DM 50.000 vorgenommen. Er möchte wissen, ob lineare, degressive oder eine Sonderabschreibung von 50 % vorteilhaft ist.

Programmteil Nr. 8: FINANZPLAN

abgefragte Daten: vgl. Übersichtsanzeige

Erläuterungen:
Der Einzelunternehmer ist verheiratet (drei Kinder) und mit 9 % bzw. 4 % KiSt-pflichtig. Eine ErgAbg soll nicht erhoben werden. Der Hebesatz der GewSt beträgt 480 %.

Das Anfangsvermögen im Privatbereich beträgt DM 200.000. Hieraus hat er die Investition eigenfinanziert, so daß bei der Abfrage DM 150.000 einzugeben ist. Das restliche Vermögen wie auch die Netto-Einnahmenüberschüsse kann er mit 10 % p.a. im Privatbereich anlegen. Die laufenden Einnahmenüberschüsse betragen DM 90.000, die Sonderausgaben DM 5.000 und der Konsum DM 40.000.

In der ersten Tabelle wird das Endvermögen bei linearer AfA berechnet. Die betriebsgewöhnliche wie tatsächliche Nutzungsdauer der Investition soll fünf Jahre betragen. Die Jahreswerte der AfA sind gleich - die zusätzliche Investitions-AfA wird mit DM 10.000 eingegeben.

In der zweiten Tabelle wird die degressive AfA mit sog. optimalem Wechsel[30] auf die lineare Restwert-AfA abgezogen. Die Jahreswerte sind jetzt nicht mehr gleich. Im ersten Jahr wird 30 % der Investitionssumme, also DM 15.000, im zweiten Jahr 30 % des Buchwerts, also DM 10.500 abgesetzt. Im dritten Jahr wird auf die lineare Restwert-AfA gewechselt, es verbleiben jeweils DM 8.167.

In der dritten Tabelle wird das Endvermögen bei sofortigem Ansatz der Sonderabschreibung ermittelt. Auch hier sind die Jahreswerte nicht gleich. Im ersten Jahr beträgt die zusätzliche Investitionsabschreibung 50 % Sonderabschreibung plus 20 % AfA, also DM 35.000. Im zweiten Jahr wird die AfA mit DM 10.000 und im dritten Jahr der Rest mit DM 5.000 abgesetzt.

Interpretation:
Bei linearer AfA ergibt sich ein Endvermögen von DM 413.940. Der Ansatz der degressiven AfA erhöht das Endvermögen geringfügig auf DM 414.229. Bei alsbaldiger Ausnutzung der Sonderabschreibung liegt das Endvermögen mit DM 414.085 zwischen den beiden Werten. Sämtliche Abschreibungsmethoden sind hier also indifferent - insbesondere zeigt das Beispiel, daß eine möglichst schnelle Abschreibung nicht immer vorteilhaft ist, weil dem positiven Zinseffekt ein negativer Steuereffekt gegenübersteht.

30 Vgl. dazu etwa Schult, E., Die Steuern des Betriebes - Entscheidungshilfen für Unternehmer, a.a.O., S. 220ff.

Anmerkungen:
Die maximale Gewinnverschiebung - hier also alsbaldige Ausnutzung der Sonderabschreibung - ist dann von Vorteil, wenn ein Steuereffekt nicht existiert. Das ist bei Kapitalgesellschaften der Fall, wenn der Gesellschafterbereich vernachlässigt wird[31]. Die ErSt-Sätze sind dort konstant. Der Steuereffekt existiert auch bei Einzelunternehmen und Personengesellschaften nicht, wenn sich die Gewinnänderungen außerhalb des Stufentarifs der GewESt bzw. im oberen Proportionalbereich der ESt bewegen. Auch dann ist die maximale Gewinnverschiebung vorteilhaft.

```
ABSCHREIBUNGSMETHODEN/LINEARE AFA


Schult STEUERBASIC 1993
Finanzplan ESt/1993
Werte bis DM 10 Mio und Zeiten bis fünf Jahre können bearbeitet werden
Brutto-Zwischenzins                                        % =? 10
Zwischenverzinsung im Privatbereich (im Betrieb = n)       j/n? j
Länge des Planungszeitraums                              Jahre =? 5
Hebesatz                                                   % =? 480
Kirchensteuersatz                                          % =? 9
Kappungs-Kirchensteuersatz                                 % =? 4
Ledig (verheiratet = n)                                    j/n? n
Kinderzahl                                                   ? 3
Ergänzungsabgabe-, Solidaritätszuschlagssatz u.ä.          %=? 0
Anfangsvermögen(+), zusätzliche Investitionsausgabe(-)    DM =? 150000

Jahreswerte gleich (Jahreswerte nicht gleich = n)          j/n? j

Brutto-Einnahmenüberschuß(+)                             DM =? 90000
zusätzliche Investitions-Abschreibung(+)                 DM =? 10000
Dauerschuldzinsen in voller Höhe(+)                      DM =? 0
andere Hinzurechnungen/Kürzungen(+/-)                    DM =? 0
andere steuerpflichtige Einkünfte ohne Zinsen(+/-)       DM =? 0
Sonderausgaben/außergewöhnliche Belastungen(+)           DM =? 5000
steuerfreie Einnahmen/Ausgaben/Konsum(+/-)               DM =? -40000
Wollen Sie den Bildschirm drucken (dann DRUCK-Taste drücken) j/n? j


Ende des Jahres      #1        #2        #3        #4        #5       Summe
Brutto-Ein-Über    90000     90000     90000     90000     90000     450000
Invest-AfA         10000     10000     10000     10000     10000      50000
Dauerschuldzins        0         0         0         0         0          0
Hinzu/Kürz             0         0         0         0         0          0
andere stpfl Ein       0         0         0         0         0          0
SonderA/agB         5000      5000      5000      5000      5000      25000
stfreiE/A Konsum  -40000    -40000    -40000    -40000    -40000    -200000
ZinsE privat       15000     19580     24489     29747     35375     124191
zu verst Einkomm   62983     67457     72249     77378     82864     362931
GewerbeESt          1751      1751      1751      1751      1751       8755
EinkommenSt        11496     12679     13980     15411     16987      70553
KirchenSt            953      1060      1177      1306      1447       5943
ErgAbg                 0         0         0         0         0          0
Gewinn vor Steu    80000     80000     80000     80000     80000     400000
Ein-Überschuß      45800     49090     52581     56279     60190     413940

(End-)Vermögen    195800    244890    297471    353750    413940
Rundungsdifferenzen sind möglich
Wollen Sie den Bildschirm drucken (dann DRUCK-Taste drücken) j/n? j
```

31 Bei auf den Gesellschafter durchgreifender Betrachtungsweise: Dirrigl, H., Schaum, W., Ausschüttungsplanung nach der Steuerreform 1990, in ZfB 1989, S. 291ff.

ABSCHREIBUNGSMETHODEN/DEGRESSIVE AFA

```
Schult STEUERBASIC 1993
Finanzplan ESt/1993
Werte bis DM 10 Mio und Zeiten bis fünf Jahre können bearbeitet werden
Brutto-Zwischenzins                                            % =? 10
Zwischenverzinsung im Privatbereich (im Betrieb = n)         j/n? j
Länge des Planungszeitraums                                Jahre =? 5
Hebesatz                                                       % =? 480
Kirchensteuersatz                                              % =? 9
Kappungs-Kirchensteuersatz                                     % =? 4
Ledig (verheiratet = n)                                      j/n? n
Kinderzahl                                                     ? 3
Ergänzungsabgabe-, Solidaritätszuschlagssatz u.ä.              %=? 0
Anfangsvermögen(+), zusätzliche Investitionsausgabe(-)      DM =? 150000

Jahreswerte gleich (Jahreswerte nicht gleich = n)            j/n? n

Wollen Sie den Bildschirm drucken (dann DRUCK-Taste drücken) j/n? j
```

Ende des Jahres	#1	#2	#3	#4	#5	Summe
Brutto-Ein-Über	90000	90000	90000	90000	90000	450000
Invest-AfA	15000	10500	8167	8167	8166	50000
Dauerschuldzins	0	0	0	0	0	0
Hinzu/Kürz	0	0	0	0	0	0
andere stpfl Ein	0	0	0	0	0	0
SonderA/agB	5000	5000	5000	5000	5000	25000
stfreiE/A Konsum	-40000	-40000	-40000	-40000	-40000	-200000
ZinsE privat	15000	19749	24687	29894	35466	124796
zu verst Einkomm	58525	67176	74074	79152	84583	363509
GewerbeESt	1313	1708	1912	1912	1912	8757
EinkommenSt	10347	12604	14485	15916	17489	70841
KirchenSt	850	1053	1222	1351	1493	5969
ErgAbg	0	0	0	0	0	0
Gewinn vor Steu	75000	79500	81833	81833	81834	400000
Ein-Überschuß	47490	49384	52068	55715	59572	414229
(End-)Vermögen	197490	246874	298942	354658	414229	

Rundungsdifferenzen sind möglich
Wollen Sie den Bildschirm drucken (dann DRUCK-Taste drücken) j/n? j

ABSCHREIBUNGSMETHODEN/SONDERABSCHREIBUNG

```
Schult STEUERBASIC 1993
Finanzplan ESt/1993
Werte bis DM 10 Mio und Zeiten bis fünf Jahre können bearbeitet werden
Brutto-Zwischenzins                                          % =? 10
Zwischenverzinsung im Privatbereich (im Betrieb = n)       j/n? j
Länge des Planungszeitraums                              Jahre =? 5
Hebesatz                                                     % =? 480
Kirchensteuersatz                                            % =? 9
Kappungs-Kirchensteuersatz                                   % =? 4
Ledig (verheiratet = n)                                    j/n? n
Kinderzahl                                                    ? 3
Ergänzungsabgabe-, Solidaritätszuschlagssatz u.ä.           %=? 0
Anfangsvermögen(+), zusätzliche Investitionsausgabe(-)    DM =? 150000

Jahreswerte gleich (Jahreswerte nicht gleich = n)          j/n? n

Wollen Sie den Bildschirm drucken (dann DRUCK-Taste drücken) j/n? j
```

Ende des Jahres	#1	#2	#3	#4	#5	Summe
Brutto-Ein-Über	90000	90000	90000	90000	90000	450000
Invest-AfA	35000	10000	5000	0	0	50000
Dauerschuldzins	0	0	0	0	0	0
Hinzu/Kürz	0	0	0	0	0	0
andere stpfl Ein	0	0	0	0	0	0
SonderA/agB	5000	5000	5000	5000	5000	25000
stfreiE/A Konsum	-40000	-40000	-40000	-40000	-40000	-200000
ZinsE privat	15000	20335	25298	30434	35741	126809
zu verst Einkomm	39920	68194	77489	86939	92106	364648
GewerbeESt	320	1751	2189	2627	2627	9514
EinkommenSt	5878	12877	15443	18186	19743	72127
KirchenSt	448	1077	1308	1555	1695	6083
ErgAbg	0	0	0	0	0	0
Gewinn vor Steu	55000	80000	85000	90000	90000	400000
Ein-Überschuß	53354	49630	51358	53066	56676	414085
(End-)Vermögen	203354	252984	304343	357409	414085	

Rundungsdifferenzen sind möglich
Wollen Sie den Bildschirm drucken (dann DRUCK-Taste drücken) j/n? j

Entscheidungsfall: Optimaler Steuerbilanzgewinnpfad[32]
Die Entscheidungssituation entspricht der des vorangehenden Beispiels. Der Einzelunternehmer möchte wissen, ob er durch eine andere Verteilung der Sonderabschreibung ein höheres Endvermögen erreichen kann.

Programmteil Nr. 9: GEWINNOPTIMIERUNG

abgefragte Daten: vgl. Übersichtsanzeige

Erläuterungen:
Die Werte sind die gleichen wie im vorhergehenden Beispiel. Die zusätzliche Investitions-Abschreibung wird von dem Programm GEWINNOPTIMIERUNG selbständig verteilt, um das Endvermögen zu maximieren. Im Investitionsfall - wie hier - ist die Abschreibungssumme allerdings einzugeben. Verteilt man sie linear, dann hat das den Vorteil, daß die Jahreswerte gleich sind, die Abfrage vereinfacht sich. Es sei wiederholt: Die optimalen Abschreibungsbeträge müssen aus dem Ergebnis der Berechnung ermittelt werden (s.u.).

Werden die Werte eingegeben, dann berechnet das Programm GEWINNOPTIMIERUNG als erstes die Grenzsteuersätze der ESt; sie werden interessehalber angezeigt. Die optimalen Abschreibungsbeträge ergeben sich aus den Differenzen zwischen "Brutto-Ein-Über" und "Gewinn vor Steu+Zi" - die Summe der Abschreibungsbeträge muß auch hier der Investitionssumme entsprechen.

In einem zweiten Durchlauf (vgl. unterer Teil der Tabelle, verbesserte Rechnung) werden die zu versteuernden Einkommen nicht nach den kritischen Grenzsteuersätzen der ESt, sondern der ESt und GewESt verteilt. Aus letzteren werden die Grenzsteuersätze der ESt ermittelt; diese dienen dann der Herleitung der optimalen zu versteuernden Einkommen und letztlich der optimalen Gewinne.

Interpretation:
Wie die erste Ergebnisübersicht zeigt, erhöht sich das Endvermögen nur geringfügig von DM 414.229 bei degressiver AfA auf DM 414.632 bei Ansatz der Sonderabschreibung. Die Abschreibungsbeträge (als Differenz bei vereinfachter Rechnung ermittelt, s.o.) betragen jetzt DM 24.131, DM 17.463, DM 10.460, DM 2.977 und eine Zuschreibung von DM 5.031 - insgesamt also DM 50.000. Diese Verteilung wäre nach § 7a Abs. 3 EStG zulässig, weil in den ersten drei Jahren mindestens die lineare AfA angesetzt ist. Die allerdings überhaupt nicht zulässige Zuschreibung im fünften Jahr müßte mit Abschreibungen der Vorjahre saldiert werden. Die Mühe lohnt wegen des geringen Vermögenszuwachses nicht.

Anmerkungen:
Die Ergebnistabelle für die verbesserte Rechnung weist ein geringfügig niedrigeres Endvermögen aus. Das weist darauf hin, daß die Optimierung unter Einschluß der GewESt - so, wie sie hier vorgenommen wird - zu niedrigeren Endvermögen führen kann als die überschlägliche Rechnung. Für den praktischen Entscheidungsfall würde die Gewinnverteilung nach der überschläglichen Rechnung angestrebt werden. Allerdings ist der Fehler äußerst gering.

32 Ausführlich etwa Haberstock, L., Steuerbilanz und Vermögensaufstellung, 3.Aufl. Hamburg 1991, S. 251ff.

OPTIMALER STEUERBILANZGEWINNPFAD

```
Schult STEUERBASIC 1993
Gewinnoptimierung/1993
Werte bis DM 10 Mio und Zeiten bis fünf Jahre können bearbeitet werden
Brutto-Zwischenzins                                          % =? 10
Zwischenverzinsung im Privatbereich (im Betrieb = n)       j/n? j
Länge des Planungszeitraums                              Jahre =? 5
Hebesatz                                                     % =? 480
Kirchensteuersatz                                            % =? 9
Kappungs-Kirchensteuersatz                                   % =? 4
Ledig (verheiratet = n)                                    j/n? n
Kinderzahl                                                   ? 3
Ergänzungsabgabe-, Solidaritätszuschlagssatz u.ä.           %=? 0
Anfangsvermögen(+), zusätzliche Investitionsausgabe(-)      DM =? 150000

Jahreswerte gleich (Jahreswerte nicht gleich = n)          j/n? j

Brutto-Einnahmenüberschuß(+)                             DM =? 90000
zusätzliche Investitions-Abschreibung(+)                 DM =? 10000
Dauerschuldzinsen in voller Höhe(+)                      DM =? 0
andere Hinzurechnungen/Kürzungen(+/-)                    DM =? 0
andere steuerpflichtige Einkünfte ohne Zinsen(+/-)       DM =? 0
Sonderausgaben/außergewöhnliche Belastungen(+)           DM =? 5000
steuerfreie Einnahmen/Ausgaben/Konsum(+/-)               DM =? -40000
Wollen Sie den Bildschirm drucken (dann DRUCK-Taste drücken) j/n? j
```

Ende des Jahres	#1	#2	#3	#4	#5	Summe
Brutto-Ein-Über	90000	90000	90000	90000	90000	450000
Invest-AfA	10000	10000	10000	10000	10000	50000
Dauerschuldzins	0	0	0	0	0	0
Hinzu/Kürz	0	0	0	0	0	0
andere stpfl Ein	0	0	0	0	0	0
SonderA/agB	5000	5000	5000	5000	5000	25000
stfreiE/A Konsum	-40000	-40000	-40000	-40000	-40000	-200000
T-ESt-optimal %	24.31	26.10	27.98	29.94	31.98	
ZinsE privat	15000	20027	25222	30549	35975	126773
zu verst Einkomm	50076	61215	72553	84404	96805	365053
GewerbeESt	818	1123	1711	2366	3068	9086
EinkommenSt	8252	11036	14064	17437	21195	71984
KirchenSt	661	912	1184	1488	1826	6071
ErgAbg	0	0	0	0	0	0
Gewinn vor Steu+Zi	65868	72535	79538	87022	95037	400000
Ein-Überschuß	50269	51956	53263	54258	54886	414632
(End-)Vermögen	200269	252225	305488	359746	414632	

Rundungsdifferenzen sind möglich
Wollen Sie den Bildschirm drucken (dann DRUCK-Taste drücken) j/n? j

Verbesserte Rechnung; optimale zvE mit GewESt-Berücksichtigung

T-ErSt-optimal%	28.68	30.76	33.02	35.36	37.77	
ZinsE privat	15000	19838	24708	30303	35906	125754
zu verst Einkomm	56027	69189	63946	79463	95640	364266
GewerbeESt	1110	1897	1033	1903	2960	8903
EinkommenSt	9716	13145	11748	16005	20832	71446
KirchenSt	793	1102	976	1359	1793	6023
ErgAbg	0	0	0	0	0	0
Gewinn vor Steu+Zi	72243	81662	70560	81735	93800	400000
Ein-Überschuß	48381	48694	55951	56036	55321	414382
(End-)Vermögen	198381	247075	303026	359061	414382	

Rundungsdifferenzen sind möglich
Wollen Sie den Bildschirm drucken (dann DRUCK-Taste drücken) j/n? j

Entscheidungsfall: Zinsniveau und optimaler Steuerbilanzgewinnpfad
Ein Einzelunternehmer plant eine Investition in Höhe von DM 300.000. Er möchte wissen, wie der optimale Verlauf der zu versteuernden Einkommen bzw. der Steuerbilanzgewinne ist, wenn das Zinsniveau sehr hoch (20 % p.a.) oder sehr niedrig (0,1 % p.a.) ist. Insbesondere möchte er im letzten Fall bestätigt sehen, daß hier weitgehende Gewinnivellierung optimal sei.

Programmteil Nr. 9: GEWINNOPTIMIERUNG

abgefragte Daten: vgl. Übersichtsanzeige

Erläuterungen:
Das Programm GEWINNOPTIMIERUNG wird einmal mit 20 % und einmal mit 0,1 % durchgerechnet. Die Zinsen sollen Betriebseinnahmen darstellen. Die Nutzungsdauer der Investition beläuft sich auf fünf Jahre. Der Hebesatz der GewSt ist mit 280 %, die KiSt-Sätze sind mit 9 % bzw. 4 % gewählt. Der Einzelunternehmer soll ledig und kinderlos sein. Eine ErgAbg wird nicht erhoben.

Das Anfangsvermögen soll DM 300.000 betragen. Weil hieraus die Investition finanziert werden soll, ist null einzugeben. Durch Eingabe einer linearen AfA von DM 60.000 werden die Jahreswerte gleichgesetzt. Der Brutto-Einnahmenüberschuß beträgt DM 90.000, die Sonderausgaben DM 6.000 und der Konsum DM 20.000 p.a. In der ersten Tabelle ist die Hochzinssituation, in der zweiten Tabelle die fast zinslose Situation berechnet.

Interpretation:
Der hohe Zinssatz führt dazu, daß die Grenzsteuersätze der ESt stark vom letzten Jahr bis zum ersten Jahr des Planungszeitraums fallen. Dem entspricht der stark progressive Verlauf der zu versteuernden Einkommen. Dem Steuereffekt steht ein vergleichsweise großer Zinseffekt gegenüber. Da die Zinsen Betriebseinnahmen darstellen, sinken die Gewinne vor Abzug der Zinsen (und der GewESt)! Das Beispiel zeigt, daß wegen des Zinseffekts die zu versteuernden Einkommen dann optimal verteilt sind, wenn sie progressiv verlaufen. Für die Gewinne muß das nicht gelten.

In der zweiten Tabelle ist der Zinseffekt weitgehend eliminiert. Die Grenzsteuersätze der ESt sind fast identisch, die zu versteuernden Einkommen etwa gleich. Fehlt also der Zinseffekt, dann kann der Steuereffekt durch Nivellierung der zu versteuernden Einkommen maximiert werden. Das gilt auch für die Gewinne, weil die Unterschiede konstant sind. Sie sind entweder konstant gesetzt (wie die Sonderausgaben) oder konstant berechnet (wie die ErSt und die Zinsen).

Anmerkungen:
Der sehr niedrige Zinssatz von 0,1 % wurde gewählt, weil die Eingabe von null zu einer Fehleranzeige führen würde. Der Nivellierungseffekt ist dennoch gut zu erkennen.

Im Fall des sehr niedrigen Zinsniveaus wäre die verbesserte Rechnung überflüssig, weil eine GewESt überhaupt nicht anfällt. Das Programm unterdrückt diese Rechnung aber nur, wenn der Hebesatz der GewSt mit null eingegeben wurde.

ZINSNIVEAU UND OPTIMALER STEUERBILANZGEWINNPFAD/HOHER ZINSSATZ

```
Schult STEUERBASIC 1993
Gewinnoptimierung/1993
Werte bis DM 10 Mio und Zeiten bis fünf Jahre können bearbeitet werden
Brutto-Zwischenzins                                           % =? 20
Zwischenverzinsung im Privatbereich (im Betrieb = n)        j/n? n
Länge des Planungszeitraums                                Jahre =? 5
Hebesatz                                                      % =? 280
Kirchensteuersatz                                             % =? 9
Kappungs-Kirchensteuersatz                                    % =? 4
Ledig (verheiratet = n)                                     j/n? j
Kinderzahl                                                     ? 0
Ergänzungsabgabe-, Solidaritätszuschlagssatz u.ä.             %=? 0
Anfangsvermögen(+), zusätzliche Investitionsausgabe(-)       DM =? 0

Jahreswerte gleich (Jahreswerte nicht gleich = n)           j/n? j

Brutto-Einnahmenüberschuß(+)                               DM =? 90000
zusätzliche Investitions-Abschreibung(+)                   DM =? 60000
Dauerschuldzinsen in voller Höhe(+)                        DM =? 0
andere Hinzurechnungen/Kürzungen(+/-)                      DM =? 0
andere steuerpflichtige Einkünfte ohne Zinsen(+/-)         DM =? 0
Sonderausgaben/außergewöhnliche Belastungen(+)             DM =? 6000
steuerfreie Einnahmen/Ausgaben/Konsum(+/-)                 DM =? -20000
Wollen Sie den Bildschirm drucken (dann DRUCK-Taste drücken) j/n? j
```

Ende des Jahres	#1	#2	#3	#4	#5	Summe
Brutto-Ein-Über	90000	90000	90000	90000	90000	450000
Invest-AfA	60000	60000	60000	60000	60000	300000
Dauerschuldzins	0	0	0	0	0	0
Hinzu/Kürz	0	0	0	0	0	0
andere stpfl Ein	0	0	0	0	0	0
SonderA/agB	6000	6000	6000	6000	6000	30000
stfreiE/A Konsum	-20000	-20000	-20000	-20000	-20000	-100000
T-ESt-optimal %	24.30	27.81	31.61	35.68	39.96	
ZinsE betrieblich	0	11875	25471	40948	58505	136798
zu verst Einkomm	25526	37045	49286	62193	75401	249451
GewerbeESt	0	0	231	603	1320	2154
EinkommenSt	4244	7244	10874	15195	20141	57698
KirchenSt	382	652	978	1367	1812	5191
ErgAbg	0	0	0	0	0	0
Gewinn vor Steu+Zi	31908	31822	31025	29216	26029	150000
Ein-Überschuß	59374	67979	77388	87783	99232	391755
(End-)Vermögen	59374	127353	204740	292523	391755	

Rundungsdifferenzen sind möglich
Wollen Sie den Bildschirm drucken (dann DRUCK-Taste drücken) j/n? j

Verbesserte Rechnung; optimale zvE mit GewESt-Berücksichtigung

T-ErSt-optimal%	25.42	29.03	32.92	37.06	41.41	
ZinsE betrieblich	0	11675	24983	40499	58065	135222
zu verst Einkomm	29208	41048	47455	60989	69697	248397
GewerbeESt	0	0	178	568	989	1735
EinkommenSt	5159	8381	10303	14771	17940	56554
KirchenSt	464	754	927	1329	1614	5088
ErgAbg	0	0	0	0	0	0
Gewinn vor Steu+Zi	35672	36127	29577	28388	20236	150000
Ein-Überschuß	58377	66540	77575	87831	101522	391845
(End-)Vermögen	58377	124917	202493	290323	391845	

Rundungsdifferenzen sind möglich
Wollen Sie den Bildschirm drucken (dann DRUCK-Taste drücken) j/n? j

ZINSNIVEAU UND OPTIMALER STEUERBILANZGEWINNPFAD/NIEDRIGER ZINSSATZ

```
Schult STEUERBASIC 1993
Gewinnoptimierung/1993
Werte bis DM 10 Mio und Zeiten bis fünf Jahre können bearbeitet werden
Brutto-Zwischenzins                                        % =? .1
Zwischenverzinsung im Privatbereich (im Betrieb = n)     j/n? n
Länge des Planungszeitraums                            Jahre =? 5
Hebesatz                                                   % =? 280
Kirchensteuersatz                                          % =? 9
Kappungs-Kirchensteuersatz                                 % =? 4
Ledig (verheiratet = n)                                  j/n? j
Kinderzahl                                                  ? 0
Ergänzungsabgabe-, Solidaritätszuschlagssatz u.ä.          %=? 0
Anfangsvermögen(+), zusätzliche Investitionsausgabe(-)    DM =? 0

Jahreswerte gleich (Jahreswerte nicht gleich = n)        j/n? j

Brutto-Einnahmenüberschuß(+)                            DM =? 90000
zusätzliche Investitions-Abschreibung(+)                DM =? 60000
Dauerschuldzinsen in voller Höhe(+)                     DM =? 0
andere Hinzurechnungen/Kürzungen(+/-)                   DM =? 0
andere steuerpflichtige Einkünfte ohne Zinsen(+/-)      DM =? 0
Sonderausgaben/außergewöhnliche Belastungen(+)          DM =? 6000
steuerfreie Einnahmen/Ausgaben/Konsum(+/-)              DM =? -20000
Wollen Sie den Bildschirm drucken (dann DRUCK-Taste drücken) j/n? j
```

Ende des Jahres	#1	#2	#3	#4	#5	Summe
Brutto-Ein-Über	90000	90000	90000	90000	90000	450000
Invest-AfA	60000	60000	60000	60000	60000	300000
Dauerschuldzins	0	0	0	0	0	0
Hinzu/Kürz	0	0	0	0	0	0
andere stpfl Ein	0	0	0	0	0	0
SonderA/agB	6000	6000	6000	6000	6000	30000
stfreiE/A Konsum	-20000	-20000	-20000	-20000	-20000	-100000

T-ESt-optimal %	23.73	23.75	23.77	23.78	23.80	
ZinsE betrieblich	0	60	120	180	240	599
zu verst Einkomm	23655	23715	23776	23834	23898	118878
GewerbeESt	0	0	0	0	0	0
EinkommenSt	3795	3809	3824	3837	3853	19118
KirchenSt	341	342	344	345	346	1718
ErgAbg	0	0	0	0	0	0
Gewinn vor Steu+Zi	29997	29998	30000	30000	30005	150000
Ein-Überschuß	59864	59909	59952	59998	60041	299763
(End-)Vermögen	59864	119773	179725	239722	299763	

Rundungsdifferenzen sind möglich
Wollen Sie den Bildschirm drucken (dann DRUCK-Taste drücken) j/n? j

Verbesserte Rechnung; optimale zvE mit GewESt-Berücksichtigung

T-ErSt-optimal%	23.73	23.75	23.77	23.78	23.80	
ZinsE betrieblich	0	60	120	180	240	599
zu verst Einkomm	23655	23715	23776	23834	23898	118878
GewerbeESt	0	0	0	0	0	0
EinkommenSt	3795	3809	3824	3837	3853	19118
KirchenSt	341	342	344	345	346	1718
ErgAbg	0	0	0	0	0	0
Gewinn vor Steu+Zi	29997	29998	30000	30000	30005	150000
Ein-Überschuß	59864	59909	59952	59998	60041	299763
(End-)Vermögen	59864	119773	179725	239722	299763	

Rundungsdifferenzen sind möglich
Wollen Sie den Bildschirm drucken (dann DRUCK-Taste drücken) j/n? j

Entscheidungsfall: Zinsausweis und Gewinnverteilung
Ein natürlicher Steuerpflichtiger erwartet für die nächsten vier Jahre einen Brutto-Einnahmenüberschuß aus seinem Gewerbebetrieb von jährlich DM 250.000. Er möchte eine Investition von DM 200.000 vornehmen. Sein Anfangsvermögen beträgt DM 400.000. Es stelle Betriebsvermögen dar.

Er möchte wissen, wie groß der Vorteil ist, wenn er das nach der Investition von DM 200.000 verbleibende Anfangsvermögen von ebenfalls DM 200.000 und anfallende Zahlungsüberschüsse entnimmt. Desweiteren interessiert ihn die optimale Verteilung des Abschreibungsvolumens. Falls diese optimale Verteilung an handels- oder steuergesetzlichen Nebenbedingungen scheitert, möchte er weiter wissen, wie groß der finanzielle Nachteil durch die gesetzlichen Vorschriften ist.

Programmteil Nr. 8 und 9: FINANZPLAN und GEWINNOPTIMIERUNG

abgefragte Daten: vgl. Übersichtsanzeige

Erläuterungen:
Der Steuerpflichtige ist ledig und kinderlos und mit 9 % bzw. 3,5 % KiSt-pflichtig. Außerdem erwartet er, daß in den nächsten vier Jahren eine ErgAbg in Höhe von 5 % erhoben wird. Finanzielle Überschüsse kann er zu 8,5 % p.a. anlegen. Außerdem hat er andere Einkünfte von DM 20.000; die Sonderausgaben belaufen sich auf DM 12.000, der Konsum auf DM 80.000 p.a.

Das Anfangsvermögen soll DM 400.000 betragen. Da er die Investition eigenfinanzieren will, wird es bei der Abfrage mit dem auf DM 200.000 reduzierten Wert eingegeben.

Zuerst soll die optimale Gewinnverteilung unter der Annahme der Zinserwirtschaftung im Betrieb ermittelt werden (vgl. die erste Tabelle). Die Frage nach der Zwischenverzinsung im Privatbereich ist mit "n" zu beantworten. Die Investitions-Abschreibung wird mit DM 50.000 eingegeben, damit die Jahreswerte gleich sind. Die optimale Abschreibung wird vom Programm berechnet.

In einem zweiten Durchgang werden dieselben Werte eingegeben, nur die Frage nach der Zwischenverzinsung im Privatbereich wird mit "j" beantwortet.

Als steuerrechtlich zulässig wird eine Sonderabschreibung von 50 % im ersten Jahr angenommen. Zur Beantwortung der Frage, wie hoch dann das Endvermögen ist, wird das Programm FINANZPLAN herangezogen. Die zusätzliche Investitions-Abschreibung wird im ersten Jahr mit DM 150.000, im zweiten Jahr mit DM 50.000 eingegeben. Damit ist die Investition abgeschrieben. Da eine Kapitalanlage im Privatvermögen hier vorteilhaft ist (vgl. die bisherige Berechnung), soll dies auch hier angenommen werden (vgl. die dritte Tabelle).

Interpretation:
Werden das Anfangsvermögen und andere Zahlungsüberschüsse im Betriebsvermögen gehalten (erste Tabelle), dann ergibt sich ein Endvermögen von DM 533.308 (nach dem zweiten Durchlauf, der verbesserten Rechnung). Bei einer Anlage im Privatvermögen erhöht sich das Endvermögen wegen der GewESt-Ersparnis erheblich auf DM 577.849 (vgl. die zweite Tabelle). In beiden Fällen ist das Endvermögen bei der verbesserten Rechnung nur unwesentlich höher als bei überschläglicher Rechnung.

Die optimalen Abschreibungsbeträge ergeben sich aus der Differenz der Zeilen "Brutto-Ein-Über" und "Gewinn vor Steu+Zi". Sie belaufen sich (aus der ersten Tabelle für die vereinfachte Rechnung) auf DM 190.715, DM 199.763 und DM 209.867 sowie eine exorbitante Zuschreibung von DM 400.345 (insgesamt also DM 200.000). Eine solche Gewinnverteilung verstößt gegen Steuergesetze - sie ist unzulässig.

Steuerrechtlich - und damit auch handelsrechtlich - zulässig soll eine Sonderabschreibung sein. Da die Optimierungsrechnung gezeigt hat, daß eher eine Gewinnverschiebung in die Zukunft von Vorteil ist, soll die Sonderabschreibung alsbald ausgenutzt werden. In der dritten Tabelle ist diese Situation - bei Annahme einer privaten Verzinsung - in den FINANZPLAN aufgenommen worden. Das Endvermögen reduziert sich durch die Einhaltung der handels- und steuerrechtlichen Nebenbedingungen auf DM 571.754. Der Vermögensnachteil beträgt etwa 1 % des Endvermögens.

Anmerkungen:---

ZINSAUSWEIS UND GEWINNVERTEILUNG/ZINSEN IM BETRIEBSVERMÖGEN

Schult STEUERBASIC 1993
Gewinnoptimierung/1993
Werte bis DM 10 Mio und Zeiten bis fünf Jahre können bearbeitet werden
Brutto-Zwischenzins % =? 8.5
Zwischenverzinsung im Privatbereich (im Betrieb = n) j/n? n
Länge des Planungszeitraums Jahre =? 4
Hebesatz % =? 400
Kirchensteuersatz % =? 9
Kappungs-Kirchensteuersatz % =? 3
Ledig (verheiratet = n) j/n? j
Kinderzahl ? 0
Ergänzungsabgabe-, Solidaritätszuschlagssatz u.ä. %=? 5
Anfangsvermögen(+), zusätzliche Investitionsausgabe(-) DM =? 200000

Jahreswerte gleich (Jahreswerte nicht gleich = n) j/n? j

Brutto-Einnahmenüberschuß(+) DM =? 250000
zusätzliche Investitions-Abschreibung(+) DM =? 50000
Dauerschuldzinsen in voller Höhe(+) DM =? 0
andere Hinzurechnungen/Kürzungen(+/-) DM =? 0
andere steuerpflichtige Einkünfte ohne Zinsen(+/-) DM =? 20000
Sonderausgaben/außergewöhnliche Belastungen(+) DM =? 12000
steuerfreie Einnahmen/Ausgaben/Konsum(+/-) DM =? -80000
Wollen Sie den Bildschirm drucken (dann DRUCK-Taste drücken) j/n? j

Ende des Jahres	#1	#2	#3	#4	#5	Summe
Brutto-Ein-Über	250000	250000	250000	250000	0	1000000
Invest-AfA	50000	50000	50000	50000	0	200000
Dauerschuldzins	0	0	0	0	0	0
Hinzu/Kürz	0	0	0	0	0	0
andere stpfl Ein	20000	20000	20000	20000	0	80000
SonderA/agB	12000	12000	12000	12000	0	48000
stfreiE/A Konsum	-80000	-80000	-80000	-80000	0	-320000

	#1	#2	#3	#4	#5	Summe
T-ESt-optimal %	46.89	48.92	50.96	53.00	0.00	
ZinsE betrieblich	17000	30498	44823	60019	0	152340
zu verst Einkomm	97312	103251	109227	547634	0	857424
GewerbeESt	2557	3138	3887	92171	0	101753
EinkommenSt	29514	32307	35224	267404	0	364449
KirchenSt	2656	2907	3170	16429	0	25162
ErgAbg	1475	1615	1761	13370	0	18221
Gewinn vor Steu+Zi	77525	70799	63461	588215	0	800000
Ein-Überschuß	158798	168531	178781	-151355	0	554755
(End-)Vermögen	358798	527329	706110	554755	0	

Rundungsdifferenzen sind möglich
Wollen Sie den Bildschirm drucken (dann DRUCK-Taste drücken) j/n? j

Verbesserte Rechnung; optimale zvE mit GewESt-Berücksichtigung

	#1	#2	#3	#4	#5	Summe
T-ErSt-optimal%	54.87	56.88	58.87	60.83	0.00	
ZinsE betrieblich	17000	29753	43525	58077	0	148354
zu verst Einkomm	110553	111661	118155	515608	0	855977
GewerbeESt	4053	4192	5003	85607	0	98855
EinkommenSt	35887	36444	39785	250430	0	362546
KirchenSt	3229	3279	3544	15468	0	25520
ErgAbg	1794	1822	1989	12521	0	18126
Gewinn vor Steu+Zi	92836	81380	75178	550606	0	800000
Ein-Überschuß	150037	162016	171204	-127949	0	555308
(End-)Vermögen	350037	512053	683257	555308	0	

Rundungsdifferenzen sind möglich
Wollen Sie den Bildschirm drucken (dann DRUCK-Taste drücken) j/n? j

ZINSAUSWEIS UND GEWINNVERTEILUNG/ZINSEN IM PRIVATVERMÖGEN

```
Schult STEUERBASIC 1993
Gewinnoptimierung/1993
Werte bis DM 10 Mio und Zeiten bis fünf Jahre können bearbeitet werden
Brutto-Zwischenzins                                          % =? 8.5
Zwischenverzinsung im Privatbereich (im Betrieb = n)       j/n? j
Länge des Planungszeitraums                              Jahre =? 4
Hebesatz                                                     % =? 400
Kirchensteuersatz                                            % =? 9
Kappungs-Kirchensteuersatz                                   % =? 3
Ledig (verheiratet = n)                                    j/n? j
Kinderzahl                                                    ? 0
Ergänzungsabgabe-, Solidaritätszuschlagssatz u.ä.            %=? 5
Anfangsvermögen(+), zusätzliche Investitionsausgabe(-)      DM =? 200000

Jahreswerte gleich (Jahreswerte nicht gleich = n)          j/n? j

Brutto-Einnahmenüberschuß(+)                             DM =? 250000
zusätzliche Investitions-Abschreibung(+)                 DM =? 50000
Dauerschuldzinsen in voller Höhe(+)                      DM =? 0
andere Hinzurechnungen/Kürzungen(+/-)                    DM =? 0
andere steuerpflichtige Einkünfte ohne Zinsen(+/-)       DM =? 20000
Sonderausgaben/außergewöhnliche Belastungen(+)           DM =? 12000
steuerfreie Einnahmen/Ausgaben/Konsum(+/-)               DM =? -80000
Wollen Sie den Bildschirm drucken (dann DRUCK-Taste drücken) j/n? j
```

Ende des Jahres	#1	#2	#3	#4	#5	Summe
Brutto-Ein-Über	250000	250000	250000	250000	0	1000000
Invest-AfA	50000	50000	50000	50000	0	200000
Dauerschuldzins	0	0	0	0	0	0
Hinzu/Kürz	0	0	0	0	0	0
andere stpfl Ein	20000	20000	20000	20000	0	80000
SonderA/agB	12000	12000	12000	12000	0	48000
stfreiE/A Konsum	-80000	-80000	-80000	-80000	0	-320000
T-ESt-optimal %	46.89	48.92	50.96	53.00	0.00	
ZinsE privat	17000	30543	44971	60343	0	152857
zu verst Einkomm	97881	104647	111309	538887	0	852725
GewerbeESt	1724	1205	784	79341	0	83054
EinkommenSt	29778	32979	36266	262768	0	361791
KirchenSt	2680	2968	3264	16166	0	25078
ErgAbg	1488	1648	1813	13138	0	18087
Gewinn vor Steu+Zi	83285	76277	68386	572052	0	800000
Ein-Überschuß	159330	169743	180844	-133070	0	576847
(End-)Vermögen	359330	529073	709917	576847	0	

Rundungsdifferenzen sind möglich
Wollen Sie den Bildschirm drucken (dann DRUCK-Taste drücken) j/n? j

Verbesserte Rechnung; optimale zvE mit GewESt-Berücksichtigung

	#1	#2	#3	#4	#5	Summe
T-ErSt-optimal%	54.25	56.42	58.49	60.83	0.00	
ZinsE privat	17000	29940	43640	57892	0	148471
zu verst Einkomm	109138	116737	129175	497523	0	852572
GewerbeESt	2664	2263	2192	71311	0	78430
EinkommenSt	35180	39045	45620	240845	0	360690
KirchenSt	3166	3502	3875	14925	0	25468
ErgAbg	1759	1952	2281	12042	0	18034
Gewinn vor Steu+Zi	95968	90562	89602	523868	0	800000
Ein-Überschuß	152231	161178	167672	-103231	0	577849
(End-)Vermögen	352231	513409	681080	577849	0	

Rundungsdifferenzen sind möglich
Wollen Sie den Bildschirm drucken (dann DRUCK-Taste drücken) j/n? j

ZINSAUSWEIS UND GEWINNVERTEILUNG/ZINSEN IM PRIVATERMÖGEN/SONDERABSCHREIBUNG

```
Schult STEUERBASIC 1993
Finanzplan ESt/1993
Werte bis DM 10 Mio und Zeiten bis fünf Jahre können bearbeitet werden
Brutto-Zwischenzins                                        % =? 8.5
Zwischenverzinsung im Privatbereich (im Betrieb = n)      j/n? j
Länge des Planungszeitraums                              Jahre =? 4
Hebesatz                                                   % =? 400
Kirchensteuersatz                                          % =? 9
Kappungs-Kirchensteuersatz                                 % =? 3
Ledig (verheiratet = n)                                   j/n? j
Kinderzahl                                                   ? 0
Ergänzungsabgabe-, Solidaritätszuschlagssatz u.ä.          %=? 5
Anfangsvermögen(+), zusätzliche Investitionsausgabe(-)    DM =? 200000

Jahreswerte gleich (Jahreswerte nicht gleich = n)         j/n? n

Wollen Sie den Bildschirm drucken (dann DRUCK-Taste drücken) j/n? j
```

Ende des Jahres	#1	#2	#3	#4	#5	Summe
Brutto-Ein-Über	250000	250000	250000	250000	0	1000000
Invest-AfA	150000	50000	0	0	0	200000
Dauerschuldzins	0	0	0	0	0	0
Hinzu/Kürz	0	0	0	0	0	0
andere stpfl Ein	20000	20000	20000	20000	0	80000
SonderA/agB	12000	12000	12000	12000	0	48000
stfreiE/A Konsum	-80000	-80000	-80000	-80000	0	-320000
ZinsE privat	17000	29739	37585	42993	0	127317
zu verst Einkomm	112675	208161	256232	261483	0	838551
GewerbeESt	2999	17333	25666	25666	0	71664
EinkommenSt	36957	87483	112960	115743	0	353143
KirchenSt	3326	6244	7686	7844	0	25100
ErgAbg	1847	4374	5648	5787	0	17656
Gewinn vor Steu	100000	200000	250000	250000	0	800000
Ein-Überschuß	149871	92305	63625	65953	0	571754
(End-)Vermögen	349871	442176	505801	571754	0	

Rundungsdifferenzen sind möglich
Wollen Sie den Bildschirm drucken (dann DRUCK-Taste drücken) j/n? j

6 Anhang

6.1 Programmlisting

Das Programm STEUERBASIC ist in der Programmiersprache gwbasic geschrieben. Als erstes muß deshalb gwbasic (wenn es auf der Festplatte ist) mit dem Befehl C>gwbasic geladen werden. Dann wird STEUERBASIC (wenn es ebenfalls auf der Festplatte ist) mit dem Befehl LOAD"STEUERBASIC" geladen. Der Start erfolgt mit der Taste F2 oder RUN. Sind Werte falsch eingegeben oder soll der Programmlauf aus anderen Gründen abgebrochen werden, dann ist die Tastenkombination STRG PAUSE (CTRL BREAK) zu drücken. Soll gwbasic verlassen werden, dann ist SYSTEM einzugeben. Ist das System abgestürzt oder erfolgt aus anderen Gründen keine Reaktion, dann kann ein Warmstart durch die Taste RESET oder die Tastenkombination STRG ALT ENTF (CTRL ALT DEL) erfolgen.

STEUERBASIC läuft auch unter qbasic. Dann muß ebenfalls C>gwbasic und das Programm STEUERBASIC geladen werden. Anschließend ist es im ASCII-Code zu speichern, damit es von qbasic gelesen werden kann (SAVE"C:STEUERBASIC",A).

Das im Text zerlegte Programmlisting soll hier zusammengefaßt werden:

```
10 CLS:PRINT"Schult STEUERBASIC
1993":PRINT:KFREI=2052:HFREI=5616:SPARFREI=6000
20 PRINT"1) Ertragsteuern natürliche Personen,"
30 PRINT"   umfaßt GewESt, ESt, KiSt                    - wählen Sie Nr. 1"
40 PRINT"2) Ertrag- und Substanzsteuern natürliche Personen,"
50 PRINT"   umfaßt GewSt, ESt, KiSt, VSt                 - wählen Sie Nr. 2"
60 PRINT"3) Ertragsteuern Kapitalgesellschaften,"
70 PRINT"   umfaßt GewESt, KSt                           - wählen Sie Nr. 3"
80 PRINT"4) Ertrag- und Substanzsteuern Kapitalgesellschaften,"
90 PRINT"   umfaßt GewSt, KSt, VSt der KapGes            - wählen Sie Nr. 4"
100 PRINT"5) Ertragsteuern Kapitalgesellschaften und natürliche Personen,"
110 PRINT"   umfaßt GewESt, KSt, ESt, KiSt               - wählen Sie Nr. 5"
120 PRINT"6) ErSt und SubSt Kapitalgesellschaften und natürliche Personen,"
130 PRINT"   umfaßt GewSt, KSt, ESt, KiSt, VSt KapGes und natPers   - wählen Sie Nr.
6"
140 PRINT"7) Bruttobedarfsrechnung für Kapitalgesellschaften oder natürliche"
150 PRINT"   Personen, umfaßt GewESt, KSt bzw. GewESt, ESt, KiSt    - wählen Sie Nr.
7"
160 PRINT"8) Finanzplan - Aufstellung eines Finanzplans für natürliche
170 PRINT"   Personen, umfaßt GewESt, ESt, KiSt          - wählen Sie Nr. 8"
180 PRINT"9) Gewinnoptimierung - optimale Steuerbilanzgewinnverteilung"
190 PRINT"   natürliche Personen, umfaßt GewESt, ESt, KiSt         - wählen Sie Nr. 9"
200 PRINT:PRINT"Wenn keine Gewerbesteuer, Kirchensteuer, Kappungs-Kirchensteuer
oder"
210 PRINT"Ergänzungsabgabe existieren, dann für die Sätze NULL eingeben!"
220 INPUT"Geben Sie die Nr. des gewünschten Programms oder '0' für Ende ein";NR
230 IF NR=0 THEN COLOR 7,0:CLS:END
```

```
240 CLS:COLOR 3,0:PRINT"Schult STEUERBASIC 1993"
250 IF NR=1 THEN PRINT"Ertragsteuern natürliche Personen/1993":GOTO 1260
260 IF NR=2 THEN PRINT"Ertrag- und Substanzsteuern natürliche
Personen/1993":GOTO 1670
270 IF NR=3 THEN PRINT"Ertragsteuern Kapitalgesellschaften/1993":GOTO 2330
280 IF NR=4 THEN PRINT"Ertrag- und Substanzsteuern
Kapitalgesellschaften/1993":GOTO 2730
290 IF NR=5 THEN PRINT"Ertragsteuern Kapitalgesellschaften und natürliche
Personen/1993":GOTO 3370
300 IF NR=6 THEN PRINT"Ertrag- und Substanzsteuern Kapitalgesellschaften und
natürliche Personen/1993":GOTO 3740
310 IF NR=7 THEN PRINT"Bruttobedarf/1993":GOTO 4210
320 IF NR=8 THEN PRINT"Finanzplan ESt/1993":GOTO 4910
330 IF NR=9 THEN PRINT"Gewinnoptimierung/1993":GOTO 5790
340 REM:Subprogramme für Eingabebefehle
350 INPUT"Gewerbeertrag 1 vor GewSt                    DM=";GEWE1
360 INPUT"Gewerbeertrag 2 vor GewSt                    DM=";GEWE2
370 INPUT"Hebesatz                              %
=";HEBE:HEBE=HEBE/100
380 RETURN
390 INPUT"zu verst Einkommen 1 vor Steuern, Kinder- und Haushaltsfrei  DM=";ZVE1
400 INPUT"zu verst Einkommen 2 vor Steuern, Kinder- und Haushaltsfrei  DM=";ZVE2
410 RETURN
420 INPUT"Kirchensteuersatz                     % =";SKI:SKI=SKI/100
430 INPUT"Kappungs-Kirchensteuersatz              %
=";SKA:SKA=SKA/100
440 IF SKA<.01 THEN SKA=1:REM:keine KiSt-Kappung
450 INPUT"Ledig (verheiratet = n)               j/n";LEDIG$
460 IF LEDIG$="j" THEN PERS=1 ELSE PERS=2
470 INPUT"Kinderzahl                            ";KIND
480 INPUT"Ergänzungsabgabe-, Solidaritätszuschlagssatz u.ä.
%=";SEA:SEA=SEA/100
490 RETURN
500 INPUT"Einheitswert des Betriebsvermögens 1          DM=";EW1
510 INPUT"Einheitswert des Betriebsvermögens 2          DM=";EW2
520 INPUT"Gewerbekapital 1                      DM=";GEWK1
530 INPUT"Gewerbekapital 2                      DM=";GEWK2
540 RETURN
550 INPUT"Anderes Vermögen 1                     DM=";ANDV1
560 INPUT"Anderes Vermögen 2                     DM=";ANDV2
570 RETURN
580 INPUT"Gewinn vor Gewerbesteuer 1                DM=";GKAP1
590 INPUT"Gewinn vor Gewerbesteuer 2                DM=";GKAP2
600 PRINT"Die Nettodividende darf 64 % des Gewinns nach GewSt, VSt und ErgAbg nicht
über- schreiten. Die maximale Nettodividende wird in jedem Fall ausgedruckt."
610 INPUT"Nettodividende 1 (KapESt vernachlässigt)       DM=";DIVI1
620 INPUT"Nettodividende 2 (KapESt vernachlässigt)       DM=";DIVI2
630 RETURN
640 PRINT      "...........................    Vorher    Nachher    Differenz"
650 RETURN
660 REM:Bildschirmdruck
```

```
670 BEEP:INPUT"Wollen Sie den Bildschirm drucken (dann DRUCK-Taste drücken)
j/n";BILD$
680 IF BILD$="j" THEN CLS
690 RETURN
700 REM: Berechnung der maximalen Nettodividende
710 DIVMAX1=((1-.5*(1+SEA))*(GKAP1-GEWEST1-GEWKST1)-VSTKAP1)/(1-
14*(1+SEA)/64):IF DIVMAX1<0 THEN DIVMAX1=0
720 DIVMAX2=((1-.5*(1+SEA))*(GKAP2-GEWEST2-GEWKST2)-VSTKAP2)/(1-
14*(1+SEA)/64):IF DIVMAX2<0 THEN DIVMAX2=0
730 IF DIVMAX1<DIVI1 OR DIVMAX2<DIVI2 THEN SOUND
440,50:PRINT"Nettodividende ist zu hoch, sie darf 64 % vom Gewinn nach GewSt, VSt
und ErgAbg nicht überschreiten; FEHLER möglich!"
740 PRINT"Die maximalen Nettodividenden betragen ";INT(DIVMAX1);INT(DIVMAX2)
750 RETURN
760 REM:Gewerbekapitalsteuer
770 GEWKST = INT(.002*HEBE*(GEWK-120000!))
780 IF GEWKST<0 THEN GEWKST=0
790 RETURN
800 REM:Vermögensteuer natürliche Personen
810 GESV=INT(BV117A+ANDV)
820 VST=INT(.005*(GESV-(PERS+KIND)*70000!))
830 IF VST<0 THEN VST=0
840 RETURN
850 REM:Gewerbeertragsteuer Kapitalgesellschaft
860 SGE=.05*HEBE/(1+.05*HEBE)
870 GEWEST=INT(GEWE*SGE)
880 GOTO 970
890 REM:Gewerbeertragsteuer Einzelunternehmen und Personengesellschaft
900 MZ=.05:FR=96000!
910 IF GEWE<144000!+2400*HEBE THEN MZ=.04:FR=84000!
920 IF GEWE<120000!+1440*HEBE THEN MZ=.03:FR=72000!
930 IF GEWE<96000!+720*HEBE THEN MZ=.02:FR=60000!
940 IF GEWE<72000!+240*HEBE THEN MZ=.01:FR=48000!
950 IF GEWE<48000! THEN MZ=0
960 SGE=MZ*HEBE/(1+MZ*HEBE):GEWEST=INT((GEWE-FR)*SGE)
970 IF GEWEST<0 THEN GEWEST=0
980 RETURN
990 REM:Einkommen- und Kirchensteuer sowie Ergänzungsabgabe
1000 KIST=0
1010 ZVE=(ZVE-KFREI*KIND*PERS)/PERS
1020 IF PERS=1 AND KIND>0 THEN ZVE=ZVE-HFREI
1030 FOR ITER = 1 TO 10
1040 IF SKI<.01 THEN ITER=10:REM:wenn keine KiSt existiert, dann wird nur 1x
gerechnet
1045 IF A=1.5194*10^-6:B=.1653857
1050 PERS=1 AND ZVE<12042 THEN EST=0:GOTO 1090
1055 IF PERS=2 AND ZVE<19116/2 THEN EST=0:GOTO 1090
1060 IF PERS=1 AND ZVE<15012 THEN EST=3* (A*ZVE^2+B*ZVE-2201) :GOTO
1090
1065 IF PERS=2 AND ZVE<22788/2 THEN EST=3*(A*ZVE^2+B*ZVE-1709):GOTO
1090
```

```
1070 IF ZVE<120042! THEN EST=1.5194*10^-6*ZVE^2+.1653857*ZVE-967:GOTO
1090
1080 EST=.53*ZVE-22842
1090 IF ITER=11 GOTO 1170
1100 ZVE=ZVE+KIST:REM:alte KiSt wird addiert
1110 KIST=SKI*(EST-150*KIND):ZVE=ZVE-KIST:REM:neue KiSt wird subtrahiert
1120 NEXT ITER
1130 IF KIST<0 THEN KIST=0:GOTO 1170
1140 SKAP=SKA/(1+SKA):KAPPST=ABS((ZVE+KIST)*SKAP)
1150 IF KAPPST>KIST GOTO 1170
1160 ZVE=ZVE+KIST:KIST=KAPPST:ZVE=ZVE-KAPPST:GOTO 1050
1170 EST=INT(PERS*EST):KIST=INT(PERS*KIST)
1180 ERGABG=INT(SEA*EST)
1190 RETURN
1200 REM:Körperschaftsteuer und Ergänzungsabgabe
1210 ZVEKAP=INT(ZVE)
1220 IF ZVEKAP<0 THEN ZVEKAP=0
1230 KST=INT(.5*ZVEKAP-14*DIVI/64)
1240 ERGABG=INT(SEA*KST)
1250 RETURN
```

```
1260 REM:Ertragsteuern natürliche Personen
1270 REM:Datenabfrage
1280 GOSUB 350
1290 GOSUB 390
1300 GOSUB 420
1310 FOR SIT=1 TO 2
1320 GEWE=GEWE1:ZVE=ZVE1
1330 IF SIT=2 THEN GEWE=GEWE2:ZVE=ZVE2
1340 GOSUB 890
1350 IF SIT=1 THEN GEWEST1=GEWEST
1360 IF SIT=2 THEN GEWEST2=GEWEST
1370 ZVE=ZVE-GEWEST
1380 GOSUB 990
1390 IF SIT=1 THEN EST1=EST
1400 IF SIT=2 THEN EST2=EST
1410 IF SIT=1 THEN KIST1=KIST
1420 IF SIT=2 THEN KIST2=KIST
1430 IF SIT=1 THEN ERGABG1=ERGABG
1440 IF SIT=2 THEN ERGABG2=ERGABG
1450 ERST=GEWEST+EST+KIST+ERGABG
1460 IF SIT=1 THEN ERST1=ERST
1470 IF SIT=2 THEN ERST2=ERST
1480 KAPPST=0:ITER=0:NEXT SIT
1490 GOSUB 640
1500 PRINT USING "Gewerbeertragsteuer    DM    ##########    ##########
+##########";GEWEST1;GEWEST2;GEWEST2-GEWEST1
1510 PRINT USING "Einkommensteuer    DM    ##########    ##########
+##########";EST1;EST2;EST2-EST1
1520 PRINT USING "Kirchensteuer    DM    ##########    ##########
+##########";KIST1;KIST2;KIST2-KIST1
1530 PRINT USING "Ergänzungsabgabe    DM    ##########    ##########
+##########";ERGABG1;ERGABG2;ERGABG2-ERGABG1
1540 PRINT USING "Ertragsteuern    DM    ##########    ##########
+##########";ERST1;ERST2;ERST2-ERST1
1550 REM:Kontrolle, ob Differenzsteuersatz sinnvoll zu berechnen ist
1560 IF GEWE1-GEWE2=ZVE1-ZVE2 AND GEWE1-GEWE2<>0 GOTO 1600
1570 IF GEWE1=GEWE2 AND ZVE1<>ZVE2 GOTO 1610
1580 IF GEWE1<>GEWE2 AND ZVE1=ZVE2 GOTO 1600
1590 GOTO 1640
1600 DIFFSATZ=10000*(ERST2-ERST1)/(GEWE1-
GEWE2):DIFFSATZ=(INT(DIFFSATZ))/100:GOTO 1620
1610 DIFFSATZ=10000*(ERST2-ERST1)/(ZVE1-
ZVE2):DIFFSATZ=(INT(DIFFSATZ))/100
1620 DIFFSATZ=ABS(DIFFSATZ):REM Differenzsteuersatz
1630 PRINT"Differenzsteuersatz in %  ";DIFFSATZ
1640 PRINT"Rundungsdifferenzen sind möglich"
1650 GOSUB 660
1660 GOTO 6610
```

```
1670 PRINT:REM:Ertrag- und Substanzsteuern natürliche Personen
1680 REM:Datenabfrage
1690 GOSUB 350
1700 GOSUB 390
1710 GOSUB 420
1720 GOSUB 500
1730 GOSUB 550
1740 GOSUB 660
1750 FOR SIT=1 TO 2
1760 GEWE=GEWE1:ZVE=ZVE1:EW=EW1:GEWK=GEWK1:ANDV=ANDV1
1770 IF SIT=2 THEN
GEWE=GEWE2:ZVE=ZVE2:EW=EW2:GEWK=GEWK2:ANDV=ANDV2
1780 GOSUB 760
1790 IF SIT=1 THEN GEWKST1=GEWKST
1800 IF SIT=2 THEN GEWKST2=GEWKST
1810 IF EW<0 THEN BV117A=EW:GOTO 1840
1820 IF EW>500000! THEN BV117A=(EW-500000!)*.75:GOTO 1840
1830 BV117A=0
1840 BV117A=INT(BV117A)
1850 GOSUB 800
1860 IF SIT=1 THEN VST1=VST
1870 IF SIT=2 THEN VST2=VST
1880 GEWE=GEWE-GEWKST
1890 GOSUB 890
1900 IF SIT=1 THEN GEWEST1=GEWEST
1910 IF SIT=2 THEN GEWEST2=GEWEST
1920 ZVE=ZVE-GEWEST-GEWKST
1930 GOSUB 990
1940 IF SIT=1 THEN EST1=EST
1950 IF SIT=2 THEN EST2=EST
1960 IF SIT=1 THEN KIST1=KIST
1970 IF SIT=2 THEN KIST2=KIST
1980 IF SIT=1 THEN ERGABG1=ERGABG
1990 IF SIT=2 THEN ERGABG2=ERGABG
2000 ERST=GEWEST+EST+KIST+ERGABG:SUBST=GEWKST+VST
2010 IF SIT=1 THEN ERST1=ERST
2020 IF SIT=2 THEN ERST2=ERST
2030 IF SIT=1 THEN SUBST1=SUBST
2040 IF SIT=2 THEN SUBST2=SUBST
2050 KAPPST=0:ITER=0:NEXT SIT
2060 GOSUB 640
2070 PRINT USING "Gewerbekapitalsteuer   DM   ##########  ##########
+##########";GEWKST1;GEWKST2;GEWKST2-GEWKST1
2080 PRINT USING "Vermögensteuer         DM   ##########  ##########
+##########";VST1;VST2;VST2-VST1
2090 PRINT USING "Substanzsteuern        DM   ##########  ##########
+##########";SUBST1;SUBST2;SUBST2-SUBST1
2100 PRINT USING "Gewerbeertragsteuer    DM   ##########  ##########
+##########";GEWEST1;GEWEST2;GEWEST2-GEWEST1
2110 PRINT USING "Einkommensteuer        DM   ##########  ##########
+##########";EST1;EST2;EST2-EST1
```

```
2120 PRINT USING "Kirchensteuer          DM    ##########  ##########
+##########";KIST1;KIST2;KIST2-KIST1
2130 PRINT USING "Ergänzungsabgabe       DM    ##########  ##########
+##########";ERGABG1;ERGABG2;ERGABG2-ERGABG1
2140 PRINT USING "Ertragsteuern          DM    ##########  ##########
+##########";ERST1;ERST2;ERST2-ERST1
2150 PRINT USING "Ertrag-+Substanzsteuern DM   ##########  ##########
+##########";SUBST1+ERST1;SUBST2+ERST2;SUBST2+ERST2-SUBST1-ERST1
2160 REM:Kontrolle, ob Differenzsteuersatz sinnvoll zu berechnen ist
2170 IF GEWE1<>GEWE2 AND ZVE1=ZVE2 GOTO 2210
2180 IF GEWE1=GEWE2 AND ZVE1<>ZVE2 GOTO 2230
2190 IF GEWE1-GEWE2=ZVE1-ZVE2 AND GEWE1-GEWE2<>0 GOTO 2230
2200 GOTO 2300
2210 DIFFSATZ=100*(ERST2-ERST1)/(GEWE1-GEWE2)
2220 DIFFSUB=100*(SUBST2-SUBST1)/(GEWE1-GEWE2):GOTO 2250
2230 DIFFSATZ=100*(ERST2-ERST1)/(ZVE1-ZVE2)
2240 DIFFSUB=100*(SUBST2-SUBST1)/(ZVE1-ZVE2)
2250 PRINT USING "Substanzsteuer-Differenzsteuersatz in % #####.##";ABS(DIFFSUB)
2260 PRINT USING "Ertragsteuer-Differenzsteuersatz  in %  ###.##";ABS(DIFFSATZ)
2270 PRINT USING "Differenzsteuersatz insgesamt     in %
#####.##";ABS(DIFFSATZ+DIFFSUB)
2280 PRINT"Beachte: auch die Substanzsteuersätze sind auf Gewinndifferenzen bezogen,"
2290 PRINT"deshalb nur geringe Aussagekraft."
2300 PRINT"Rundungsdifferenzen sind möglich"
2310 GOSUB 660
2320 GOTO 6610
```

```
2330 PRINT:REM:Ertragsteuern Kapitalgesellschaften
2340 GOSUB 480
2350 GOSUB 580
2360 GOSUB 350
2370 IF KAPNAT=1 GOTO 3440:REM:wird nur für KapG+natPers benötigt
2380 FOR SIT=1 TO 2
2390 GEWE=GEWE1:ZVE=GKAP1:DIVI=DIVI1
2400 IF SIT=2 THEN GEWE=GEWE2:ZVE=GKAP2:DIVI=DIVI2
2410 GOSUB 850
2420 IF SIT=1 THEN GEWEST1=GEWEST
2430 IF SIT=2 THEN GEWEST2=GEWEST
2440 ZVE=ZVE-GEWEST
2450 GOSUB 1200
2460 IF SIT=1 THEN KST1=KST
2470 IF SIT=2 THEN KST2=KST
2480 IF SIT=1 THEN EAKAP1=ERGABG
2490 IF SIT=2 THEN EAKAP2=ERGABG
2500 ERST=GEWEST+KST+ERGABG
2510 IF SIT=1 THEN ERST1=ERST
2520 IF SIT=2 THEN ERST2=ERST
2530 IF KAPNAT=1 GOTO 3460:REM:wird nur für KapG+natPers benötigt
2540 NEXT SIT
2550 GOSUB 640
2560 PRINT USING "Gewerbeertragsteuer    DM    ##########  ##########
+##########";GEWEST1;GEWEST2;GEWEST2-GEWEST1
2570 PRINT USING "Körperschaftsteuer    DM    ##########  ##########
+##########";KST1;KST2;KST2-KST1
2580 PRINT USING "Ergänzungsabgabe    DM    ##########  ##########
+##########";EAKAP1;EAKAP2;EAKAP2-EAKAP1
2590 PRINT USING "Ertragsteuern    DM    ##########  ##########
+##########";ERST1;ERST2;ERST2-ERST1
2600 REM:Kontrolle, ob Differenzsteuersatz sinnvoll zu berechnen ist
2610 IF GEWE1-GEWE2=GKAP1-GKAP2 AND GEWE1-GEWE2<>0 GOTO 2650
2620 IF GEWE1=GEWE2 AND GKAP1<>GKAP2 GOTO 2660
2630 IF GEWE1<>GEWE2 AND GKAP1=GKAP2 GOTO 2650
2640 GOTO 2690
2650 DIFFSATZ=10000*(ERST2-ERST1)/(GEWE2-
GEWE1):DIFFSATZ=(INT(DIFFSATZ))/100:GOTO 2670
2660 DIFFSATZ=10000*(ERST2-ERST1)/(GKAP2-
GKAP1):DIFFSATZ=(INT(DIFFSATZ))/100
2670 DIFFSATZ=ABS(DIFFSATZ):REM Differenzsteuersatz
2680 PRINT"Differenzsteuersatz in %";DIFFSATZ
2690 PRINT"Rundungsdifferenzen sind möglich"
2700 GOSUB 700:REM:Berechnung maximale Nettodividenden
2710 GOSUB 660
2720 GOTO 6610
```

```
2730 PRINT:REM:Ertrag- und Substanzsteuern Kapitalgesellschaften
2740 REM:Datenabfrage
2750 GOSUB 480
2760 GOSUB 580
2770 GOSUB 350
2780 GOSUB 500
2790 GOSUB 660
2800 IF KAPNAT=1 GOTO 3820:REM:wird nur für KapG+natPers benötigt
2810 FOR SIT=1 TO 2
2820 GEWE=GEWE1:ZVE=GKAP1:EW=EW1:GEWK=GEWK1:DIVI=DIVI1
2830 IF SIT=2 THEN
GEWE=GEWE2:ZVE=GKAP2:EW=EW2:GEWK=GEWK2:DIVI=DIVI2
2840 GOSUB 760
2850 IF SIT=1 THEN GEWKST1=GEWKST
2860 IF SIT=2 THEN GEWKST2=GEWKST
2870 BV117A=INT((EW-500000!)*.75)
2880 VST=INT(.006*BV117A)
2890 IF VST<0 THEN VST=0
2900 IF SIT=1 THEN VSTKAP1=VST
2910 IF SIT=2 THEN VSTKAP2=VST
2920 GEWE=GEWE-GEWKST
2930 GOSUB 850
2940 IF SIT=1 THEN GEWEST1=GEWEST
2950 IF SIT=2 THEN GEWEST2=GEWEST
2960 ZVE=ZVE-GEWEST-GEWKST
2970 GOSUB 1200
2980 IF SIT=1 THEN KST1=KST
2990 IF SIT=2 THEN KST2=KST
3000 IF SIT=1 THEN EAKAP1=ERGABG
3010 IF SIT=2 THEN EAKAP2=ERGABG
3020 ERST=GEWEST+KST+ERGABG:SUBST=GEWKST+VST
3030 IF SIT=1 THEN ERST1=ERST
3040 IF SIT=2 THEN ERST2=ERST
3050 IF SIT=1 THEN SUBST1=SUBST
3060 IF SIT=2 THEN SUBST2=SUBST
3070 IF KAPNAT=1 GOTO 3850:REM:wird nur für KapG+natPers benötigt
3080 NEXT SIT
3090 GOSUB 640
3100 PRINT USING "Gewerbekapitalsteuer    DM    ##########  ##########
+##########";GEWKST1;GEWKST2;GEWKST2-GEWKST1
3110 PRINT USING "Vermögensteuer KapGes   DM    ##########  ##########
+##########";VSTKAP1,VSTKAP2;VSTKAP2-VSTKAP1
3120 PRINT USING "Substanzsteuern KapGes  DM    ##########  ##########
+##########";SUBST1;SUBST2;SUBST2-SUBST1
3130 PRINT USING "Gewerbeertragsteuer     DM    ##########  ##########
+##########";GEWEST1;GEWEST2;GEWEST2-GEWEST1
3140 PRINT USING "Körperschaftsteuer      DM    ##########  ##########
+##########";KST1;KST2;KST2-KST1
3150 PRINT USING "Ergänzungsabgabe        DM    ##########  ##########
+##########";EAKAP1;EAKAP2;EAKAP2-EAKAP1
3160 PRINT USING "Ertragsteuern KapGes    DM    ##########  ##########
+##########";ERST1;ERST2;ERST2-ERST1
```

```
3170 PRINT USING "Ertrag- + SubSt KapGes DM   ##########  ##########
+##########";ERST1+SUBST1;ERST2+SUBST2;ERST2+SUBST2-ERST1-SUBST1
3180 IF KAPNAT=1 GOTO 4120
3190 REM:Kontrolle, ob Differenzsteuersatz sinnvoll zu berechnen ist
3200 IF GEWE1<>GEWE2 AND GKAP1=GKAP2 GOTO 3240
3210 IF GEWE1=GEWE2 AND GKAP1<>GKAP2 GOTO 3260
3220 IF GEWE1-GEWE2=GKAP1-GKAP2 AND GEWE1-GEWE2 <>0 GOTO 3260
3230 GOTO 3330
3240 DIFFSATZ=100*(ERST2-ERST1)/(GEWE1-GEWE2)
3250 DIFFSUB=100*(SUBST2-SUBST1)/(GEWE1-GEWE2):GOTO 2250
3260 DIFFSATZ=100*(ERST2-ERST1)/(GKAP1-GKAP2)
3270 DIFFSUB=100*(SUBST2-SUBST1)/(GKAP1-GKAP2)
3280 PRINT USING "Substanzsteuer-Differenzsteuersatz in % #####.##";ABS(DIFFSUB)
3290 PRINT USING "Ertragsteuer-Differenzsteuersatz  in %  ###.##";ABS(DIFFSATZ)
3300 PRINT USING "Differenzsteuersatz insgesamt     in %
#####.##";ABS(DIFFSATZ+DIFFSUB)
3310 PRINT"Beachte: auch die Substanzsteuersätze sind auf Gewinndifferenzen bezogen,"
3320 PRINT"deshalb nur geringe Aussagekraft."
3330 PRINT"Rundungsdifferenzen sind möglich"
3340 GOSUB 700:REM: Berechnung maximale Nettodividenden
3350 GOSUB 660
3360 GOTO 6610
```

```
3370 PRINT:REM:Ertragsteuern Kapitalgesellschaften und natürliche Personen
3380 INPUT"Anderes zu versteuerndes Einkommen ohne Dividende 1
DM=";ANDE1
3390 INPUT"Anderes zu versteuerndes Einkommen ohne Dividende 2
DM=";ANDE2
3400 REM:weitere Datenabfrage
3410 GOSUB 420
3420 GOSUB 660
3430 KAPNAT=1:GOTO 2350:REM:mit kapnat=1 wird aus anderen Programmteilen
rückverzweigt
3440 FOR SIT=1 TO 2
3450 GOTO 2390
3460 IF SIT=1 THEN ANDE=ANDE1 ELSE ANDE=ANDE2
3470 ZVE=ANDE+DIVI+DIVI*36/64
3480 GOSUB 990
3490 EST=INT(EST-DIVI*36/64)
3500 IF SIT=1 THEN EST1=EST
3510 IF SIT=2 THEN EST2=EST
3520 IF SIT=1 THEN KIST1=KIST
3530 IF SIT=2 THEN KIST2=KIST
3540 IF SIT=1 THEN ERGABG1=ERGABG
3550 IF SIT=2 THEN ERGABG2=ERGABG
3560 IF SIT=1 THEN ITER=0:KAPPST=0
3570 NEXT SIT:GOSUB 640
3580 PRINT "Ertragsteuern natürliche Person"
3590 PRINT USING "Einkommensteuer      DM   ##########  ##########
+##########";EST1;EST2;EST2-EST1
3600 PRINT USING "Kirchensteuer       DM   ##########  ##########
+##########";KIST1;KIST2;KIST2-KIST1
3610 PRINT USING "Ergänzungsabgabe     DM   ##########  ##########
+##########";ERGABG1;ERGABG2;ERGABG2-ERGABG1
3620 PRINT USING "ErtragSt natür Person  DM   ##########  ##########
+##########";EST1+KIST1+ERGABG1;EST2+KIST2+ERGABG2;EST2+KIST2+ER
GABG2-EST1-KIST1-ERGABG1
3630 PRINT "Ertragsteuern Kapitalgesellschaft"
3640 PRINT USING "Gewerbeertragsteuer   DM   ##########  ##########
+##########";GEWEST1;GEWEST2;GEWEST2-GEWEST1
3650 PRINT USING "Körperschaftsteuer    DM   ##########  ##########
+##########";KST1;KST2;KST2-KST1
3660 PRINT USING "Ergänzungsabgabe     DM   ##########  ##########
+##########";EAKAP1;EAKAP2;EAKAP2-EAKAP1
3670 PRINT USING "ErtragSt Kapitalgesell DM   ##########  ##########
+##########";ERST1;ERST2;ERST2-ERST1
3680 PRINT USING "ErtragSt KapGes+nat PersDM   ##########  ##########
+##########";ERST1+EST1+KIST1+ERGABG1;ERST2+EST2+KIST2+ERGABG2;
ERST2+EST2+KIST2+ERGABG2-ERST1-EST1-KIST1-ERGABG1
3690 PRINT "Rundungsdifferenzen sind möglich"
3700 GOSUB 700:REM: Berechnung maximale Nettodividenden
3710 REM:Differenzsteuersätze werden hier nicht berechnet
3720 GOSUB 660
3730 GOTO 6610
```

```
3740 REM:Ertrag- und Substanzsteuern Kapitalgesellschaften und natürliche Personen
3750 KAPNAT=1:REM:mit kapnat=1 wird aus anderen Programmteilen rückverzweigt
3760 REM:Datenabfrage
3770 GOSUB 420
3780 GOSUB 550
3790 INPUT"Anderes zu versteuerndes Einkommen ohne Dividende 1
DM=";ANDE1
3800 INPUT"Anderes zu versteuerndes Einkommen ohne Dividende 2
DM=";ANDE2
3810 GOTO 2760
3820 FOR SIT=1 TO 2
3830 GOTO 2820
3840 REM:Schätzung der Anteilswerte nach dem Stuttgarter Verfahren
3850 IF SIT=1 THEN GW1=(EW1*.85+5*.7*(GKAP1-GEWEST1-GEWKST1-
2*VST1))*.7
3860 IF SIT=2 THEN GW2=(EW2*.85+5*.7*((2*(GKAP1-GEWEST1-GEWKST1-
2*VST1)+GKAP2-GEWKST2-GEWEST2-2*VST2)/3))*.7
3870 IF SIT=1 THEN BV117A=GW1 ELSE BV117A=GW2
3875 IF SIT=1 THEN ANDV=ANDV1 ELSE ANDV=ANDV2
3880 GOSUB 800
3890 IF SIT=1 THEN VST1=VST
3900 IF SIT=2 THEN VST2=VST
3910 IF SIT=1 THEN ZVE=ANDE1+DIVI1+DIVI1*36/64
3920 IF SIT=2 THEN ZVE=ANDE2+DIVI2+DIVI2*36/64
3930 GOSUB 990
3940 EST=INT(EST-DIVI*36/64)
3950 IF SIT=1 THEN EST1=EST
3960 IF SIT=2 THEN EST2=EST
3970 IF SIT=1 THEN KIST1=KIST
3980 IF SIT=2 THEN KIST2=KIST
3990 IF SIT=1 THEN ERGABG1=ERGABG
4000 IF SIT=2 THEN ERGABG2=ERGABG
4010 ITER=0:KAPPST=0:NEXT SIT
4020 GOSUB 640
4030 PRINT "Steuern natürliche Person"
4040 PRINT USING "Einkommensteuer       DM    ##########   ##########
+##########";EST1;EST2;EST2-EST1
4050 PRINT USING "Kirchensteuer       DM    ##########   ##########
+##########";KIST1;KIST2;KIST2-KIST1
4060 PRINT USING "Ergänzungsabgabe      DM    ##########   ##########
+##########";ERGABG1;ERGABG2;ERGABG2-ERGABG1
4070 PRINT USING "ErtragSt natürl Person  DM    ##########   ##########
+##########";EST1+KIST1+ERGABG1;EST2+KIST2+ERGABG2;EST2+KIST2+ER
GABG2-EST1-KIST1-ERGABG1
4080 PRINT USING "VermöSt  natür Person   DM    ##########   ##########
+##########";VST1;VST2;VST2-VST1
4090 PRINT USING "ErSt+VSt natür Person   DM    ##########   ##########
+##########";EST1+KIST1+ERGABG1+VST1;EST2+KIST2+ERGABG2+VST2;ES
T2+KIST2+ERGABG2+VST2-EST1-KIST1-ERGABG1-VST1
4100 PRINT "Steuern Kapitalgesellschaft"
4110 GOTO 3100
```

```
4120 PRINT USING "Sämtliche SubstanzsteuerDM    ##########  ##########
+##########";VST1+SUBST1;VST2+SUBST2;VST2+SUBST2-VST1-SUBST1
4130 PRINT USING "Sämtliche Ertragsteuern DM    ##########  ##########
+##########";ERST1+EST1+KIST1+ERGABG1;ERST2+EST2+KIST2+ERGABG2;
ERST2+EST2+KIST2+ERGABG2-ERST1-EST1-KIST1-ERGABG1
4140 PRINT USING "Sämtliche Steuern      DM    ##########  ##########
+##########";SUBST1+VST1+ERST1+EST1+KIST1+ERGABG1;SUBST2+VST2+
ERST2+EST2+KIST2+ERGABG2;SUBST2+VST2+ERST2+EST2+KIST2+ERGABG
2-SUBST1-VST1-ERST1-EST1-KIST1-ERGABG1
4150 PRINT"Rundungsdifferenzen sind möglich"
4160 PRINT USING "Wert Anteile geschätzt  DM    ##########  ##########
+##########";INT(GW1);INT(GW2)
4170 GOSUB 700:REM: Berechnung maximale Nettodividenden
4180 REM:Differenzsteuersätze werden hier nicht berechnet
4190 GOSUB 660
4200 GOTO 6610
```

```
4210 REM:Bruttobedarf/1993
4220 INPUT"Nettobedarf                                DM=";NETTO
4230 INPUT"Berechnung für natürliche Person (Kapitalgesellschaft = n)  j/n";NAT$
4240 IF NAT$="n" GOTO 4260
4250 INPUT"Einkommenserhöhung im Betrieb (im Privatbereich = n)
j/n";BETRIEB$
4260 INPUT"bisheriger Gewerbeertrag vor Gewerbesteuer          DM=";GEWE1
4270 INPUT"Hebesatz                                  %
=";HEBE:HEBE=HEBE/100
4280 INPUT"bisheriges zu versteuerndes Einkommen vor Steuern        DM=";ZVE1
4290 BRUTTO=5*NETTO:SCHRITT=NETTO:REM:Basis ist der fünffache Nettobetrag,
die erste Schrittlänge entspricht dem Nettobetrag
4300 IF NAT$="n" GOTO 4590
4310 REM:Bruttobedarf für natürliche Person
4320 GOSUB 420
4330 REM:Berechnung der Basissteuern
4340 GEWE=GEWE1
4350 GOSUB 890
4360 ZVE=ZVE1-GEWEST
4370 GOSUB 990
4380 GEWEST1=GEWEST:EST1=EST:KIST1=KIST:ERGABG1=ERGABG
4390 REM:Berechnung der Steuern bei dem vorläufigen Bruttobetrag
4400 GEWE=GEWE1:ZVE=ZVE1+BRUTTO:IF BETRIEB$="j" THEN
GEWE=GEWE1+BRUTTO
4410 ZVE2=ZVE:GEWE2=GEWE
4420 GOSUB 890
4430 ZVE=ZVE-GEWEST
4440 GOSUB 990
4450 GEWEST2=GEWEST:EST2=EST:KIST2=KIST:ERGABG2=ERGABG
4460 REM:wenn der vorläufige Bruttobetrag abzüglich der ErSt-Erhöhung den Nettobedarf
überdeckt, wird er um SCHRITT gemindert und neu gerechnet bis Identität herrscht
4470 IF (BRUTTO-(GEWEST2+EST2+KIST2+ERGABG2-GEWEST1-EST1-KIST1-
ERGABG1))>NETTO THEN BRUTTO=BRUTTO-SCHRITT:GOTO 4400
4480 BRUTTO=BRUTTO+SCHRITT:REM:die letzte Minderung wird rückgängig
gemacht
4490 SCHRITT=SCHRITT/10:REM:die neue Schrittlänge beträgt 1/10 der alten
Schrittlänge
4500 IF SCHRITT>=1 GOTO 4400:REM:wenn die Schrittlänge < 1 ist, wird die
Rechnung beendet
4510 GOSUB 640
4520 PRINT USING "Gewerbeertrag vor GewStDM    ##########  ##########
+##########";GEWE1;GEWE2;GEWE2-GEWE1
4530 PRINT USING "zvE vor GewSt      DM    ##########  ##########
+##########";ZVE1;ZVE2;ZVE2-ZVE1
4540 PRINT USING "Gewerbeertragsteuer  DM    ##########  ##########
+##########";GEWEST1;GEWEST2;GEWEST2-GEWEST1
4550 PRINT USING "Einkommensteuer     DM    ##########  ##########
+##########";EST1;EST2;EST2-EST1
4560 PRINT USING "Kirchensteuer      DM    ##########  ##########
+##########";KIST1;KIST2;KIST2-KIST1
4570 PRINT USING "Ergänzungsabgabe    DM    ##########  ##########
+##########";ERGABG1;ERGABG2;ERGABG2-ERGABG1
```

```
4580 GOTO 4850
4590 REM:Bruttobedarf für Kapitalgesellschaft
4600 GOSUB 480
4610 REM:Berechnung der Basissteuern
4620 GEWE=GEWE1
4630 GOSUB 850
4640 ZVE=ZVE1-GEWEST
4650 GOSUB 1200
4660 GEWEST1=GEWEST:KST1=KST:EAKAP1=EAKAP
4670 REM:Berechnung der Steuern bei dem vorläufigen Bruttobetrag
4680
GEWE=GEWE1+BRUTTO:ZVE=ZVE1+BRUTTO:GEWE2=GEWE:ZVE2=ZVE
4690 GOSUB 850
4700 ZVE=ZVE-GEWEST
4710 GOSUB 1200
4720 GEWEST2=GEWEST:KST2=KST:EAKAP2=EAKAP
4730 REM:wenn der vorläufige Bruttobetrag abzüglich der ErSt-Erhöhung den Nettobedarf
überdeckt, wird er um SCHRITT gemindert und neu gerechnet bis Identität herrscht
4740 IF (BRUTTO-(GEWEST2+KST2+EAKAP2-GEWEST1-KST1-EAKAP1))>NETTO
THEN BRUTTO=BRUTTO-SCHRITT:GOTO 4680
4750 BRUTTO=BRUTTO+SCHRITT:REM:die letzte Minderung wird rückgängig
gemacht
4760 SCHRITT=SCHRITT/10:REM:die neue Schrittlänge beträgt 1/10 der alten
Schrittlänge
4770 IF SCHRITT>=1 GOTO 4680:REM:wenn die Schrittlänge < 1 ist, wird die
Rechnung beendet
4780 GOSUB 640
4790 PRINT USING "Gewerbeertrag vor GewSt DM     ##########  ##########
+##########";GEWE1;GEWE2;GEWE2-GEWE1
4800 PRINT USING "zvE vor GewSt          DM     ##########  ##########
+##########";ZVE1;ZVE2;ZVE2-ZVE1
4810 PRINT USING "Gewerbeertragsteuer    DM     ##########  ##########
+##########";GEWEST1;GEWEST2;GEWEST2-GEWEST1
4820 PRINT"Dividende konstant, hier null"
4830 PRINT USING "Körperschaftsteuer     DM     ##########  ##########
+##########";KST1;KST2;KST2-KST1
4840 PRINT USING "Ergänzungsabgabe       DM     ##########  ##########
+##########";EAKAP1;EAKAP2;EAKAP2-EAKAP1
4850 BEDARF=INT(((ZVE2-ZVE1)/NETTO)*10000)/100
4860 PRINT"Bruttobedarfssatz in %  ";BEDARF
4870 PRINT"Bruttobedarf in DM = Differenz in Zeile -zvE vor GewSt-"
4880 PRINT "Rundungsdifferenzen sind möglich"
4890 GOSUB 660
4900 GOTO 6610
```

```
4910 REM:Finanzplan/ESt 1993
4920 GOPT=0:GOTO 5740:REM:Gopt=0 Programm FINANZPLAN, Gopt=1 Programm GEWINNOPTIMIERUNG
4930 PRINT"Werte bis DM 10 Mio und Zeiten bis fünf Jahre können bearbeitet werden"
4940 INPUT"Brutto-Zwischenzins                              %
=";ZINS:ZINS=ZINS/100
4950 INPUT"Zwischenverzinsung im Privatbereich (im Betrieb = n)       j/n";PRIVAT$
4960 INPUT"Länge des Planungszeitraums                      Jahre =";ENDE
4970 GOSUB 370
4980 GOSUB 420
5000 INPUT"Anfangsvermögen(+), zusätzliche Investitionsausgabe(-)     DM =";Y(0)
5010 PRINT
5020 INPUT"Jahreswerte gleich (Jahreswerte nicht gleich = n)          j/n";GLEICH$
5030 PRINT:IF GLEICH$="j" GOTO 5180
5040 GOSUB 660
5050 FOR M=1 TO ENDE
5060 PRINT
5070 PRINT"Jahr";M
5080 INPUT"Bruttoeinnahmenüberschuß(+)                       DM =";E(M)
5100 INPUT"zusätzliche Investitions-Abschreibung(+)           DM =";AFA(M)
5110 INPUT"Dauerschuldzinsen in voller Höhe(+)                DM =";DSZ(M)
5120 INPUT"andere Hinzurechnungen/Kürzungen(+/-)                DM =";HIK(M)
5130 INPUT"andere steuerpflichtige Einkünfte ohne Zinsen(+/-)   DM =";ANDE(M)
5140 INPUT"Sonderausgaben/außergewöhnliche Belastungen(+)         DM =";SA(M)
5150 INPUT"steuerfreie Einnahmen/Ausgaben/Konsum(+/-)            DM
=";KONSUM(M)
5160 NEXT M
5170 GOTO 5300
5180 INPUT"Brutto-Einnahmenüberschuß(+)                      DM =";E(1)
5200 INPUT"zusätzliche Investitions-Abschreibung(+)           DM =";AFA(1)
5210 INPUT"Dauerschuldzinsen in voller Höhe(+)                DM =";DSZ(1)
5220 INPUT"andere Hinzurechnungen/Kürzungen(+/-)                DM =";HIK(1)
5230 INPUT"andere steuerpflichtige Einkünfte ohne Zinsen(+/-)   DM =";ANDE(1)
5240 INPUT"Sonderausgaben/außergewöhnliche Belastungen(+)         DM =";SA(1)
5250 INPUT"steuerfreie Einnahmen/Ausgaben/Konsum(+/-)            DM
=";KONSUM(1)
5260 FOR M=2 TO ENDE
5270
E(M)=E(1):AFA(M)=AFA(1):DSZ(M)=DSZ(1):HIK(M)=HIK(1):ANDE(M)=ANDE(1):
SA(M)=SA(1):KONSUM(M)=KONSUM(1)
5280 NEXT M
5290 GOSUB 660
5300 CLS:PRINT"Ende des Jahres   #1      #2      #3      #4      #5     Summe"
5310 PRINT USING"Brutto-Ein-Über #######  #######  #######  #######
#######  #######";E(1);E(2);E(3);E(4);E(5);E(1)+E(2)+E(3)+E(4)+E(5)
5330 PRINT USING"Invest-AfA      #######  #######  #######  #######  #######
#######";AFA(1);AFA(2);AFA(3);AFA(4);AFA(5);AFA(1)+AFA(2)+AFA(3)+AFA(4)
+AFA(5)
5340 PRINT USING"Dauerschuldzins #######  #######  #######  #######
#######
#######";DSZ(1);DSZ(2);DSZ(3);DSZ(4);DSZ(5);DSZ(1)+DSZ(2)+DSZ(3)+DSZ(4)+D
SZ(5)
```

```
5350 PRINT USING"Hinzu/Kürz       #######  #######  #######  #######
#######
#######";HIK(1);HIK(2);HIK(3);HIK(4);HIK(5);HIK(1)+HIK(2)+HIK(3)+HIK(4)+HIK(
5)
5360 PRINT USING"andere stpfl Ein #######  #######  #######  #######
#######
#######";ANDE(1);ANDE(2);ANDE(3);ANDE(4);ANDE(5);ANDE(1)+ANDE(2)+AND
E(3)+ANDE(4)+ANDE(5)
5370 PRINT USING"SonderA/agB      #######  #######  #######  #######
#######
#######";SA(1);SA(2);SA(3);SA(4);SA(5);SA(1)+SA(2)+SA(3)+SA(4)+SA(5)
5380 PRINT USING"stfreiE/A Konsum #######  #######  #######  #######
#######
#######";KONSUM(1);KONSUM(2);KONSUM(3);KONSUM(4);KONSUM(5);KONSUM(
1)+KONSUM(2)+KONSUM(3)+KONSUM(4)+KONSUM(5)
5390 RETURN
5400 FOR M=1 TO ENDE
5410 ZINS(M)=Y(M-1)*ZINS:REM:Zins
5420 IF PRIVAT$="j" THEN GEWE=E(M)+HIK(M)+DSZ(M)/2-AFA(M):REM:Zins
privat, ohne ZINS(M)
5430 IF PRIVAT$="n" THEN GEWE=E(M)+ZINS(M)+HIK(M)+DSZ(M)/2-
AFA(M):REM:Zins betrieblich, mit ZINS(M)
5440 GOSUB 890
5450 GEWEST(M)=GEWEST
5460 GOSUB 6620:ZVE=E(M)-GEWEST+ZINS(M)+ANDE(M)-SA(M)-AFA(M)-
SPARFREI(M):REM:Subprogramm Sparerfreibetrag
5470 GOSUB 990
5480 EST(M)=EST
5490 KIST(M)=KIST
5500 ERGABG(M)=ERGABG
5510 ZVE(M)=ZVE*PERS
5520 G(M)=E(M)-AFA(M)
5530 ENETTO(M)=E(M)+ANDE(M)+ZINS(M)-SA(M)+KONSUM(M)-GEWEST(M)-
EST(M)-KIST(M)-ERGABG(M)
5550 Y(M)=Y(M-1)+ENETTO(M)
5560 NEXT M
5570 GOTO 5760
5580 IF PRIVAT$="j" THEN PRINT USING"ZinsE privat      #######  #######
#######  #######  #######
#######";ZINS(1);ZINS(2);ZINS(3);ZINS(4);ZINS(5);ZINS(1)+ZINS(2)+ZINS(3)+ZIN
S(4)+ZINS(5)
5590 IF PRIVAT$="n" THEN PRINT USING"ZinsE betrieblich #######  #######
#######  #######  #######
#######";ZINS(1);ZINS(2);ZINS(3);ZINS(4);ZINS(5);ZINS(1)+ZINS(2)+ZINS(3)+ZIN
S(4)+ZINS(5)
5600 PRINT USING"zu verst Einkomm #######  #######  #######  #######
#######
#######";ZVE(1);ZVE(2);ZVE(3);ZVE(4);ZVE(5);ZVE(1)+ZVE(2)+ZVE(3)+ZVE(4)+
ZVE(5)
5610 PRINT USING"GewerbeESt       #######  #######  #######  #######
#######
```

```
#######";GEWEST(1);GEWEST(2);GEWEST(3);GEWEST(4);GEWEST(5);GEWEST(1)
+GEWEST(2)+GEWEST(3)+GEWEST(4)+GEWEST(5)
5620 PRINT USING"EinkommenSt     #######  #######  #######  #######
#######
#######";EST(1);EST(2);EST(3);EST(4);EST(5);EST(1)+EST(2)+EST(3)+EST(4)+EST
(5)
5630 PRINT USING"KirchenSt     #######  #######  #######  #######  #######
#######";KIST(1);KIST(2);KIST(3);KIST(4);KIST(5);KIST(1)+KIST(2)+KIST(3)+KIST(
4)+KIST(5)
5640 PRINT USING"ErgAbg     #######  #######  #######  #######  #######
#######";ERGABG(1);ERGABG(2);ERGABG(3);ERGABG(4);ERGABG(5);ERGABG(1)
+ERGABG(2)+ERGABG(3)+ERGABG(4)+ERGABG(5)
5650 IF GOPT=1 THEN PRINT USING"Gewinn vor Steu+Zi#######  #######
#######  #######  #######
#######";G(1);G(2);G(3);G(4);G(5);G(1)+G(2)+G(3)+G(4)+G(5):GOTO 5680
5660 IF PRIVAT$="j" THEN PRINT USING"Gewinn vor Steu  #######  #######
#######  #######  #######
#######";G(1);G(2);G(3);G(4);G(5);G(1)+G(2)+G(3)+G(4)+G(5)
5670 IF PRIVAT$="n" THEN PRINT USING"Gewinn vor Steu  #######  #######
#######  #######  #######
#######";G(1)+ZINS(1);G(2)+ZINS(2);G(3)+ZINS(3);G(4)+ZINS(4);G(5)+ZINS(5);G(
1)+G(2)+G(3)+G(4)+G(5)+ZINS(1)+ZINS(2)+ZINS(3)+ZINS(4)+ZINS(5)
5680 PRINT USING"Ein-Überschuß  #######  #######  #######  #######
#######
#######";ENETTO(1);ENETTO(2);ENETTO(3);ENETTO(4);ENETTO(5);ENETTO(1)+
ENETTO(2)+ENETTO(3)+ENETTO(4)+ENETTO(5)+Y(0)
5690 PRINT
5700 PRINT USING"(End-)Vermögen  #######  #######  #######  #######
#######  #######";Y(1);Y(2);Y(3);Y(4);Y(5)
5710 PRINT"Rundungsdifferenzen sind möglich"
5720 IF GOPT=1 AND SER(1)<.19 THEN PRINT"Es sind Mindest-zvE = Summe der
Freibeträge angesetzt"
5730 RETURN
5740 GOSUB 4930
5750 GOTO 5400
5760 GOSUB 5580
5770 GOSUB 660
5780 GOTO 6610
```

```
5790 REM:Gewinnoptimierung/ESt 1993
5800 GOPT=1:EX=0
5810 GOSUB 4930
5820 PRINT:SCHRITT=.01
5830 ESUMME=E(1)+E(2)+E(3)+E(4)+E(5)-AFA(1)-AFA(2)-AFA(3)-AFA(4)-AFA(5)
5840 IF EX=0 THEN SER(ENDE)=.53 ELSE SER(ENDE)=.53+SGE(ENDE)-
.53*SGE(ENDE):REM:Berechnung kritischer Grenz-ESt/ErSt-Satz
5850 M=ENDE
5860 SER(ENDE)=SER(ENDE)-SCHRITT:SER(M)=SER(ENDE)
5870 FOR M=ENDE-1 TO 1 STEP -1
5880 SE(M)=(SER(M)-SGE(M))/(1-SGE(M))
5890 IF PRIVAT$="n" THEN SER(M)=SER(M+1)/(1+ZINS-ZINS*SER(M+1)) ELSE
SER(M)=SER(M+1)/(1+ZINS-ZINS*SE(M+1))
5900 NEXT M
5910 FOR M=1 TO ENDE:REM:Berechnung der optimalen zvE
5920 IF EX=0 THEN SE(M)=SER(M) ELSE SE(M)=(SER(M)-SGE(M))/(1-SGE(M))
5930 ZVE(M)=((SE(M)-.1653857)/(2*1.5194*10^-6))*PERS
5940 IF PERS=1 AND ZVE(M)<12042 THEN ZVE(M)=12042:REM:Mindest-zvE
einhalten (=Grundfreibetrag);andere Freibeträge werden unten berücksichtigt
5950 IF PERS=2 AND ZVE(M)<19116 THEN ZVE(M)=19116
5970 REM:Ermittlung der Gewinne aus den zvE
5980 FOR M=1 TO ENDE
5990 ZINS(M)=Y(M-1)*ZINS
6000 GEWE=ZVE(M)+SA(M)-ANDE(M)-ZINS(M)-AFA(M)+DSZ(M)/2+HIK(M):IF
PRIVAT$="n" THEN GEWE=GEWE+ZINS(M)
6010 GOSUB 890
6020 GEWEST(M)=GEWEST:GOSUB 6620:REM:Subprogramm Sparerfreibetrag
6030 IF PERS=1 AND KIND>=1 THEN ZVE=ZVE(M)+HFREI+KFREI*KIND-
SPARFREI(M)
6040 IF PERS=2 THEN ZVE=ZVE(M)+KFREI*PERS*KIND-SPARFREI(M)
6050 IF PERS=1 AND KIND=0 THEN ZVE=ZVE(M)-SPARFREI(M)
6060 GOSUB 990
6070 EST(M)=EST
6080 KIST(M)=KIST
6090 ERGABG(M)=ERGABG
6100 IF PERS=1 AND KIND>=1 THEN G(M)=ZVE(M)+SA(M)+KIST(M)-
ANDE(M)-ZINS(M)+GEWEST(M)+HFREI+KFREI*KIND+SPARFREI(M):GOTO
6120
6110 G(M)=ZVE(M)+SA(M)+KIST(M)-ANDE(M)-
ZINS(M)+GEWEST(M)+KFREI*PERS*KIND+SPARFREI(M)
6120 ENETTO(M)=E(M)+ANDE(M)+ZINS(M)-SA(M)+KONSUM(M)-GEWEST(M)-
EST(M)-KIST(M)-ERGABG(M)
6130 Y(M)=Y(M-1)+ENETTO(M)
6140 NEXT M
6150 FOR M=1 TO (ENDE-1)
6160 ZINS(M)=Y(M-1)*ZINS
6170 G(M)=INT(G(M))
6180 GEWE=G(M)+DSZ(M)/2+HIK(M):IF PRIVAT$="n" THEN
GEWE=GEWE+ZINS(M)
6190 GOSUB 890
```

```
6200 GEWEST(M)=GEWEST:GOSUB 6620:REM:Subprogramm Sparerfreibetrag
6210 ZVE=G(M)+ZINS(M)-GEWEST(M)+ANDE(M)-SA(M)-SPARFREI(M)
6220 GOSUB 990
6230 EST(M)=EST:KIST(M)=KIST:ERGABG(M)=ERGABG:ZVE(M)=ZVE*PERS
6240 ENETTO(M)=E(M)+ANDE(M)+ZINS(M)-SA(M)+KONSUM(M)-GEWEST(M)-
EST(M)-KIST(M)-ERGABG(M)
6250 Y(M)=Y(M-1)+ENETTO(M)
6260 NEXT M
6270 GSUMME=G(1)+G(2)+G(3)+G(4)+G(5):REM:Summe der optimalen Gewinne
6280 IF GSUMME>ESUMME GOTO 5850:REM:NOCHMALS RECHNEN, WEIL
GEWINNSUMME ZU GROSS
6290 SER(ENDE)=SER(ENDE)+SCHRITT:SCHRITT=SCHRITT/10:IF
SCHRITT>.000001 GOTO 5850
6300 G(M)=ESUMME-G(1)-G(2)-G(3)-G(4)-
G(5)+G(M):GEWE=G(M)+HIK(M)+DSZ(M)/2:IF PRIVAT$="n" THEN
GEWE=GEWE+ZINS(M)
6310 GOSUB 890
6320 GEWEST(M)=GEWEST
6330 ZINS(M)=Y(M-1)*ZINS:GOSUB 6620:ZVE(M)=G(M)+ANDE(M)-
SA(M)+ZINS(M)-GEWEST(M)-SPARFREI(M):REM:Subprogramm Sparerfreibetrag
6340 ZVE=ZVE(M)
6350 GOSUB 990
6360 GEWEST(M)=GEWEST
6370 EST(M)=EST
6380 KIST(M)=KIST
6390 ERGABG(M)=ERGABG
6400 ZVE(M)=ZVE*PERS
6410 ENETTO(M)=E(M)+ANDE(M)-SA(M)+KONSUM(M)+ZINS(M)-GEWEST(M)-
EST(M)-KIST(M)-ERGABG(M)
6420 Y(M)=Y(M-1)+ENETTO(M)
6430 IF EX=0 THEN PRINT USING"T-ESt-optimal %     ##.##     ##.##     ##.##
##.##     ##.##";SE(1)*100;SE(2)*100;SE(3)*100;SE(4)*100;SE(5)*100
6434 IF EX=1 THEN PRINT USING"T-ErSt-optimal%     ##.##     ##.##     ##.##
##.##     ##.##";SER(1)*100;SER(2)*100;SER(3)*100;SER(4)*100;SER(5)*100
6450 GOSUB 5580
6460 GOSUB 660
6470 IF EX=1 GOTO 6610:REM:Verbesserte Rechnung schon durchgeführt
6480 EX=1
6490 IF HEBE>0 THEN PRINT"Verbesserte Rechnung; optimale zvE mit GewESt-
Berücksichtigung" ELSE GOTO 6610:REM:Wenn keine GewESt existiert, dann ist die
Rechnung mit GewESt überflüssig
6500 FOR M=1 TO ENDE
6510 GEWE(M)=G(M)+DSZ(M)/2+HIK(M):IF PRIVAT$="n" THEN
GEWE(M)=GEWE(M)+ZINS(M)
6520 MZ(M)=.05
6530 IF GEWE(M)<144000!+2400*HEBE THEN MZ(M)=.04
6540 IF GEWE(M)<120000!+1440*HEBE THEN MZ(M)=.03
6550 IF GEWE(M)<96000!+720*HEBE THEN MZ(M)=.02
6560 IF GEWE(M)<72000!+240*HEBE THEN MZ(M)=.01
6570 IF GEWE(M)<48000! THEN MZ(M)=0
6580 SGE(M)=MZ(M)*HEBE/(1+MZ(M)*HEBE):REM:effektiver Grenz-GewESt-Satz
6590 NEXT M
```

```
6600 GOTO 5820
6610 CLEAR: GOTO 10
6620 REM:Berechnung des Sparerfreibetrags
6630 SPARFREI(M)=SPARFREI*PERS
6640 IF PRIVAT$="n" THEN SPARFREI(M)=0
6650 IF PRIVAT$="j" AND ZINS(M)<SPARFREI*PERS THEN
SPARFREI(M)=ZINS(M)
6660 IF PRIVAT$="j" AND ZINS(M)< =0 THEN SPARFREI(M)=0
6670 RETURN
6680 END
```

6.2 Variablenliste

Die folgende Variablen- oder Speicherliste enthält eine kurze Beschreibung der wichtigsten Speicherinhalte.

Index (M)	Jahre des Planungszeitraums (bei den Programmen FINANZPLAN und GEWINNOPTIMIERUNG)
Index 1,2	wirtschaftliche Situation (SIT) vor der jeweiligen Entscheidung 1 bzw. nach der jeweiligen Entscheidung 2 (Steuerbelastungsvergleiche und Bruttobedarfsrechnung)

AFA	zusätzliche Absetzung/Abschreibung
ANDE	andere Einnahmen/Einkünfte
ANDV	anderes Vermögen
BEDARF	Bruttobedarfssatz
BILD	Bildschirmdruck
BRUTTO	vorläufiger Bruttobedarf
BV117A	nach § 117a BewG geänderter Einheitswert des Betriebsvermögens
DIFFSUB	Differenzsteuersatz der Substanzsteuern
DIFFSATZ	Differenzsteuersatz der Ertragsteuern
DIVMAX	maximale Nettodividende
DIVI	Nettodividende
DSZ	Dauerschuldzinsen
EAKAP	Ergänzungsabgabe der Kapitalgesellschaft
ENDE	Länge des Planungszeitraums
ERGABG	Ergänzungsabgabe
ERST	Ertragsteuern
EST	Einkommensteuer
E	Brutto-Einnahmenüberschuß
ENETTO	Netto-Einnahmenüberschuß
EW	Einheitswert des Betriebsvermögens
FR	Freibetrag der Gewerbeertragsteuer
G	Gewinn
GESV	Gesamtvermögen
GEWE	Gewerbeertrag vor Gewerbesteuer
GEWEST	Gewerbeertragsteuer
GEWK	Gewerbekapital
GEWKST	Gewerbekapitalsteuer
GKAP	Gewinn vor Gewerbesteuer der Kapitalgesellschaft
GLEICH	gleiche Jahreswerte
GOPT	Programmteile nur für GEWINNOPTIMIERUNG
GW	gemeiner Wert des Anteils an einer Kapitalgesellschaft
HEBE	Hebesatz der Gewerbesteuer

HFREI	Haushaltsfreibetrag
HIK	Hinzurechnungen/Kürzungen
ITER	Zahl der Iterationen
KAPNAT	Programmteile nur für Kapitalgesellschaft und natürliche Personen
KAPPST	Kappungs-Kirchensteuer
KFREI	Kinderfreibetrag
KIND	Kinderzahl
KIST	Kirchensteuer
KONSUM	Konsum, andere steuerfreie Einnahmen/Ausgaben
KST	Körperschaftsteuer
LEDIG	ledig/verheiratet
MZ	Meßzahlen der Gewerbeertragsteuer
NAT	natürliche Person
NETTO	Nettobedarf
PERS	Zahl der zur Einkommensteuer zusammenveranlagten Personen (1 oder 2)
SA	Sonderausgaben
SCHRITT	Schrittlänge
SE	Einkommensteuersatz
SEA	Ergänzungsabgabesatz
SER	Ertragsteuersatz
SGE	effektiver Gewerbeertragsteuersatz
SIT	Situation (1 oder 2)
SKA	nominaler Kappungs-Kirchensteuersatz
SKAP	effektiver Kappungs-Kirchensteuersatz
SKI	Kirchensteuersatz
SPARFREI	Sparerfreibetrag
SUBST	Substanzsteuer
VST	Vermögensteuer
VSTKAP	Vermögensteuer der Kapitalgesellschaft
Y	Investitionsausgabe/Anfangsvermögen/Vermögen/Endvermögen
ZINS	Brutto-Zinsfuß (ohne Index)
ZINS	Zinseinnahme/-ausgabe (mit Index M)
ZVE	zu versteuerndes Einkommen vor Steuern, Haushalts- und Kinderfreibeträgen
ZVEKAP	zu versteuerndes Einkommen der Kapitalgesellschaft

6.3 Abkürzungsverzeichnis

Abs.	Absatz
Abschn.	Abschnitt
AfA	Absetzung für Abnutzung
BB	Zeitschrift: Betriebs-Berater
BewG	Bewertungsgesetz
DB	Zeitschrift: Der Betrieb
DStR	Zeitschrift: Deutsches Steuerrecht
ErgAbg	Ergänzungsabgabe
ErSt	Ertragsteuern
ESt	Einkommensteuer
EStG	Einkommensteuergesetz
FöGG	Fördergebietsgesetz
FR	Zeitschrift: Finanz-Rundschau
GewESt	Gewerbeertragsteuer
GewKSt	Gewerbekapitalsteuer
GewSt	Gewerbesteuer
GmbH	Gesellschaft mit beschränkter Haftung
InvZul	Investitionszulage
InvZulG	Investitionszulagengesetz
KapErSt	Kapitalertragsteuer
KiSt	Kirchensteuer
KSt	Körperschaftsteuer
KStG	Körperschaftsteuergesetz
SteuerStud	Zeitschrift: Steuer und Studium
SubSt	Substanzsteuern
USt	Umsatzsteuer
VSt	Vermögensteuer
VStG	Vermögensteuergesetz
VStR	Vermögensteuer-Richtlinien
WiSt	Zeitschrift: Wirtschaftswissenschaftliches Studium
WISU	Zeitschrift: Wirtschaft und Studium
ZfB	Zeitschrift für Betriebswirtschaftslehre
ZfbF	Zeitschrift für betriebswirtschaftliche Forschung

6.4 Literaturverzeichnis

Beranek, A., Personengesellschaft oder Kapitalgesellschaft?, in SteuerStud 1992, S. 165ff.

Beranek, A., Ein steuerlicher Rechtsformvergleich unter Berücksichtigung des Steueränderungsgesetzes 1992 - zugleich eine Ergänzung zum Beitrag SteuerStud 5/1992, in SteuerStud 1992, S. 339ff.

Beranek, A., Zur Berechnung der effektiven Gewerbeertragsteuer nach dem neuen Staffeltarif des § 11 Abs. 2 Nr. 1 GewStG, in BB 1992, S. 1832ff.

Dannenberg, G., Steuerliche Investitionsrechnung mit Personalcomputer, in WiSt 1989, S. 141ff.

Decker, R., Schütt-aus-hol-zurück bei mehreren Anteilseignern, in DB 1992, S. 1001ff.

Dirrigl, H., Schaum, W., Ausschüttungsplanung nach der Steuerreform 1990, in ZfB 1989, S. 291ff.

Esser, K., Standortfaktor Unternehmensbesteuerung, in ZfbF 1990, S. 157ff.

Federmann, R., Beziehungen zwischen betrieblichen Steuern, in DB 1980, S. 1653ff., 1707ff.

Geiger, A., Thiede, F., Die Vorteilhaftigkeit der Abschreibung nach § 7k EStG, in DB 1990, S. 2495ff.

Haase, K.D., Zur Berechnung der Einkommen- und Kirchensteuer-Gesamtbelastung, in BB 1989, S. 1241ff.

Haberstock, L., Der Einfluß der Besteuerung auf Rechtsform und Standort, 2.Aufl. Hamburg 1984

Haberstock, L., Einführung in die Betriebswirtschaftliche Steuerlehre, 7.Aufl. Hamburg 1989

Haberstock, L., Steuerbilanz und Vermögensaufstellung, 3.Aufl. Hamburg 1991

Haberstock, L., Breithecker, V., Die nationale Standortwahl als steuerliches Entscheidungsproblem, in WiSt 1984, S. 53ff., 105ff.

Herzig, N., Verlängerte Maßgeblichkeit und Bilanzpolitik, in DB 1992, S. 1053f.

Hinz, M., Ziele und Instrumentarium der Steuerbilanzpolitik, in SteuerStud 1990, S. 369ff.

Jacobs, O.H., Unternehmensbesteuerung und Rechtsform, München 1988

König, J., Kunkel, P., Stegmaier, W., Auswirkungen der Einführung des Staffeltarifs bei der Gewerbeertragsteuer, in DStR 1992, S. 922ff.

Krawitz, N., Die Einfluß der Besteuerung auf die Vorteilhaftigkeit privater Kapitalanlagen in Zero-Bonds, in FR 1990, S. 561ff.

Kruschwitz, L., Finanzmathematik, München 1989

Kruschwitz, L., Leasing und Steuern, in ZfbF 1991, S. 99ff.

Kruschwitz, L., Der Einfluß von Steuern auf Leasingraten, in DStR 1992, S. 82ff.

Kudert, S., Der Einfluß von Unternehmenssteuern auf die Standortwahl, in WISU 1991, S. 511ff.

Kußmaul, H., Gesellschafterfinanzierung in mittelständischen GmbH, in DStR 1990, S. 654ff., 697ff.

Macharzina, K., Welge, M.K. (Hrsg.), Handwörterbuch Export und Internationale Unternehmung, Stuttgart 1989

Marettek, A., Steuerbilanz- und Unternehmenspolitik, Freiburg 1971

Mellwig, W., Investition und Besteuerung, Wiesbaden 1985
Mellwig, W., Die Erfassung von Steuern in der Investitionsrechnung - Grundprobleme und Modellvarianten, in WISU 1989, S. 35ff.
Mellwig, W., Besteuerung und Investitionsentscheidung - Steuerlast und Vorteilhaftigkeit von Investitionen, in WISU 1989, S. 231ff.
Michels, R., Steuerliche Wahlrechte, Wiesbaden 1982
Priese, J., Die steuerlich günstigste Unternehmensform - Ein Belastungsvergleich, in DB 1953, S. 892f.
Rose, G., Die Steuerbelastung der Unternehmung - Grundzüge der Teilsteuerrechnung, Wiesbaden 1973
Rose, G., Die Steuerreform im Spiegel der Teilsteuerrechnung, in DB 1989, S. 1ff.
Rose, G., Betriebswirtschaftliche Steuerlehre - Eine Einführung für Fortgeschrittene, 2.Aufl. Wiesbaden 1990
Scheffler, W., Beurteilung von Einzelinvestitionen unter Einbezug der Besteuerung, in WISU 1991, S. 449ff.
Scheffler, W., Veranlagungssimulation versus Teilsteuerrechnung, in WiSt 1991, S. 69ff.
Scheffler, W., Betriebswirtschaftliche Analyse der Steuerbegünstigungen für Investitionen in den neuen Bundesländern, in DStR 1991, S. 524ff.
Schneeloch, D., Betriebliche Steuerpolitik, in WiSt 1987, S. 326ff.
Schneeloch, D., Bilanzpolitik und Grundsätze der Maßgeblichkeit, in DStR 1990, S. 96ff.
Schneider, D., Grundzüge der Unternehmensbesteuerung, 5.Aufl. Wiesbaden 1990
Schneider, D., Investition, Finanzierung und Besteuerung, 6.Aufl. Wiesbaden 1990
Schneider, D., Sinn und Widersinn der steuerlichen Investitionsförderung für die neuen Bundesländer und des Solidaritätszuschlags, in DB 1991, S. 1081ff.
Schreiber, U., Krebok, F., Rennecke, B., Der Einfluß der Besteuerung auf die Beteiligungsfinanzierung nicht emissionsfähiger Unternehmen, in WISU 1991, S. 282ff.
Schult, E., Die steuerliche Förderung eigengenutzten Wohnraums - Ein Anreiz?, in SteuerStud 1990, S. 54ff.
Schult, E., Investitionsalternative: Vermietete Eigentumswohnung in Berlin(West), in DB 1990, S. 1296ff.
Schult, E., Kapitalkosten, steuerliche, in Macharzina, K., Welge, M.K. (Hrsg.), Handwörterbuch Export und Internationale Unternehmung, a.a.O., S. 1097ff.
Schult, E., Steuerbelastungsvergleiche mit Taschencomputern, in DStR 1984, S. 27ff.
Schult, E., Die Steuern des Betriebes - Entscheidungshilfen für Unternehmer, Freiburg 1992
Schult, E., Optimale Steuerbilanzpolitik nach der verlängerten Maßgeblichkeit, in DB 1992, S. 2152ff.
Schult, E., Schütt-aus-hol-zurück-Politik bei mehreren Anteilseignern, in DB 1992, S. 2456ff.
Schult, E., Richter, H., Zur Berechnung der Grenzsteuersätze von Einkommen-, Kirchen- und Gewerbeertragsteuer nach der Steuerreform 1990, in BB 1990, S. 609ff.
Schult, E., Richter, H., Zur Ermittlung von Grenz- und insbesondere Differenzsteuersätzen nach der Vereinfachung des Einkommensteuertarifs 1990, in SteuerStud 1990, S. 379ff.
Siegel, T., Strukturen der Besteuerung - Arbeitsbuch Steuerrecht, 2.Aufl. München 1988
Siegel, T., Betriebswirtschaftlich relevante Formeln aus dem Steuerrecht, in WiSt 1983, S. 73ff.

Siegel, T., Formeln und Kennzahlen aus dem Bereich betrieblicher Steuerwirkungen, in WiSt 1983, S. 135ff.
Siegel, T., Steuerbarwertminimierung nach dem Einkommensteuertarif 1990, in WISU 1989, S. 269ff.
Siegel, T., Steuerwirkungen und Steuerpolitik in der Unternehmung, Würzburg u.a. 1982
Sigloch, J., Die Wahl der Unternehmensrechtsform, in WISU 1989, S. 284ff., 345ff.
Wagner, F.W., Dirrigl, H., Die Steuerplanung der Unternehmung, Stuttgart u.a. 1980
Wöhe, G., Betriebswirtschaftliche Steuerlehre I/1, 6.Aufl. München 1988
Wöhe, G., Betriebswirtschaftliche Steuerlehre I/2, 6.Aufl. München 1986
Wöhe, G., Betriebswirtschaftliche Steuerlehre II/1, 5.Aufl. München 1990

www.ingramcontent.com/pod-product-compliance
Lightning Source LLC
LaVergne TN
LVHW081335011026
849161LV00013BB/2926